rororo computer

HERAUSGEGEBEN VON LUDWIG MOOS
UND MANFRED WAFFENDER

Mit dem Vordringen von Computern in unseren persönlichen Lebensraum sehen wir uns mit einemmal an eine entscheidende Wegkreuzung katapultiert. Bewegen wir uns auf einen total kontrollierten Polizeistaat oder auf eine humanere, demokratischere Gesellschaft zu? Noch haben wir die Wahl, noch können wir die Richtung bestimmen.

In einer faszinierend bildhaften, unterhaltsamen Sprache berichtet Jacques Vallee, ein engagierter Informatiker, aus den Denklabors der Computerwissenschaft. Er enthüllt ein bedrohliches, gleichzeitig aber auch ein menschenfreundliches, kreatives und subversives Potential.

Wie wird die zunehmende Vernetzung von Computern, unsere Art zu leben, zu arbeiten und zu spielen verändern? Was wissen die Computer-Ingenieure tatsächlich über die Wirkung ihrer neuen Maschinen auf unsere Gesellschaft? Wie wird die Macht des Computers unsere persönliche Macht beeinflussen?

Dieses Buch offenbart die Träume, die Alpträume und die Hoffnungen, die sich hinter den neuen Informations- und Kommunikationsnetzen verbergen.

COMPUTER NETZE

JACQUES VALLEE

TRÄUME UND ALPTRÄUME VON EINER NEUEN WELT

ÜBERSETZUNG AUS DEM AMERIKANISCHEN
TONY WESTERMAYR

rororo
ROWOHLT

Die amerikanische Originalausgabe erschien unter dem Titel «The Network Revolution» by And/Or Press, Berkeley 1982
Deutsche Erstausgabe
Umschlagentwurf Thomas Henning
Veröffentlicht im Rowohlt Taschenbuch Verlag GmbH, Reinbek bei Hamburg, Januar 1984

Satz Times und Helvetica (Linotron 404)
Gesamtherstellung Clausen & Bosse, Leck
Printed in Germany
1280-ISBN 3 499 18101 0

*ENVOI**

Ich bin ein Technologe, durch den Kontakt mit den Menschen verdorben.
Früher glaubte ich, die Wissenschaft hätte die Lösung für die Kommunikation zwischen den Menschen.
Eines Tages kam ein Computerbrief mit der Anrede:
    Lieber Dr. Mr.
Meine Identität hatte ich verloren, aber Post bekam ich noch immer.
Ist das meine Zukunft?
Ist es die Eure?

Die Welt, der als Baumeister ich diene,
droht einsam und trist zu werden.
Sie wird zum entstellten Universum,
wo die Wissenschaft an ihren eigenen Kunstgebilden erstickt:
    Sie wollen gut dressierte Menschen.
Im Innern der Computer von heute
wird Geschichte gemacht mit der Geschwindigkeit des Lichts;
sie bestimmt das Schicksal von uns allen.
Ich will versuchen, vom Erlebten zu bewahren
und zu fragen, wohin es führen wird.

* Während der Renaissance pflegten Verfasser von Büchern ihre Werke einem Gönner oder ihrem Fürsten zu widmen. Damit bewiesen sei, daß die Kühnheit ihrer Gedanken abhängig blieb vom Gesellschaftssystem, in dem sie lebten. Mir kam der Gedanke, ein solcher «envoi» könnte der passende Vorspruch für meine eigenen «Bekenntnisse» sein.

Dieses Buch ist ein Kompendium
verschwundener Speicherinhalte:
verbotene Fakten unseres Festkörper-Seins,
von den Meisterprogrammierern gelöscht.
Wir sind korrupte Technologen und rufen kurz
die Einsichten von vorgestern auf.
Tun wir diese flüchtigen Erinnerungen ab,
wird die Maschine herrschen ohne einen Gedanken
für die Gier und die Hoffnung, die alles entstehen ließ.

Fürst, in den Tiefen der Zukunft
warten die Automaten Deiner Visionen
an der Schwelle des Zaubers.
Sie singen ein düsteres, lockendes Lied,
um unseren suchenden Hirnen zu sagen:
Nicht länger Computer, Haut und Nerven noch nicht ganz,
zu geil, zu oft verkauft,
warten sie, dieweil wir wie Blinde rasen.
Ich grüße sie im kurzen Augenblick
vor dem Druck auf den START-Knopf
an der Konsole Deiner Träume.

Palo Alto
im Mai 1982

INHALT

EINLEITUNG

Am Freitag, dem 9. November 1979, 22 Uhr, hielten drei junge Männer auf der Staatsstraße 20 an einer Tankstelle in Etampes, nicht weit von Paris. Der zwanzigjährige Claude François saß am Steuer. Seine Begleiter hießen Baptistin Lamont und Marcel Seltier. Sie waren auf dem Weg zu einer Tanzveranstaltung in Salbris.

«Volltanken!» sagte François.

M. Nicolas, der Tankwart, hielt wenig von den ausgefransten Bluejeans, den Lederjacken, dem polizeilichen Kennzeichen, das nicht in Ordnung zu sein schien, weil es mit schwarzem Klebeband geflickt war (3383 FM 13, wonach das Fahrzeug also nicht aus der Gegend stammte). François bezahlte mit einem Scheck, auf den er hastig seinen Namen kritzelte. Nicolas nahm ihn widerwillig, rief aber bei der Polizei an, um den ‹verdächtigen› Wagen und seine noch verrufener wirkenden Insassen zu melden.

In Etampes gingen Polizeibeamte an das Computerterminal, das sie mit der Zentraldatei des Innenministeriums in Paris verband, eine Datei, deren Vorhandensein erst kurz vorher von einem Kabinettsmitglied bestritten worden war. Auf eine kurze Folge von Anweisungen hin gab die Polizei das Kennzeichen des Autos zum Vergleich mit der Datenbank in den Computerspeicher ein. Das System meldete kurz darauf: Fahrzeug gestohlen.

Etampes telefonierte mit Orleans. Eine Sondereinheit wurde in Marsch gesetzt. Der weiß-schwarz lackierte Polizei-Renault fing den von François gefahrenen Wagen an einer roten Ampel ab. Dann ging alles sehr schnell. Der einzige Polizeibeamte in Uniform blieb im Wagen sitzen, die beiden anderen, in Zivil, stiegen aus. Einer von ihnen zielte mit der Maschinenpistole auf den Peugeot, der andere stand vor dem angehaltenen Fahrzeug und lud seine .357er Magnum durch. Einer der jungen Männer, Marcel Seltier, berichtete: «Wir begriffen gar nichts. Wir sahen den mit der Pistole auf Claude zielen. Einen Augenblick später fiel ein Schuß. Die Kugel ging durch die Windschutzscheibe und traf Claudes Gesicht genau unter der Nase. Wir hielten sie für Gangster. Der mit der MP schrie: ‹Warum hast du geschossen?›

Wir stiegen aus. Claude brach auf der Straße zusammen. Sie legten uns sofort Handschellen an und sagten, sie wären von der Polizei. Sie riefen einen Krankenwagen. Claude wurde in ein Krankenhaus gebracht. Wir fuhren zum Polizeirevier. Sie durchsuchten uns und nahmen uns die Papiere ab.»

Anschließende Ermittlungen ergaben, daß das Auto François gehörte, der es zehn Tage zuvor legal gekauft hatte. Tatsächlich war es 1976 gestohlen, bald darauf von der Versicherungsgesellschaft aber wieder aufgefunden worden, die es an die Werkstatt verkaufte, wo François es erwarb. Man hatte die Computerdatei nicht auf den neuesten Stand gebracht. Bei der zentralen Polizeibehörde galt das Auto nach wie vor als gestohlen.

Der schießwütige Polizist kam nie vor Gericht. Claude François schwebte viele Tage zwischen Leben und Tod. Bei Beginn der Niederschrift dieses Buches liegt er immer noch im Krankenhaus[1,2].

Dieser bedauernswerte Vorfall beleuchtet mehrere charakteristische Merkmale der Welt, in der wir schon heute leben. Mißtrauen an der Tanksäule führte zum Eingreifen der Polizei; Vertrauen in die Unfehlbarkeit des Computers verwandelte die gewöhnliche Ermittlung in einen Großeinsatz. Unzureichende Maßstäbe und eine falsche Meinung von der Macht des Computers brachten einen Unschuldigen mit einer längst vergessenen Straftat in Verbindung. Ein übereifriger Beamter mit einer großen Schußwaffe, geliefert von einem ängstlichen Staat, sorgte für den Rest: Seiner Sache sicher, feuerte der Polizist in Zivil im Scheinwerferlicht des kleinen Autos, nicht nur im Namen der Gesellschaft. Seine .357er Magnum war nur das letzte Stück Hardware in der Hand des langen Gesetzesarms, nur die sichtbarste zerstörerische Komponente eines Systems, das aus Computern, Terminals, Programmen und Telefonleitungen bestand.

Mit dieser Art von Systemen befaßt sich das vorliegende Buch.

Die Computertechnologie ist die einflußreichste Kraft, die heute die menschliche Gesellschaft verändert. Im Laufe der nächsten Generation wird jeder Mann, jede Frau und jedes Kind in der Lage sein, Computer für den Zugang zu Fakten, zu Organisationen und – was am wichtigsten ist – zu anderen menschlichen Wesen zu benutzen. Es ist eine neue Struktur, die diesen Zugang ermöglicht: das *Netz*.

Computernetze können von einem Unterdrückungsstaat dazu ver-

[1,2] Siehe Anmerkungen, Seite 269.

wendet werden, nach unerwünschten Personen zu fahnden oder Verdächtige zu kennzeichnen; vom einzelnen Menschen sind sie aber auch dafür nutzbar, an Gedanken und Fakten, an neuen Ideen, an Visionen vom künftigen Schicksal der Menschheit teilzuhaben. Sie stellen Kommunikationsmedien dar, die in der Menschheitsgeschichte ohne Beispiel sind. Und sie stellen uns vor eine Entscheidung von großer Tragweite.

Schon in den nächsten Jahren werden uns Computernetze dazu zwingen, zwischen zwei Gesellschaftsformen zu wählen. Ich nenne sie die «digitale Gesellschaft» und die «Rankenwerk-Alternative».

In der digitalen Gesellschaft wird Computertechnologie massiv dazu eingesetzt, die Menschen dadurch zu steuern, daß man sie auf Statistiken reduziert. In der digitalen Gesellschaft sind Computer Werkzeuge der Unterdrückung, ihr Gebrauch für private Kommunikation wird mißbilligt.

Bei der Rankenwerk-Alternative dagegen werden Computer von den Menschen dazu verwendet, Netze aufzubauen. Und wir sehen, daß über den simplen Gebrauch dieser Netze für Informationszwecke hinaus die Menschen damit in der Tat zur Kommunikation gelangen. Dieser Gebrauch von Computernetzen zur Gruppenkommunikation ist eine dynamische Kraft, die vor zehn Jahren in kaum bekannten Forschungsorganisationen ihren Anfang nahm. Sie ist dabei, geradezu explosiv in das öffentliche Blickfeld zu gelangen. Die Explosion wird gefördert durch die zunehmende Nachfrage nach Heimcomputern, nach neuen Fernseh-Dienstleistungen, nach Zugang zu Datenbanken und Informationsquellen. Aber sie wird weit über solche Anwendungen hinausgehen, wenn die Menschen in großer Zahl mit diesen Netzen Zugangswege zu denkenden Mitmenschen entdecken, Fenster zu ungeahnten Ausblicken, Brücken über ihre Einsamkeit hinweg, kostbares Verstehen.

Wie können wir die Wahl zwischen diesen beiden Gesellschaften treffen, die im Grunde dieselbe hochmoderne Technologie für radikal verschiedene Zwecke nutzen? Als erstes müssen wir den Computern das Geheimnisvolle nehmen. Wir müssen sie von den Stricken der Kompliziertheit befreien, die Technokraten nur allzugern um sie flechten. Aus diesem Grund wird dieses Buch nicht von Bits und Bytes, Adressen und Betriebssystemen sprechen, weil solches Wissen für das, was Computer wirklich leisten, nicht wichtig ist.

Nachdem wir die Computer ihrer Rätselhaftigkeit beraubt haben, müssen wir ihre Geschichte verstehen; nur durch ein solches Verständnis können wir lernen, die Technologie zu beeinflussen. Man kann nämlich aus jedem guten Informationssystem ein Instrument zur Desinformation machen. Jede bedeutsame neue Technologie bringt neue Ängste und neue Fallgruben mit sich. Ich biete meine eigenen *Bekenntnisse* und Einsichten als Ausgangspunkt an, damit wir erkennen können, welche Wahl wir zu treffen haben, um die bevorstehende Explosion zu beeinflussen, um bei der Entscheidung mithelfen zu können, welche Art von Lebensqualität wir für die Zukunft erstreben.

Ich arbeite seit 1960 an und mit Computern, habe angefangen mit den ersten in den Handel gebrachten Geräten von IBM und erlebte aufeinanderfolgende ‹Generationen› von Hardware (die Maschinen) und Software (die Befehlsprogramme, mit denen die Arbeit der Maschinen bestimmt wird). Im Verlauf all dieser faszinierenden Umwälzungen habe ich nie das Staunen und die Freude verloren, die meine erste Begegnung mit Computern bestimmten, aber ich habe mir zunehmend Sorgen darüber gemacht, daß wir auf der menschlichen Ebene fast keine Spuren unserer Tätigkeit hinterlassen. Unsere Motivationen, unsere Hoffnungen und Ängste blieben unausgesprochen, weil es stets den Anschein hatte, daß die Technologie zu schnell fortschritt, als daß wir innehalten und nachdenken konnten. Das ist aber nie wirklich der Fall, und es gibt keine Entschuldigung für die riesige Lücke, die unser Berufsstand im Buch der Geschichte hinterläßt, wo der Anschein entstehen wird, das Computerzeitalter sei ohne Übergang oder Reibung aus den Schatten des letzten Krieges hervorgetreten.

Die Computerliteratur – eine Wissenschaft, die es vor vierzig Jahren noch nicht gegeben hat – füllt bereits ganze Gebäude. Sie besteht aber aus technischer Information, verfaßt im düsteren Jargon von Bits und Bytes, Konzentratoren und Modems, Hardware-Stacks und rekursiven Prozeduren. Dieses amorphe Pseudogeschreibsel schwimmt in einem Meer von Abkürzungen und Abkürzungen von Abkürzungen am äußersten Rand der Möglichkeiten, die von der englischen Sprache geboten werden, so daß nur der jeweilige Verfasser und die winzige technische Gemeinschaft um ihn herum überhaupt verstehen können, wovon die Rede ist, und auch das nur für die kurze Spanne zwischen dem Zeitpunkt, in dem der Gedanke absurd, weit hergeholt und nicht in die Praxis umsetzbar erscheint, und jenem, in dem er schon überholt ist (was im allgemeinen mit der Veröffentlichung des Artikels zusammenfällt).

Computerwissenschaftler haben alles dokumentiert, was es auf der Welt gibt, nur ihre eigene Arbeit nicht. Die menschliche Seite der Technologie ist nirgends aufgezeichnet. In den Regalen aller soziologischen Fakultäten stehen dickleibig-gelehrte Bände über die Auswirkung der Computer auf nahezu alles; aber nur ein Fachmann kann die statistische Relevanz von Untersuchungen und Einflußstudien dechiffrieren, die letzten Endes wenig Bedeutung haben und es sorgfältig vermeiden, den Leser an irgendeine praktische Entscheidung heranzuführen.

Die Forschungsberichte schlummern in den staatlichen Archiven und sammeln Staub an. Auch sie verbergen die wahre Geschichte der Computer: Der Hauptstadt Washington geben die Ungeheuer ebenso viele Rätsel auf wie allen anderen Leuten. Am anderen Ende des Landes: das einst wunderschöne Santa Clara Valley, jetzt das smogumhüllte, lärmende Silicon Gulch, Zentrale der Hochtechnologie, Rom und Mekka für Tausende von Computerfreaks, die in Kellerräumen ihre Terminals selbst zusammenbasteln. Hier werden fremdartige neue Netze gezüchtet und mit Gewalt in das Nervensystem der alten Kultur eingespleißt. Neue Formen von Liebe, von Verehrung und Verbrechen nehmen Gestalt an in einer sozialen Explosion, die kein Beispiel hat. Auch hier wird nichts aufgezeichnet.

Es gibt über IBM nur zwei Bücher, eines davon autorisiert von diesem aufsehenerregenden Unternehmen, das die Technologie und durch die Technologie die Welt, in der wir leben, so eindeutig geprägt hat[3]. Andere persönliche Berichte über das Leben mit Computern wirken vorsichtig und kalt, gedämpft durch das Bemühen, niemanden zu verärgern und die am höchsten geschätzte Illusion der akademischen Welt zu bewahren. Sie erwecken den Anschein, die Menschheit hätte, ob im Guten oder Bösen, ein gewisses Maß an Kontrolle über ihre Schöpfungen.

Durch meine Arbeit mit Computern bin ich zu dem Schluß gekommen, daß wir diese explodierende Technologie nicht mehr beherrschen. Wir können aber immer noch hoffen, die Hauptrichtung der Druckwelle zu beeinflussen.

Als Forschungswissenschaftler an den Computerzentren mehrerer Universitäten und als Computeringenieur bei Industriefirmen habe ich die Technologie aus nächster Nähe verfolgen können. Ich entsinne mich der Tagung einer internationalen Normen-Organisation. Ich wurde einer sanften Dame mit weißen Haaren vorgestellt, die jedermann mit offenkundiger Bewunderung betrachtete. Ich erfuhr, daß sie die Person ist, die eines Tages dem Begründer der amerikanischen Computerwissenschaft, Professor John von Neumann, auf die Schulter getippt hatte, um ihm mitzuteilen, der erste wissenschaftliche Computer der Welt brauche einen STOP-Befehl. Kein Mensch war auf die Idee gekommen, die Maschine müsse in der Lage sein, ihren Betrieb unter Programmsteuerung anzuhalten. Für die auf Netze gegründete Gesellschaft, die wir jetzt errichten, gibt es aber keinen STOP-Befehl.

In der Welt der Informationsnetze haben Träumer schon enthusiastische Spekulationen geliefert. In Redondo Beach gibt es ein «Clearinginstitut zur Bewußtseinssynthese», das angeblich «ein allgemeines Verständnis des Vernetzungsprozesses und der Entwicklung einer überwölbenden Perspektive herausarbeitet, von der aus diese lebenswichtige Erscheinung zu betrachten ist». In Pittsburgh hat Rolf von Eckartsberg ein Netz für den Austausch von Informationen über Psychedelik errichtet. In Washington schuf Barbara Hubbard ein «Komitee für die Zukunft», das den Austausch von Ideen über Weltprobleme fördert. Carol Rosin leitet eine «Internationale Vereinigung der Lehrkräfte für den Weltfrieden» und arbeitet für eine «friedliche und dauernde bemannte Besetzung des Weltraums». Manche dieser *Netze* sind nicht mehr als hektographierte Listen von Adressen und Telefonnummern. Andere sind aufgebaut um CB-Funk und improvisierte Kanäle. Wieder andere, und zwar die interessantesten, sind Computerverbindungen, die ihren Benutzern Zugang zu Datenbanken und ausgefeilten Programmen gestatten.

Verfechter der Vernetzung glauben, die neue Technologie könne viele soziale Probleme lösen. Mit den Worten von Willard Van de Bogart (in *Future Life*, Dezember 1981): «Das Informations-Netzwerk registriert laufende Forschungsarbeiten auf allen Gebieten der Wissenschaft. Das Informations-Netzwerk nimmt ferner politische Entscheidungen und ihre globalen Folgen zur Kenntnis. Dieses Netz nimmt teil an den Ideologien und Weltanschauungen jener Menschen, die allgemeingültige Operationsgrundsätze übernommen haben ...»

Das sind in der Tat Ideale, die zu Kopf steigen. Sie beruhen aber auf allzu vereinfachten Annahmen. Das Potential für weitreichenden Nutzen dieser Technologie ist zweifellos vorhanden. Dieser Nutzen wird aber begleitet von Legenden, Gefahren und komplexen Rätseln. Ihren Ursprung haben sie schon im Fundament der Kybernetik.

Einer der Begründer der Kybernetik, der verstorbene Norbert Wiener, nannte sie «Die Wissenschaft von Regelung und Übertragung in Lebewesen und Maschine». Diese Definition unterstellt, wie Stafford Beer inzwischen betont hat, zweierlei[4]. Erstens gelten Unterscheidungen zwischen Belebtem und Unbelebtem, übernommen von den alten Griechen, nicht für die Gesetze der Regelung, eine Beobachtung, auf die ich später noch zurückkomme, wenn wir uns über Androiden unterhalten. Der zweite Gedanke: Kommunikation ist Macht und *Information ist Macht*.

Jedes Buch, das sich mit Computern befaßt, muß mit dieser Tatsache beginnen.

Es gibt keine Informationsbeschaffung (etwa durch Abfragen einer Datei), ohne daß ein gewisses Maß an Macht über die Objekte oder Personen erlangt wird, die diese Datei beschreibt. Der arme Claude François in seinem Krankenbett ist ein Beispiel für dieses Gesetz und seine Opfer. Später werde ich zeigen, wie eine Erkenntnis dieses Prinzips im Aufbau des französischen Polizeisystems einen solchen Fehler unmöglich oder doch sehr unwahrscheinlich gemacht hätte. Der Sinn von Wieners Feststellung reicht aber noch tiefer. Die Faszination mit Computern ist für den Drang nach Macht symptomatisch. Oft als gelehrte Suche nach Information oder als «bloßes Zusammentragen passiver Daten» getarnt, sind die wahren Motivationen von Computerbauern schwer zu erkennen, ihre Wirkung ist beinahe unbeherrschbar.

Der sowjetische Professor Andrej Erschow ist einer der wenigen Autoren, die konkrete Kenntnis der Computer mit einem Bewußtsein für die persönliche Herausforderung verbinden, die sie darstellen. Er hat betont, «Programmierer stellen die erste Großgruppe dar, deren Arbeit sie an die Grenzen menschlichen Wissens führt ... die auf tief geheime Aspekte des menschlichen Gehirns stoßen»[5]. Es ist die Erforschung dieser «zutiefst geheimen Aspekte», die mich veranlaßt hat, überhaupt Programmierer zu werden, und zu einem solchen Abenteuer lade ich den Leser nun ein.

Die im Gebrauch der Computermacht liegenden Gefahren sind klar. Bevor wir mit unserer Untersuchung fortfahren, müssen diese Gefahren aber der heutigen Wirklichkeit und dem Versprechen für die Zukunft gegenübergestellt werden. Die Computerindustrie ist ein bedeutsamer Faktor wahren Fortschritts in unserer Gesellschaft und verändert jeden Aspekt der Industrie, mit dem sie in Berührung gekommen ist. Sie trägt bereits wesentlich zum Volkswohlstand bei und steht im Begriff, mit der älteren und größeren Telekommunikations-Industrie zusammenzustoßen und in Wettbewerb zu treten, die einen Anteil von mehr als 10 Prozent an den Aufwendungen für feste und bewegliche Betriebsanlagen aller amerikanischen Unternehmen in den vergangenen zwanzig Jahren hat. Auf die Telekommunikations-Industrie entfallen mehr als 20 Prozent der Unternehmens-Verschuldung, ihre Gewinne steigen doppelt so schnell wie das Bruttosozialprodukt der USA. 1978 beschäftigten die Bereiche der Informationstechnologie 51 Prozent unserer Arbeitskräfte und erwirtschafteten 47 Prozent unseres Bruttosozialprodukts. (Von Nutzen ist auch, im Gedächtnis zu behalten, daß im Verlauf der nächsten 30 Jahre 50 Milliarden Dollar investiert werden müßten, um den Rest der Welt auf den Kommunikationsstandard zu bringen, der heute in Nordamerika besteht.) Das ist die Rosine, die sich die Computerindustrie herauspicken will.

Die ungeheure Wirtschaftsmacht der Telekommunikations-Industrie stellt das Basislager dar, von dem aus die Computermacht die alten Strukturen angreifen wird. Ein Beispiel: Mit dem Einzelgebiet «Computerkonferenztechnik» (der Gebrauch von Computern, um Menschen miteinander zu verbinden) sehen manche Wissenschaftler bereits das rasche Veralten vieler Ausbildungsmethoden voraus, elektronischen Ersatz für 80 Prozent der Geschäftspost, und eine bedeutsame Veränderung von Transport- und Niederlassungsbedingungen. Als diese Entwicklung erstmals 1974 in einem Artikel der Zeitschrift *Futurist* aufgezeigt wurde, gab es auf der ganzen Welt erst rund hundert Menschen, die sich an solchen «Computerkonferenzen» beteiligten. Am Ende des Jahrzehnts waren es Tausende, und Dr. Michael Arbib hat darauf hingewiesen, daß der Bau eines «Globalgehirns für die Menschheit» eine dringende Notwendigkeit sei. Können wir ein solches Gehirn bauen? Ist es wünschenswert, das zu tun?

Man bedenke folgende Tatsachen: Die Radio Shack-Läden sind Teil einer Kette im Besitz der Tandy Corporation, die schon mehr als 150000 Personal-Computer verkauft hat. Die Kette betreibt 6000 Läden in den Vereinigten Staaten und weitere 1600 im Ausland. Wie die Beraterfirma International Data Co. angibt, betrugen die Einzelhandelsumsätze bei Heimcomputern 1977 100 Millionen US-Dollar, stiegen 1979 auf 500 Millionen und liegen 1980 bis 950 Millionen. Das betrifft 235000 verkaufte Geräte. Eine andere Firma der Marktanalyse, Vantage Research, legt ein wenig andere, aber ebenso eindrucksvolle Zahlen vor: Nach ihren Daten wurden 1979 450000 Heimcomputer verkauft, 1980 schon rund 575000. Man vergleiche das mit den 20000 Geräten, die 1975 verkauft worden sind, in dem Jahr, als die Heimcomputer-Industrie begann. Die Ausgaben für Geräte zur Büroautomatisierung betrugen 1981 allein in den USA drei Milliarden Dollar. Man nimmt an, daß sie bis 1986 auf über zwölf Milliarden Dollar steigen werden, in der Hauptsache Aufwendungen für Textautomaten.

Was wissen wir angesichts dieser enormen Verbreitung von Hardware über die Auswirkungen, die das auf die Art haben wird, wie wir unser Leben gestalten, wie menschliche Organisationen funktionieren, wie wir zueinander in Beziehung stehen?

Nach ausführlicher Beschäftigung mit den Befunden über «soziale Einflüsse» von Volkswirtschaftlern und Soziologen habe ich den Eindruck, daß sie das schüchterne Gekritzel winziger Insekten sind, die einen leichten Frühlingsregen erlebt haben und sich danach einen Wasserfall vorzustellen versuchen. Die schlichte Tatsache, die allen unseren «wissenschaftlichen» Untersuchungen verborgen und aus dem Tagesgespräch der Programmierer völlig verbannt bleibt, ist die, daß Wesen und Macht der Computer im Vergleich zu allem, was es an menschlichen Werkzeugen bisher gegeben hat, etwas gänzlich Fremdartiges sind. Wenn die Gemeinschaft der Programmierer – ein ziemlich langweiliger, aber außerordentlich fleißiger und produktiver Haufen – die Übergangszeit hinter sich hat, mag von den alten Strukturen nicht mehr viel übrig sein. Die Konzerngebäude und die Kathedralen der alten Ordnung werden noch stehen, aber die menschlichen Organisationen werden zerbröckelt sein unter dem Druck der raffinierten und komplexen Netze, durch welche die neue Macht sich geltend machen wird.

Die Hauptfrage, die mit mir zu erforschen ich Sie einlade, ist eine einfache: Wie wollen wir in einer Welt, erstürmt von Maschinen, die die Realität auflösen, um sie zu digitalisieren, Wahrheit erkennen und Qualität bewahren? In welchen Beziehungen werden wir zueinander stehen?

Um diese Frage zu beantworten, brauchen wir uns nicht auf wilde Spekulationen einzulassen. Wir kennen schon ein Beispiel der «digitalen Gesellschaft», die von den Computern geschaffen wird. Wir brauchen uns nur das Leben derjenigen anzusehen, die mit Computern arbeiten, ihre Hoffnungen und Enttäuschungen unter die Lupe zu nehmen und zu entscheiden, ob wir daran teilhaben wollen. Denn vor dieser Wahl stehen wir.

Wenn Sie einen Personal-Computer kaufen, wenn Sie Ihr Fernsehgerät an ein Heim-Informationsnetz anschließen, wenn Sie in Ihrem Bürozimmer ein Terminal aufstellen, treten Sie ein in die digitale Gesellschaft, in der die Programmierer leben. Die Apparaturen selbst sind nebensächlich. Die Macht liegt in der Software – der programmierten Logik im Inneren der Maschine. Was zu meistern sein wird, ist die Software.

Um das Ausmaß der Umwandlung und die Wahlmöglichkeiten deutlich zu machen, vor denen wir stehen, habe ich einige persönliche Anekdoten ausgewählt, von denen eine jede Auskunft über einen Aspekt der digitalen Gesellschaft gibt. Das Bild, das sich aus ihnen zusammensetzt, ist aufregend und beunruhigend. So beunruhigend, daß ein großer Verlag in New York das Manuskript dieses Buches mit der Begründung zurücksandte: «Die Menschen wollen wissen, was es in der Computertechnologie Neues gibt. Sie wollen nicht wissen, was schiefgehen könnte.» Ich bin sicher, daß in den kommenden Jahren viele Leute zu fragen anfangen werden, was schiefgehen könnte.

Die neue Technologie wird Geschäftsleuten und Einzelpersonen verkauft als ein Werkzeug zur besseren Beherrschung ihrer Welt. Eben diese Technologie ist aber selbst das Beispiel einer außer Kontrolle geratenen Welt, einer Welt, wo Daten ständig mit Information verwechselt werden und Zahlen an die Stelle von Werten getreten sind. Ist das die Welt, die Sie sich wünschen? Und wenn die Antwort «Nein» lautet, können Sie sie verändern? Das Problem ist so gigantisch wie die ganze Zukunft. Die Menschen, die daran arbeiten, die Menschen hinter der Technologie, meine Kollegen im Computerfach, sind so schwach und eng begrenzt wie Sie und ich.

Was sie mich gelehrt haben, ist das Thema dieser meiner *Bekenntnisse*. Die sollen Sie jetzt kennenlernen.

WIR VERLASSEN UNSERE SPHÄRE

Worin der Verfasser in den Stallungen der Königsmätresse einen launenhaften Computer entdeckt, zum Klang einer IBM-Trommel marschiert und von seinen Oberen erfährt, daß Computer keine Zukunft haben.

Das Schönste, was ich je gehört habe, war der Klang der Speichertrommel einer IBM 650, als der Computer starb. Die gesamte Stromversorgung fiel aus. Die Motoren standen still. Die Lampen hörten auf zu blinken, das Programm war natürlich verloren. Ich nahm plötzlich die Sommersonne im staubigen Hof hinter mir wahr. Ich konnte die Vögel flattern und zwitschern hören. Aber es dauerte zehn Minuten oder länger, bis die große Trommel endgültig zum Stillstand kam. Das hohe Summen verwandelte sich langsam in einen anhaltenden, durch Mark und Bein gehenden Ton, aus dem ein Surren wurde, ein Brummen, dann nur noch ein Murmeln. Schließlich starb mit dem ganzen Computer auch die Trommel.

Das passierte uns, als ich am Observatorium von Paris arbeitete, ein-, zweimal am Tag, weil unsere Stromversorgung unzuverlässig war. Man schrieb das Jahr 1961, und die Maschine stand in der ehemaligen Stallung der königlichen Mätresse im Schloß Meudon. Wir benutzten die Maschine, um Umlaufbahnen von Erdsatelliten zu berechnen. Die Satelliten umflogen die Erde innerhalb von 90 Minuten. Unser Computer brauchte für die Bahnberechnungen zwei Stunden, so daß wir stets aussichtslos zurücklagen, selbst wenn wir Glück hatten und die Maschine nicht starb. Wenn sie es tat, hatte ich den Trost, der wunderbaren Trommel zu lauschen, wie sie kaum merklich langsamer wurde, wie die Sonne, die im stillen Meer versinkt. Dann mußte ich das Programm neu laden und wieder zwei Stunden auf die Ergebnisse warten.

Die IBM 650 war der erste elektronische Computer, der im großen Maßstab kommerziell erfolgreich war. Es war nicht der erste Computer, nicht einmal der erste, der in den Handel kam. Die Firma IBM, schon damals eine Riesin, hatte ihre Entwicklungsjahre mit Maschinen bestanden, die für die Betriebssteuerung Schaltbretter verwendeten. Man brauchte Stunden für die Verdrahtung dieser Schaltbretter, um der Maschine mitzuteilen, auf welcher Karte sie Spalten lesen oder welche sie lochen sollte. Man schob das Brett durch eine Schiebetür hinein und – magischer Augenblick! – drückte auf den START-Knopf. Der Computer sang und summte und schluckte ein Paket Karten nach dem anderen. Aber nicht einmal diese frühen Maschinen waren die ersten elektronischen Computer. Der wahre Ursprung des modernen Computers verschwimmt nebelhaft im menschlichen Gedächtnis und in Staatsgeheimnissen.

Wenn Sie zu den 500000 Menschen gehören, die schon einen Heimcomputer gekauft haben, oder einer von den Tausenden, die dieses Jahr Geld für einen TRS-80 oder einen Apple-Personal-Computer ausgeben werden, erwerben Sie ein Gerät, dessen Vorgänger bis vor den Zweiten Weltkrieg zurückgehen.

Die Theorie automatischer Digitalmaschinen wird in erster Linie einem Engländer namens Alan Turing zugeschrieben. Die praktische Arbeit dagegen stammte von zwei Amerikanern, Presper Eckert und John Mauchly, die das erste offizielle Patent auf diesem Gebiet erhielten. Jerry Rosenbergs ausgezeichnetes Buch ‹Computer Prophets›[8] betont beispielsweise, daß «Alans abstrakter Computer oder, wie sie allgemein genannt wurde, die ‹Turing-Maschine› seinen meisterhaften Beitrag zur Entwicklung des Computers darstellte». Computerstudenten wird beigebracht, die Turing-Maschine sei nicht mehr als ein «Theorieexperiment», ein geeignetes imaginäres Gebilde, um die Grundgesetze der Automation zu beweisen. Sie erfahren, daß Eckert und Mauchly die ersten waren, die einen praktikablen Computer erfanden, und daß sie danach ENIAC bauten, das berühmte Monster-«gehirn» von Philadelphia. Sperry Rand erwarb später die Patentrechte daran. Schaltete man den Computer ein, so flackerten in der ganzen Stadt die Lampen, und Wissenschaftler sagten voraus, sieben solcher Ungeheuer würden für alle Berechnungen genügen, die man auf der Welt jemals brauche.

Das ist alles ganz neue Geschichte, und man möchte meinen, daß insoweit Klarheit herrsche. Die meisten dieser zeitgenössischen Behauptungen sind aber falsch oder zumindest in krasser Weise irreführend. Es bedurfte eines Bundesrichters namens Earl Larson, um die wahre Vorgeschichte von ENIAC zu rekonstruieren, und eines britischen Historikers namens Anthony Cave Brown, um Alan Turings konkrete Maschinen aufzufinden.

Einige Tatsachen kamen ans Licht, als Sperry Rand den Honeywell-Konzern mit der Behauptung verklagte, Honeywell hätte die Rechte des Patents auf ENIAC verletzt, das die von Eckert und Mauchly gemachte Erfindung beschrieb. In seinem Urteil von 1974 erklärte Richter Larson:

«Eckert und Mauchly haben den automatischen elektronischen Digitalcomputer nicht erfunden, sondern den hier zu behandelnden Gegenstand abgeleitet von einem Dr. John Vincent Atanasoff.»

Atanasoff war außerordentlicher Professor für Physik und Mathematik am Iowa State College in Ames, Iowa, wo er ein funktionsfähiges Modell seiner Computermaschine baute. Nachdem er das Grundprinzip demonstriert hatte, begann er im Dezember 1939 die Arbeit am ersten konkreten Gerät, unter Mitarbeit eines Studenten namens Clifford Berry. Der Zweck ihrer Maschine bestand darin, die schwierigen Gleichungen zu lösen, die in der Physik verwendet werden.

In einem Gespräch mit der Zeitschrift ‹Datamation› im Februar 1974 erklärte Atanasoff, alle Leute hätten gelacht, als er anfing, Vakuumröhren für Digitalberechnungen zu verwenden. Dann baute er, was er einen «Rückkopplungsspeicher» nannte; er benutzte Kondensatoren, weil er nicht das Geld für den Kauf von Röhren besaß. Er stellte Zahlen in der Maschine unter Verwendung des «Binärschemas» Null und Eins dar, weil die Speicherzellen nur zwei Zustände hatten. Die Maschine wurde bekannt als Atanasoff-Berry-Computer oder ABC und hatte bis zum Jahre 1942 keine Konkurrenz. Atanasoff und das Iowa State College stellten nie einen Patentantrag für das Gerät, das zerlegt wurde, nachdem der Erfinder ins Naval Ordnance Laboratory (Marineartillerie-Labor) überwechselte. In der Zwischenzeit war Mauchly in hohem Maß angeregt worden durch das, was er bei seinen Besuchen in Ames zu sehen bekommen hatte, und arbeitete diese Konzeptionen in ENIAC ein, als die Army das Projekt im Juni 1943 finanzierte. ENIAC wurde von Dr. Edward Teller verwendet, als er 1946 in Los Alamos an der Wasserstoffbombe arbeitete. Im Juni 1947 beantragte man schließlich ein Patent.

Die Erregung dieser Frühzeit spürt man in der Mitteilung Atanasoffs: «1939, als ich die kleine Brettschaltung betrachtete – das Modell paßte auf einen Schreibtisch –, begriff ich, daß ich Pi mühelos bis auf tausend Stellen berechnen konnte.» Leute, die am ENIAC mitgearbeitet hatten, schilderten mir das Schwindelerregende einer Zeit, in der jedes Problem ganze neue Technologiezweige auf den Plan rief. Die Idee des gespeicherten Programms (es setzt die Befehle in den Speicher), die auf von Neumann zurückgeht, führte zum Prinzip der künstlichen Sprache, als die Menschen mit der Zeit begriffen, daß die dem Computer erteilten Anweisungen eine Sprache mit eigener Syntax darstellten. Man konnte deshalb daran denken, «höhere» Sprachen zu schaffen, eng an menschliche Kommunikationsformen angelehnt, um den Dialog mit den Maschinen zu vereinfachen.

Eines Tages versagte ENIAC ohne Ankündigung, und es dauerte Stunden, bis die Ursache gefunden war. Es stellte sich heraus, daß nichts defekt war. Eine Motte war in eines der Relais geraten und verschmort. Die tote Motte war, wie es heißt, der erste «bug» (Käfer, Insekt), den man je in einem Computer entdeckt hatte. Sie ging in den technischen Jargon ein; die Programmierer sprachen vom «Debugging» («Entwanzen») ihrer Systeme.

Abbildung 1 zeigt die Rekonstruktion der Hauptentwicklungszweige, die schließlich zum modernen Computer führten.

In mehreren Ländern arbeiteten unabhängig voneinander Gruppen an ähnlichen Experimenten, und jede hatte einen kleinen Teil der Lösung in der Hand. So gab ein deutscher Ingenieurstudent namens Konrad Zuse, der von dem Gedanken, einen Computer zu bauen, völlig besessen war und schon als Kind mit Metallbaukästen mechanische Modelle gebaut hatte, 1936 seine feste Stellung auf, um an seiner Lieblingsidee zu arbeiten. Er schuf die Zuse 1, eine Maschine, die ein Binärsystem und ein primitives Speicher- und Verarbeitungssystem verwendete. Ausgehend von diesem Prototyp baute Zuse seine zweite Maschine unter Verwendung von elektromagnetischen Relais, ein Fortschritt, den Christopher Evans als die erste Verwendung von Relais in Computersystemen bezeichnet. Außerdem ersetzte er seine Tastatur durch ein Magnetbandsystem und verwendete Fotofilm als Träger, in den er Löcher stanzte, um seinem Computer Befehle zu

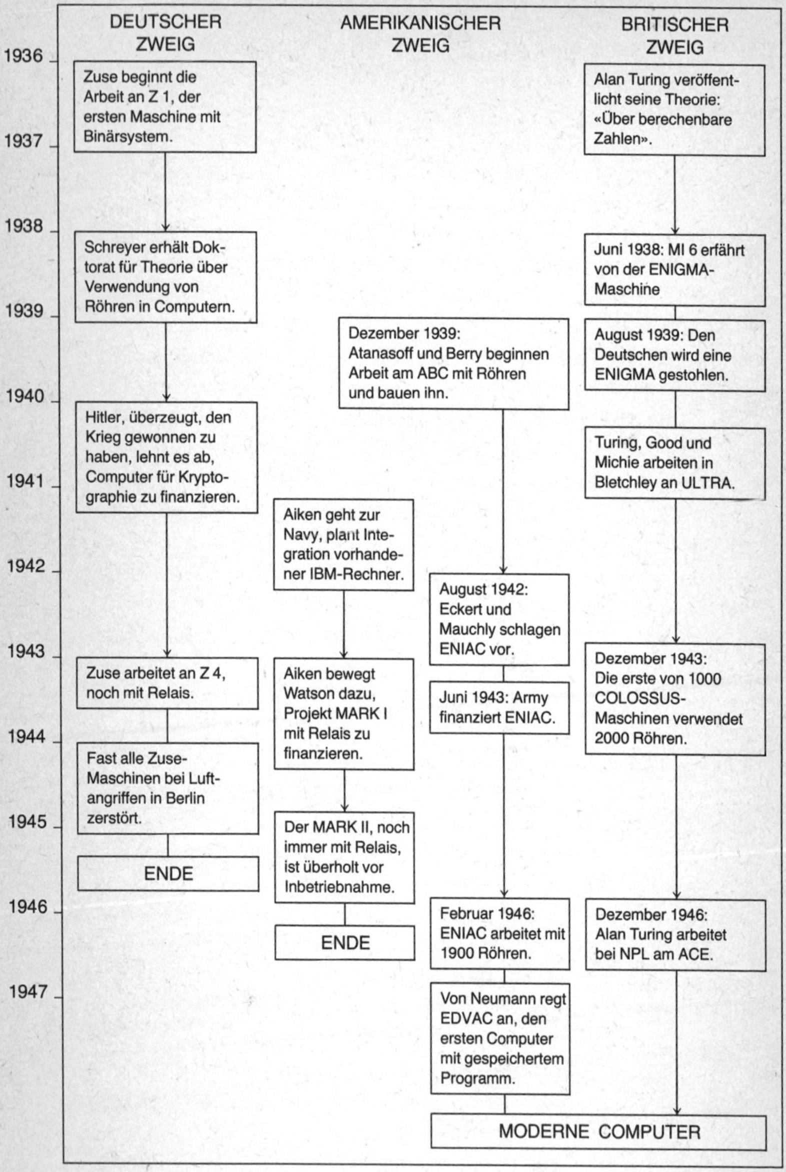
DEUTSCHER ZWEIG
AMERIKANISCHER ZWEIG
BRITISCHER ZWEIG
1936
1937
1938
1939
1940
1941
1942
1943
1944
1945
1946
1947
Zuse beginnt die Arbeit an Z 1, der ersten Maschine mit Binärsystem.
Schreyer erhält Doktorat für Theorie über Verwendung von Röhren in Computern.
Hitler, überzeugt, den Krieg gewonnen zu haben, lehnt es ab, Computer für Kryptographie zu finanzieren.
Zuse arbeitet an Z 4, noch mit Relais.
Fast alle Zuse-Maschinen bei Luftangriffen in Berlin zerstört.
ENDE
Dezember 1939: Atanasoff und Berry beginnen Arbeit am ABC mit Röhren und bauen ihn.
Aiken geht zur Navy, plant Integration vorhandener IBM-Rechner.
August 1942: Eckert und Mauchly schlagen ENIAC vor.
Juni 1943: Army finanziert ENIAC.
Aiken bewegt Watson dazu, Projekt MARK I mit Relais zu finanzieren.
Der MARK II, noch immer mit Relais, ist überholt vor Inbetriebnahme.
ENDE
Februar 1946: ENIAC arbeitet mit 1900 Röhren.
Von Neumann regt EDVAC an, den ersten Computer mit gespeichertem Programm.
Alan Turing veröffentlicht seine Theorie: «Über berechenbare Zahlen».
Juni 1938: MI 6 erfährt von der ENIGMA-Maschine
August 1939: Den Deutschen wird eine ENIGMA gestohlen.
Turing, Good und Michie arbeiten in Bletchley an ULTRA.
Dezember 1943: Die erste von 1000 COLOSSUS-Maschinen verwendet 2000 Röhren.
Dezember 1946: Alan Turing arbeitet bei NPL am ACE.
MODERNE COMPUTER

Abbildung 1

erteilen. 1938 erhielt ein Freund Zuses namens Schreyer den Doktortitel für den Nachweis, wie man anstelle von Relais Röhren verwenden könne, um einen Computerspeicher zu schaffen. Evans schreibt in seinem hervorragenden Buch *Die winzigen Riesen*[8] dazu:

«Sie diskutierten Schreyers Idee, und es gibt keinen Zweifel, daß die beiden Männer für kurze Zeit einen Blick in die Zukunft tun konnten. Unweigerlich lasteten jedoch die Realitäten der Gegenwart auf ihnen. Röhren waren selten, unzuverlässig, außerordentlich teuer und enorme Stromverbraucher, und die Hitze, die sie, in größerer Anzahl angeordnet, abgaben, würde vermutlich dazu führen, daß die ganze Maschine versagte.»

1943 arbeitete Zuse an seinem Z 4-Modell, das ebenfalls elektronische Relais verwendete und eine Serie von Maschinen anregte, die für Flugzeug- und Raketenkonstruktion genutzt wurden. Im selben Jahr stellte ein junger Mathematikprofessor an der Harvard-Universität namens Howard Aiken, dem es gelungen war, IBM dazu zu bewegen, eine Million Dollar in die Entwicklung eines amerikanischen Computers zu investieren, das Mark I (Modell I) vor. Dabei handelte es sich um eine Riesenmaschine, die für den logischen Aufbau Relais verwendete; die folgenschwere Entwicklung von Computern hatte begonnen. In Philadelphia arbeiteten Eckert und Mauchly bereits an einer Maschine, die Schnelligkeit und Leistung elektronischer Röhren nutzen sollte. Im Februar 1946 wurde ENIAC erstmals in Betrieb genommen.

Während die Lichter von Philadelphia flackerten, um die Maschine zufriedenzustellen, die von den Zeitungen «das erste Elektronengehirn» genannt wurde, gingen in Großbritannien ähnlich bedeutsame Dinge vor. Dort waren bereits mehrere große Digitalmaschinen gebaut worden, die gesellschaftlichen Auswirkungen der Technologie hatten sich den wenigen Männern und Frauen, die davon wußten, sofort offenbart. Diese Vorgänge stecken voller Abenteuer und Tragödien und betreffen ein Wissenschaftsgebiet, das sich für die Entfaltung der gesamten Computergeschichte als entscheidend erwiesen hat (obwohl in der Fachliteratur darüber kaum gesprochen wird). Das fragliche Gebiet betrifft die Kryptologie, das Ver- und Entschlüsseln geheimer Mitteilungen, und ihre Anwendung auf Spionage beider Arten: militärisch und industriell.

Strenggenommen, waren die britischen Maschinen eigentlich keine

Computer. Sie sollten die Arbeit der Chiffremaschinen nachvollziehen, die von den technisch am weitesten fortgeschrittenen Ländern dazu benutzt wurden, ihre Staats- und Militärgeheimnisse zu schützen.

1934 hatte die deutsche Regierung ihr Chiffresystem umgestellt, um mit einer Maschine namens ENIGMA zu experimentieren. Sie beruhte auf einer Erfindung des Holländers Hugo Koch aus Delft und war ursprünglich für Geschäftsgeheimnisse gedacht. Es handelte sich dabei um eine Rotor-Chiffriermaschine, die als gesichert vor verfeinerter Analyse bezeichnet wurde, weil der Feind den Code nicht knacken konnte, solange er nicht sowohl den Mechanismus der Maschine als auch die speziellen Eintastmethoden kannte, mit denen Nachrichten übertragen wurden.

Der britische Geheimdienst erfuhr auf mehrfache Weise vom Vorhandensein der Maschine. Meisterhaft beschrieben wird das in Anthony Cave Browns Buch *A Bodyguard of Lies*[9].

Im Juni 1938 erhielt Sir Steward Menzies, der Leiter des britischen Geheimdienstes, eine Mitteilung vom Geschäftsträger in Prag über einen polnischen Juden, der als Mathematiker und Ingenieur in einer Berliner Fabrik gearbeitet hatte, wo ENIGMA gebaut wurde. Er war seiner Rassenzugehörigkeit wegen später aus Deutschland vertrieben worden und suchte mit einem britischen Paß Zuflucht in Frankreich. Im Austausch für diese Vergünstigung war er bereit, die Maschine nachzubauen. Menzies beschloß, zwei Fachleute nach Prag zu schicken, die mit dem Ingenieur sprechen sollten. Als erstes holte er sie an einem stillen Wochenende in sein Büro, um sie mit ihrem Auftrag vertraut zu machen. Anthony Cave Brown schildert die Szene so:

«Die drei Männer trafen sich in Menzies Büro unter einem Porträt seines Schirmherrn, des verstorbenen Königs Edward VII. in Jagdkleidung mit einer Flinte in der einen und zwei Moorhühnern in der anderen Hand, im Heidekraut ein Jagdhund. Einer der Besucher war Alfred Dilwyn Knox, ein großer, hagerer Mann, Englands führender Kryptologe. Ihn begleitete Alan Mathison Turing, ein junger und stämmiger Mann, der zerstreut wirkte und einen Ruf als herausragender mathematischer Logiker hatte.»

Turing war damals Mitarbeiter von Knox, der für die Government Code and Cipher School GC&CS (Staatliche Code- und Chiffrierschule) des Außenministeriums arbeitete, die während des Krieges nach Bletchley ausgelagert war.

Dieser Rückblick auf Turings Beiträge zur mathematischen Logik kann mehreren Lehrbüchern entnommen werden. Was sie verschweigen, ist, daß die deutsche ENIGMA als Automat angesehen und damit unter Verwendung der Turingschen Universalmaschine nachgebildet werden konnte. Turings Freunde behaupteten jedoch, es sei unmöglich, diese Maschine zu bauen, weil sie so groß sein müßte wie die Paulskathedrale und mehr Strom brauchen würde, als der Boulder-Staudamm erzeugen konnte. Das hielt Turing nicht auf. Er war der erste Computerfreak der Geschichte und hatte, wie Cave Brown das nennt, «eine sehr sonderbare, kindische Seite»: «Jeden Abend hörte er sich von BBC eine Kinderserie über das Lamm Larry an. Gleichzeitig blieb die telefonische Fernverbindung zu seiner Mutter offen, damit sie über die weitere Entwicklung sprechen konnten. Während seiner Tätigkeit in Bletchley wurde er von einem Beamten der Grafschaftspolizei auf einem Feldweg festgenommen. Turing trug eine Gasmaske auf dem Kopf. Sie filtere Blütenstaub, erklärte Turing; er leide an Heuschnupfen. Beim Ausbruch des Krieges tauschte er das Familienvermögen in Silberbarren um, vergrub sie und vergaß, wo er sie versteckt hatte ... Er war Langläufer und erschien gelegentlich zu Besprechungen im Außenministerium in London, nachdem er die 40 Meilen von Bletchley in einem alten Flanellanzug mit Weste gerannt war, einen Wecker mit Bindfaden um die Taille geschnürt. Er war ‹wild in Behaarung, Kleidung und Gewohnheiten›, und neigte zu ‹langen, beunruhigenden Schweigepausen, unterbrochen von einem Gackern›, das ‹die Nerven seiner besten Freunde zerrüttete›. Aber an seinem Genie bestand kein Zweifel.»

Und es war eben dieser Alan Turing, über den ein sonst ausgezeichnetes historisches Werk mit dem Titel *Computer Prophets* sagen sollte: «Während der Jahre des Zweiten Weltkriegs diente er beim British Department of Communications (Amt für Kommunikation)!» Kurz nach dem Examen an der Universität Cambridge hatte er eine Arbeit über «Berechenbare Zahlen» geschrieben, die sein berühmtester mathematischer Beitrag bleiben sollte. Er bewies, daß es Klassen mathematischer Probleme gab, die durch kein festes und definiertes Verfahren gelöst werden können, wobei ein solches Verfahren definiert ist als eines, das von einer automatischen Maschine geleistet werden kann.

Es war derselbe Alan Turing, der einen theoretischen Automaten vorgeschlagen hatte mit der Fähigkeit, aufeinanderfolgende Sprossen eines Endlos-Magnetbandes abzutasten, auf das eine Folge von Einsen und Nullen geschrieben war, und den Wert jeder Sprosse zu verändern. Der Automat war ferner in der Lage, das Band Sprosse für Sprosse vorwärtszubewegen oder zurücklaufen zu lassen. Mit diesem «theoretischen Computer» sollte Alan Turing beweisen, daß es Turingsche Universalmaschinen geben mußte, die darauf zu programmieren waren, es jeder anderen Turing-Maschine gleichzutun[10].

Die Folge der Reise von Knox und Turing nach Pollen war die Empfehlung, dem Flüchtling aus Deutschland im Austausch für eine Beschreibung von ENIGMA zu geben, was er haben wollte. Das Turing-Team machte sich dann daran, ihren Generalemulator zu bauen, der den Namen «die Bombe» erhielt. Konstruiert von einer Gruppe aus zwölf Ingenieuren unter der Leitung Harold Keens von der British Tabulating Machine Company, war das Gerät «ein kupferfarbener Schrank, knapp unter zweieinhalb Meter hoch, am Sockel etwa zweieinhalb Meter breit ... und im Inneren des Schranks befand sich eine technische Anlage, die jeder Beschreibung spottete». Cave Brown fügt hinzu, daß «die Anfangsleistung zweifelhaft war und das Geräusch fremdartig; es klang wie eine Batterie von Stricknadeln, während er daran arbeitete, um die deutschen Eintastungen nachzuvollziehen. Nach Umbauten stieg jedoch die Leistungsfähigkeit, und das Gerät begann die Geheimnisse von ENIGMA ungefähr zu der Zeit zu enträtseln, als die Deutschen den Überfall auf Polen vorbereiteten.»

Die Maschine in Bletchley war nur so lange von Nutzen, wie die Deutschen von ihrem Vorhandensein und ihren Fähigkeiten nichts wußten. Menzies ergriff deshalb außergewöhnliche Vorsichtsmaßnahmen, um jede Andeutung zu verhindern, daß die Briten von wichtigen deutschen Vorhaben wußten, es sei denn, daß ein glaubhafter Kanal vorhanden war, über den diese Information mit konventionellen Mitteln hätte beschafft werden können, das heißt, ohne die Fähigkeit, die verschlüsselten Nachrichten des deutschen Oberkommandos dechiffrieren zu können. Als die Luftwaffe einen Angriff gegen Coventry flog, sollen Churchill und Menzies beschlossen haben, keinen Finger zu rühren, obwohl Turings Automat die Einsatzbefehle für die

Bomber entschlüsselt hatte. Laut Cave Brown war man 48 Stunden vorgewarnt. Die Zeit hätte ausgereicht, um die Flugabwehrbatterien rund um die Stadt zu verstärken und die am dichtesten bewohnten Gebiete zu evakuieren, aber der zehnstündige Angriff fand statt. Coventry wurde zerstört. Mehr als 50000 Häuser wurden von Bomben getroffen, ein einziges deutsches Flugzeug wurde abgeschossen. Die Briten hatten jedoch das Geheimnis der Maschine bewahrt, die ihr am Ende den entscheidenden Vorteil gegenüber den Deutschen verschaffen sollte. Die Nacht vom 14. November 1940 hatte den ersten Nachweis für die gewaltige Bedeutung der Entscheidungen gebracht, die das Computerzeitalter Staatsführungen aufzwingen sollte.

Das war auch jene Art von Entscheidung, die Turings Leben in zunehmend ernstere Krisen stürzen sollte. Bis 1943 war eine ganze Industrie für die Verarbeitung des Stroms an Nachrichten entstanden, der aus der Batterie von Maschinen sprudelte: In Bletchley dechiffrierten rund 6000 Menschen täglich ungefähr 2000 Nachrichten. Turing, der nach dem Tod von Knox an dessen Stelle getreten war, ließ immer deutlichere Anzeichen nervöser Erschöpfung erkennen. Das Außenministerium schickte ihn in Urlaub, aber er erholte sich in Wahrheit nie mehr: «Offenbar hatte er auch Kämpfe mit sich selbst zu bestehen. Er wurde zunehmend exzentrischer – was sogar in der seltsamen Welt von Bletchley auffiel. In dem Wahn, andere benutzten seine Teetasse, wandte er viele Stunden angestrengter Denkarbeit dafür auf, einen Weg zu finden, wie er sie in Baracke 3 mit einem nicht knackbaren Chiffreschloß an die Wand ketten konnte ... Er ließ seine Haare lang, schmutzig und wirr werden, seine Kleidung war oft verdreckt und löcherig.»

Dies ist ein Buch über Computer, nicht über den Krieg. Ich will also nicht berichten, wie die Maschinen, für die Turing verantwortlich war, eine entscheidende Rolle bei der Auseinandersetzung spielten oder 1945 die Rechtfertigung für den Einsatz der ersten Atombombe lieferten. Der Krieg ging zu Ende. Turing wurde eine Dozentenstelle an der Universität Cambridge angeboten, die er ablehnte. Statt dessen übernahm er einen Posten beim National Physical Laboratory in Teddington und arbeitete im November 1946 an der Automatic Calculating Engine oder ACE (Automatische Rechenmaschine). Ein betriebsfähiges Modell der ACE wurde 1950 öffentlich vorgeführt, während Turing an der noch größeren MADAM (Manchester Automatic

Digital Machine – Manchester Automatische Digitalmaschine) mitarbeitete. 1954 stellte er gemeinsam mit Dr. Robin Gandy ein Wochenende lang Versuche mit Chemikalien an, bei denen er einen Spülsteinreiniger und ein Unkrautvertilgungsmittel herstellte. Laut anderen Darstellungen experimentierte er in dem Wahn, er befinde sich als Schiffbrüchiger auf einer einsamen Insel und müsse das, was er brauche, aus den Stoffen herstellen, die seine Umgebung ihm bot. Im Verlauf des «Spiels» begann er Zyankali herzustellen. Einem unerklärlichen Drang folgend, legte er sich ins Bett, bestrich einen Apfel mit dem tödlichen Gift, biß hinein und starb. Das Urteil «Selbstmord» wurde von seiner Mutter und vielen Freunden nie ganz akzeptiert.

Bis 1960 hatten Computer in großen und kleinen Unternehmen einen festen Platz errungen. Viele dieser Maschinen verwendeten noch Vakuumröhren. Diese Geräte waren Ungeheuer, nicht nur, weil die Röhren so groß waren und man sie auf komplizierte Weise miteinander verdrahten mußte, sondern auch deshalb, weil sie Wärme erzeugten und in großen Schränken mit guter Luftzirkulation untergebracht werden mußten. Die Computer atmeten gefilterte Luft, frei von Staub und Pollen, die ganze Anlage war klimatisiert. Die legendäre «Hemdsärmelumwelt» von IBM war geboren, der Computersaal wurde zu einem bevorzugten Aufenthaltsort für Allergiegeschädigte.

Nach den Maßstäben der Computerindustrie hinkte unser Zentrum am Observatorium Paris hinter der Zeit her. Wir fuhren eine gebrauchte IBM 650, eine Maschine, die nahe daran war, zu veralten. Sie besaß ein Modul, das Lochkarten las: Die meisten neuen Geräte verwendeten Magnetbänder, was bei der Datenverarbeitung sehr viel Zeit und Platz sparte. Dazu kam unser Drucker, der aussah wie eine Lokomotive. Das Schlimmste war die Stromversorgung. Sie erfolgte durch das staatliche Elektrizitätswerk. Da man an Wochenenden und nachts, wenn wir den Großteil unserer Bahnberechnungen anzustellen hatten, im E-Werk nur eine Notschicht arbeitete, gab die große Anlage oft ihren Geist auf, sobald die Spannung wild um den Normalwert schwankte. Mein einziger Trost war die Gelegenheit, staunend dem unheimlichen Science-Fiction-Geräusch zu lauschen, das die langsam ersterbende Trommel von sich gab. Der Gesang der rotierenden, mit Magnetdaten und Spuren voll nachhinkender Zahlen geladenen Trommel war so schrill und unmenschlich, daß ich die Augen schließen und mir einbilden konnte, ich säße an der Steuerkonsole eines Raumschiffs, das nach einer Rundreise durch die Galaxis vor der Rückkehr auf die Erde abbremste – und nicht am Steuerpult als Herr über eine Unmasse elektronischer Schaltungen in einem alten französischen Schloß.

Computer und Weltraumwissenschaft stehen in enger Verbindung. In jenen Unschuldsjahren des Weltraumprogramms, als der Mensch die Erdkugel noch nicht umkreist hatte, wurden Weltraumwissenschaftler noch unter ihren herkömmlichen Berufen aufgeführt: Sie hießen Astronomen, Physiker, Antriebstechniker. Die Computerwissenschaft war ebenfalls noch nicht anerkannt. Junge Menschen, die so töricht waren, sich in die Maschinen zu verlieben, konnten von Glück sagen, wenn sie sich als «Wissenschaftler der angewandten Mathematik» (mit der Unterstellung, daß man nicht gut genug war, ein *richtiger* Mathematiker zu sein) oder als «bessere Techniker» qualifizieren konnten, was auf jedem Campus die schlimmste Bezeichnung überhaupt war.

Ich hatte großes Glück, als ich an der Universität Lille zu einem Magister-Examen zugelassen wurde. Schon 1960 wurden dort Programmierlehrgänge angeboten, zu einer Zeit, als die meisten französischen Hochschulen es noch rundweg ablehnten, das Thema auch nur in ihren Lehrplänen zu akzeptieren. Unser Projekt war einigermaßen skandalös, da die Fakultät niemanden mit einem Doktortitel finden konnte, der den Lehrstuhl für Programmierung hätte übernehmen können. Man schloß insoweit einen Kompromiß, als man einen herausragenden Fachmann für Informatik herbeischaffte, der zweimal in der Woche aus Paris kam, um die Einführungsvorlesungen zu halten; außerdem engagierte man einen IBM-Ingenieur, der uns mit der Praxis vertraut machen sollte. Die Akademiker brüsten sich heute ja gern mit ihren großen, glänzenden Computern, aber man darf sich nicht täuschen: Sie haben es dem Fach sehr schwergemacht, bevor sie es neben den «ernsthaften» Fächern im Lehrplan duldeten.

Bis zum heutigen Tag leisten viele Gelehrte, die sich selbst als «Denker» betrachten, Widerstand gegen die Computer. Mein Dissertationsberater war ein Beispiel für diese Art Wissenschaftler. Er war ein wunderbarer Mann und ein begabter Astronom, ein Weißrusse, dessen Eltern nach der Revolution in den Westen gekommen waren. Er besaß das Genie, Mathematik zu lehren, das nur Physiker zu erwerben scheinen (so, wie mir umgekehrt das Wesentliche der Physik von Mathematikern beigebracht worden ist). Dieser außergewöhnliche Wissenschaftler fühlte sich von Computern einfach angewidert. Er erklärte mir streng, das Computerfach biete keinerlei Zukunft: «Diese Maschinen sind nur eine vorübergehende Modeerscheinung in der Wissenschaft», wiederholte er mehrmals. «Computer werden keine dauerhafte Auswirkung haben. Und sie verschwenden so ungeheuer viel Papier!»

Das war der Punkt, der ihn am stärksten beschäftigte. Das Papier. Forschungswissenschaftler mußten mit sehr wenig Geld auskommen, und Papier war ein teures Gut. Wir führten unsere Berechnungen oft auf den Rückseiten von Lehrgangsmaterial oder anderem nur einseitig bedrucktem Papier aus, wenn schon nicht auf den sprichwörtlichen «alten Briefumschlägen». Für ihn war es also schon ein Schock, mitansehen zu müssen, wie die IBM-Maschinen zehn oder zwölf schöne, holzfreie Papierblätter ausspuckten, nur um sich auf das Ausdrucken der nächsten Ergebnisse vorzubereiten. Das war nicht nur Verschwendung, sondern ein Verstoß dagegen, wie man die Dinge in der Wissenschaft stets gehandhabt hatte, ein Verstoß gegen Berufsethos und Etikette; es handelte sich um einen Bruch der sozialen Verhaltensregeln. Eine solche Maschine, die noch dazu von einem anderen Kontinent kam, kündigte drohend eine bestimmte Art von Verhalten an, das traditionell unterbezahlte Wissenschaftler als ureigenste Sache zu schätzen gelernt hatten.

Im Observatorium Paris standen wir vor dem gleichen Problem, die Astronomen dazu zu bewegen, daß sie die Satelliten als gültige Forschungsinstrumente anerkannten. Auch hier hat die herrschende Meinung, bestärkt durch die Medien, das Bild der wissenschaftlichen Gemeinschaft so dargestellt, als stünde sie geschlossen hinter den wagemutigen Wegbereitern, die davon träumen, das Sonnensystem zu erforschen. Die meisten Wissenschaftler hielten in den späten fünfziger und frühen sechziger Jahren die Erdsatelliten für nicht mehr als ein extravagantes Beispiel militärischer Verschwendungssucht, ohne vorstellbare Anwendbarkeit auf ihre eigene Arbeit. Am verbittertsten waren die Astronomen. Tatsache ist, daß Sputnik 1, im Oktober

1957 gestartet, nicht nur die Weltöffentlichkeit gänzlich unvorbereitet traf, sondern auch totale Konsternation bei den Astronomen und ihren Rechenfachleuten hervorrief.

Ich war achtzehn Jahre alt, als Sputnik in den Himmel geschossen wurde. Mein Vater weigerte sich tagelang, der Meldung Glauben zu schenken. Er war ein gebildeter Mann, verstand etwas von Mathematik und hatte die ballistischen Kenntnisse eines Offiziers aus dem Ersten Weltkrieg. Trotzdem regte er sich über die Unfähigkeit der Journalisten auf, zu durchschauen, was für ihn die lächerlichste kommunistische Propaganda seit Jahren war. Selbst als amerikanische Berichte bestätigten, daß die vermaledeiten Russen wirklich die kreisende Kuriosität in den Himmel hinaufgeschickt hatten, vertrat mein Vater die Meinung, der Mensch werde niemals fähig sein, in einer Raumkapsel zu existieren, geschweige denn auf dem Mond, denn «der Mensch kann seine Sphäre nicht verlassen». Ich fand diesen Ausdruck einprägsam, konnte aber nie in Erfahrung bringen, was «des Menschen Sphäre» nun eigentlich sei.

Solche Reaktionen waren im gebildeten Publikum und anderswo eher die Regel als die Ausnahme. Keine geringere Autorität als der Hofastronom von Großbritannien hatte erst vier Monate vor dem Sputnik erklärt: «Raumfahrt ist absoluter Quatsch.»

Sofort, als die Nachricht von dem fremden Himmelswunder die Observatorien erreichte, wurden Computerteams gebeten, eine Bahn für den Eindringling zu berechnen. Alle Fachleute, die «sich auskannten» oder das von sich glaubten, hatten zuversichtlich damit gerechnet, der erste Satellit werde einige Jahre später gestartet und natürlich amerikanischen Ursprungs sein. Die Folge war, daß niemand sich die Mühe gemacht hatte, ernsthaft auf das Problem der Bahnberechnung für künstliche Erdsatelliten einzugehen.

Inmitten der Verwirrung jener Nacht meinte irgendein kluger Wissenschaftler, die Planetarastronomen würden vermutlich über einen Programmansatz verfügen, mit dem Sputnik ganz schnell in Zahlen zu verwandeln sei. Aber leider waren die vorhandenen Programme allesamt für die großen Entfernungen des Sonnensystems gedacht. Sie gingen davon aus, daß die Erdmasse auf einen Punkt reduziert war. Keine sehr praktische Vermutung, wenn der Satellit sich nur gut dreihundert Kilometer über dem Boden befand, für den Computer also *innerhalb der Erde*!

Die Astronomen schüttelten wieder einmal belustigt die Köpfe über die Nutzlosigkeit von Computern, während die Experten auf die nächste kluge Idee kamen: Warum nicht die Kometenspezialisten fragen? Sie fanden auch jemanden mit einem Programm. Bedauerlicherweise ging es aus Gründen der leichteren Darstellbarkeit davon aus, daß die Erde flach sei! Ebenfalls kein sehr praktischer Ausgangspunkt, wenn man ein Objekt zu verfolgen versucht, das unablässig um die Erdkugel kreist.

Viele Jahre später aß ich in Hollywood mit Steven Spielberg zu Mittag, der zu diesem Zeitpunkt seinen Film *Unheimliche Begegnung der dritten Art* fertigstellte und nach einem Weg suchte, den Augenblick darzustellen, in dem menschliche Experten die erste Mitteilung von den anfliegenden Untertassen entschlüsseln. Ihr Laboratorium war vollgestopft mit Computerschränken, aber auf irgendeine Weise mußte man die Signale aus dem Weltraum in sinnvolle Zeichen zerlegen. Er erzählte mir, er hätte nutzlose Stunden im Jet Propulsion Lab verbracht und sich die Erklärungen langhaariger Wissenschaftler angehört, dic mit Maschinen im Wert von Millionen Dollar spielten, mit ihrem technischen Jargon aber nichts anfangen können. Die Szene im Film müsse aber anschaulich-lebendig und, wenn möglich, auch komisch sein.

Ich erinnerte mich an die Frühzeit der Satellitenberechnungen und erklärte Spielberg, wenn ein solch folgenschwerer Augenblick jemals einträte, spräche sehr wenig dafür, daß die «Experten» darauf vorbereitet sein würden. Im Arbeitszimmer von Dr. J. Allen Hynek an der Northwestern-Universität hatte ich eine Fotografie von drei Astronomen gesehen, die auf Leitern gestiegen waren, um eine Schnur um einen großen Globus zu spannen. Sie versuchten herauszufinden, wohin der Sputnik flog, während ihre Computerprogrammierer verzweifelt bemüht waren, eine elegantere Lösung des Problems zu finden! Die Szene wurde für die *Unheimliche Begegnung* nachgestellt. Im Film sind die Weltraumexperten des Multimillionen-Dollar-Geheimteams nicht in der Lage, eine einfache Karte zu finden, die ihnen verraten würde, wo der Landeplatz der Außerirdischen liegt; am Ende brechen sie die Tür zum Zimmer des Direktors auf, stemmen einen Großglobus aus den kostbaren Halterungen, rollen ihn durch den Flur dorthin, wo die überforderten Computer stehen, und entdecken endlich, daß die fremden Wesen auf dem Devil's Tower in Wyoming aufsetzen.

Die jüngste Geschichte sowohl der Raumfahrt- als auch der Computerwissenschaft strotzt von Torheiten der Art, wie sie die «Experten» in der Nacht von Sputnik 1 geliefert haben. So nahm der Mann, der in Paris unser Projekt leitete, das Piepen von Satelliten auf und spielte die Töne während seiner Vorträge vor der Französischen Astronomischen Gesellschaft ab, an denen pflichteifrig alte Damen teilnahmen, die in einer anderen Zeit ihre Liebe zur Astronomie entdeckt hatten. Das Band machte fünfzehn Minuten lang unter beinahe leidenschaftlicher Anteilnahme «PIEP-PIEP-PIP-PI-PIEP». Schließlich kam das Geräusch ja aus der unendlichen Leere jenseits der Erde. Dann kündigte der Redner einen anderen Sputnik oder Explorer an und bot weitere fünfzehn Minuten lang «PIEP-PI-PIEP». Ein paar Köpfe sanken tiefer und tiefer, die Zuhörer wurden durch diese sinnlose Stimme aus dem Himmel langsam eingelullt, und ich konnte sehen, wie die Reihen aristokratischer Matronen unter den Wellen der hypnotischen kleinen Stimme schwankten, die aus dem winzigen Sender in der Umlaufbahn drang, so bedeutungslos und mißverstanden wie das langsam ersterbende Summen des Computers, der den Satelliten von der Stallung der Königsmätresse aus verfolgte.

Als die französischen Zeitungen die Arbeit des Observatoriums beim Studium des Sputnik erwähnten, erhielt das Projekt viele Briefe, die uns vorwarfen, wir wären der russischen Propaganda zum Opfer gefallen. Ein Lehrer für Naturwissenschaft und seine ganze Klasse schickten immer wieder Briefe, die von Betrug sprachen. Er wurde eingeladen, sich das genauer anzusehen. Alle Studenten sahen den Satelliten, nur dem armen Professor entging er. Da er die Angaben seiner Klasse nicht bestreiten konnte, kehrte er als gebrochener Mann nach Hause zurück, traurig den Kopf schüttelnd. Man kann sich gut vorstellen, wie dem Armen zumute war, seine Träume dahin, seine Zukunft zerstört, abrupt wachgerüttelt in einer Welt, die er nicht wahrhaben wollte. Ein Lehrer der Wissenschaft, stand er unerwartet vor Beweisen für das wissenschaftlich Unglaubwürdige und nicht mehr Lehrbare. Eine neue Technologie hatte plötzlich beispiellose Horizonte auftauchen lassen und konnte nur durch den Blickwinkel der Computer gemeistert werden. Langsam suchte ein neuer Kreis innerhalb der Öffentlichkeit nach Vertrautheit mit der Technologie der Computer: die klassischen Formen der Bildung hatten sie ihnen nicht begreifbar machen können. Die Maschinen selbst veränderten sich weiter, und die Beurteilung ihrer Einflüsse wurde zu einem beweglichen Ziel, das durch seine Schnelligkeit und die Brechungskraft des Nebels, der seine wahren Farben verbarg, immer mehr verschwamm.

Mit jeder neuen «Generation» von Computern blieben Tausende von ausgebildeten Technikern am Wegrand liegen, wenn sie den intellektuellen Übergang nicht mitvollziehen konnten. Die Mechanographen von damals, an Lochkarten, Schaltbretter und das Tabellarisieren von Ergebnissen in ordentlichen kleinen Kolonnen gewöhnt, waren schon zurückgeblieben, weil sie die Idee eines Programms nicht erfassen konnten: «Alles, was Sie mit einem Programm schaffen, kann ich mit einem Schaltbrett!» behaupteten sie und steckten wild kleine Klinken in die Löcher ihrer Metallsiebe, wo sich bunte Drähte sträubten. Sie konnten der Vorstellung nicht folgen, daß der Computer diese Drähte in seinem Speicher zu simulieren und in Millionen Kombinationen umzubilden vermochte. Statt elektrische Signale durch Drahtwege zu schicken, konnte man bestimmte Bedingungen prüfen und die entsprechende Reaktion auslösen, ein ganzes Datenuniversum vorwegnehmen und steuern. Die Mechanographen sahen nicht, daß die Steuerung trotzdem vorhanden war – nicht in Form von Drähten, die man berühren konnte, sondern in etwas Ungreifbarem und Unsichtbarem, das die Amerikaner «Software» nannten. Für die jungen Leute jedoch, die in den sechziger Jahren hinzustießen, war Software zur zweiten Natur geworden. Sie stellten eine Generation dar, die den Wandel begrüßte und mit ihm Schritt halten konnte – zumindest glaubte sie das.

Manager und Buchhalter rechtfertigen den Kauf einer neuen Maschine meist aus wirtschaftlichen Gründen. Der wahre Prüfstein für eine neue Technologie wie die der Computer ist aber nicht, daß sie dieselbe Aufgabe schneller oder billiger bewältigt, als das vorher der Fall war: Sie muß etwas leisten, das man sich vorher nicht einmal vorstellen konnte. Aus diesem Grund verbinden sich für mich Computer und Erforschung des Weltraums, weil das eine in Wahrheit der Prüfstein des anderen ist. Die Computer haben es uns ermöglicht, «unsere Sphäre» zu verlassen. Als das industrielle Tempo sich um 1960 plötzlich beschleunigte, ließ dieser kleine Unterschied Tausende von Ingenieuren in Dutzenden von Ländern gestrandet an den Ufern der Überholtheit zurück.

Ich hörte die große Trommel der 650 ein letztes Mal ihr qualvolles Lied singen. Dann schied ich aus dem Observatorium Paris aus, weil sich dort nichts veränderte und nie etwas verändern würde. Ich arbeitete eine Zeit bei einer Elektronikfirma, die große Radaranlagen für das Militär herstellte und für ihre Forschungsarbeiten in großem Umfang Computer einsetzte. Wir hatten IBM-Anlagen und wurden ausgebildet von IBM-Ingenieuren in gut beleuchteten Büroräumen, wo alle weiße Hemden trugen und den Auftrag klar im Blick hatten. Trotzdem waren die Wirkungen überraschend, weil das europäische Industriesystem mit der Geschwindigkeit des Wandels, die von der neuen Technologie auferlegt wurde, nicht Schritt halten konnte. Eine Lücke, eine Kluft tat sich auf zwischen jenen, die Computer betrieben, und den anderen, die das nicht taten. Ich kam dahinter, daß mich der Ausgang dieser Auseinandersetzung nicht sonderlich interessierte. Ich beschloß, Europa zu verlassen, und fand mich Monate später auf einem amerikanischen Campus wieder. Hier standen die Computer der dritten Generation mit Transistoren und gedruckten Schaltungen; sie hatten die Schrankreihen voller Vakuumröhren verdrängt, die ich gelegentlich in einer Abfalltonne vor dem Technikgebäude liegen sah, jetzt der größte Bau der Hochschule. Ich genoß die Erregung, die von den großen Maschinen ausging; eines Tages, und zwar schon bald, würden sie ihre Programmierer, ihre eigenen Kinder, verschlingen.

AUF DEM WEG ZUR DIGITALEN GESELLSCHAFT

Während wir darauf warten, daß Computer menschliche Züge annehmen, zeigt eine kurze Rückschau auf Leistungen der Technik die Notwendigkeit einer gesunden Skepsis. Das «Büro der Zukunft» rückt langsam näher, während manche Versprechung der Fachleute von früher stillschweigend in Vergessenheit gerät. Der Verfasser stellt einige anzügliche Fragen zu den Themen automatisches Übersetzen, Computerunterricht und Managementsysteme.

An der Straße, die sich hinter der Stanford-Universität den Berg hinaufschlängelt, stand früher ein orangerotes, rautenförmiges Verkehrszeichen. Auf dem Schild konnte man die Worte lesen: VORSICHT! ROBOTERFAHRZEUG!

Als ich das erste Mal dort hinauffuhr, unterwegs zum Artificial Intelligence Lab (Labor für künstliche Intelligenz), war ich sehr beeindruckt. Ich weiß noch, daß ich abbremste und vorsichtig nach rechts und links blickte; ich rechnete mit dem Auftauchen eines häßlichen Ungeheuers, das mich unter seinen Raupenketten zermalmen würde. Ein Roboterfahrzeug war aber nirgends zu sehen, und zwar schon lange nicht mehr: Das erste Modell, ein langsam rollendes Fahrgestell mit drei Fahrradrädern und einem Kamera«auge» war an einem bewölkten Tag von der Straße abgekommen. Das arme Ding konnte bei diffusen Lichtverhältnissen nicht sehen, wohin es fuhr, und geriet vor allem dann durcheinander, wenn es eine Allee mit Lichtwechsel zwischen Schatten und Sonnenlicht entlangrollte. Man hatte das Schild stehenlassen, um die Besucher zu beeindrucken, vor allem mögliche Projektförderer aus Washington, D. C.

Oben im Labor waren Freunde von mir tätig. In ihrer Sicht bereite ten sie für die Menschheit eine neue Welt vor, eine Welt, in der die alten, verhaßten Strukturen zusammenbrechen und an ihrer Stelle vernünftigere aufgebaut werden würden. Sie betrachteten künstliche Intelligenz als die wirksame Schneide des menschlichen Denkens. Sie entwarfen neue Gesellschaftsverträge, die nicht auf Reichtum, sondern auf Wissen beruhten, was endlich zu einem Zeitalter allgemeinen Verstehens und Friedens führen würde. Gab es nicht schon ein jährliches Kräftemessen zwischen den amerikanischen und russischen Schachautomaten? Weshalb sollte sich aus der Gegenüberstellung der logischsten Instrumente in den führenden Kulturen von West und Ost, ausgestattet mit riesigen Speichern angesammelten Wissens, nicht ein rationales Modell unserer Welt herausschälen?

Diese Art großzügiger Illusion ist bei Technikern nicht ohne Beispiel. Schon im späten 19. Jahrhundert lieferte das gesellschaftliche Potential der elektrischen Revolution ein Modell für den menschlichen «Fortschritt». Man glaubte, die Elektrizität werde durch ihre Universalnatur die Tendenz zur Konzentration von Macht und Reichtum umkehren und damit den Ausgleich für die gesellschaftlichen Kräfte schaffen. In Amerika wurde Chicago zum Inbegriff der Elektrischen Stadt. In Rußland sollte bald danach Lenin vorschlagen, «das Land zu elektrifizieren», als großen Schritt zur Verankerung der Sowjetmacht.

Ich habe Professor James Carey betonen hören, daß diese Vision der «Elektrizität als gesellschaftlicher Gleichmacherin» sich heute dahingehend fortsetzt, daß der Computer als Vorbote «universellen Einvernehmens und Einsseins» gesehen wird. McLuhan hat erklärt, aus der universellen Anziehungskraft der elektronischen Medien werde kosmischer Humanismus oder doch etwas ganz Ähnliches hervorgehen: Schon sorgen Computer-Hobbyzeitschriften für die Empfindungen einer neuen Generation von Science-Fiction-Anhängern, die sich in der großen Macht ihrer Prozessorchips und dem tiefen, auf ihren Disketten gespeicherten Wissen sonnen. Sie sehen den Apple II in ihrem Keller als persönlichen Zugang zu den Großnetzen der modernen Welt und zu den gigantischen Bibliotheken, deren unbegrenztes Wissen nicht länger am grünlichen Leuchten ihrer Bildschirme vorbeigehen wird. Sie mögen recht haben. Allerdings habe ich auch Kommunikationsfachleute sagen hören, «diese politische Avantgarde, die in McLuhan ihren Bauchredner gefunden hat, ist zu jeder theoretischen

Konstruktion unfähig; sie formuliert eine Medienmystik, durch die sich alle politischen Probleme in Rauch auflösen». Zumindest in diesem Punkt neige ich dazu, den Kommunikationsexperten rechtzugeben. Ich will versuchen, meine Gründe für diese Zustimmung darzulegen.

Die neueste Computergeschichte erscheint mir als ein Katalog von technischen Mißverständnissen, gleichgültig, ob wir die Anwendung der Maschinen auf Justiz, Erziehung, Staat oder Wirtschaft betrachten. In allen Fällen wurden im Namen des Fortschritts großartige Behauptungen aufgestellt, und eine enthusiastische Technikerelite sagte gesellschaftlichen oder wirtschaftlichen Nutzen voraus, der sich dann nicht einstellte. Und in jedem Fall trat etwas anderes ein, das von revolutionärer Natur war, etwas Unvorhergesehenes, das sich jeder Steuerung entzog. Es erzwang Erkenntnisse, die auszulösen niemand die Absicht gehabt hatte.

Beginnen wir mit der Justiz. Die Vision, die Terminals in jede Polizeibehörde gestellt hat und bald in jedem Streifenfahrzeug installieren wird, geht davon aus, daß «die Guten» das Verbrechen auf wissenschaftlich bessere Weise bekämpfen und unsere Großstädte rascher säubern können, wenn alle bekannten Verbrecher in mehreren Registern erfaßt sind: der Straftäter, der in Texas eine Schußwaffe stiehlt, kann in Maine gefaßt werden. Bei der Jagd nach dieser Vision sind große Computerdateien* wie das National Crime Information Center NCIC (Nationales Informationszentrum für Straftaten) geschaffen worden. Im Dezember 1967 gab es im NCIC 346000 gültige Eintragungen. Bis Dezember 1968 wuchsen sie auf 744000 an und erreichten im selben Monat des Jahres 1969 die Zahl von 1447000. Im Dezember 1970 hatte sich die Datei auf 2454000 verdoppelt, erhöhte sich im folgenden Jahr erneut um rund eine Million und überstieg 1975 die Fünfmillionen-Marke. Bis Ende 1977 kletterte sie auf *sieben* Millio-

* Um der Einfachheit willen nenne ich eine «Datei» eine Sammlung von Datensätzen, die alle von gleicher Struktur sind, und «Datenbank» eine Sammlung von Dateien oder eine einzige große Datei mit unterschiedlicher Struktur der Datensätze.

nen. Die Eintragungen umfaßten ferner 132890 gesuchte Personen und die polizeilichen Kennzeichen von mehr als 320000 angeblich gestohlenen Kraftfahrzeugen. Die Zahl der täglichen Transaktionen betrug im Mittel rund 260000. Interessanterweise enthielten die Dateien auch die Namen und Beschreibungen von 17000 vermißten Personen, die aus dem einen oder anderen Grund die «normale» Gesellschaft verlassen oder beschlossen hatten, ihre Regeln zu mißachten und Alternativen zu erkunden. (Bei solchen Statistiken kann ich nicht behaupten, daß ich ihnen das verdenke.)

Was die Statistiken nicht offenbaren, ist, daß diese Art von Instrument in den Händen der Exekutive mehr dazu beiträgt, das Wesen des Verbrechens zu *verändern*, als es zu beseitigen. Als etwa Beamte des Criminal Justice Information Control System CJIC (Informations-Steuersystem für Strafrecht) in San Jose Mitte des Jahres 1980 beschlossen, 120000 Personen in ihren Dateien zu löschen, mußte die Arbeit an mehreren Wochenenden geleistet werden, weil die Datensätze derart kompliziert ineinander verschachtelt waren. Bis die Arbeit abgeschlossen war, waren viele der «inaktiven» Eintragungen vom Computer schon wiederhergestellt worden, da manche der Personen, die er loszuwerden versuchte, nach Begehung neuer Straftaten erneut festgenommen worden waren.

Es ist noch zu früh in diesem Buch, das interessante Problem der Computerverbrechen aufzuwerfen, aber ein rascher Spaziergang um Mitternacht durch eine beliebige amerikanische Großstadt wird bestätigen, daß Riesencomputer das kriminelle Element noch nicht haben ausmerzen können. Gelungen ist ihnen, die kriminellen Aktivitäten zu vereinheitlichen und bei den Leuten, die verhaftet und in Untersuchungshaft genommen werden, eine geheimnisvolle Ausstrahlung zu erlangen. Der ganze Prozeß ertrinkt jetzt im Jargon von Codes und Kennummern, die der Gebrauch von Computern erforderlich gemacht hat, wobei sogar die abstrusen Ausdrücke der Juristen in den Schatten gestellt werden. Die Computer haben ferner wachsenden Verfolgungswahn und Mißtrauen gegenüber «dem ganzen System» hervorgerufen, da es nun den Anschein hat, daß ein Verdächtigter einer unfaßbar komplizierten Menge aufeinander eingespielter und miteinander verbundener Maschinen gegenübersteht, denen keine böse Tat entgehen kann. Das wiederum führt zu dem Eindruck, die Gesellschaft oder zumindest jener Teil der Gesellschaft, der die Computer besitzt und betreibt, werde keinen Verstoß jemals vergessen oder vergeben.

Es gibt mehr als genug oberflächlich beeindruckende Expertenangaben, die uns versichern, die Privatsphäre sei in solchen Systemen schützbar, unsere Rechte als Staatsbürger blieben gewahrt, weil bestimmte Computer konkret niemals zusammengeschaltet werden. Leider wird Ihnen jeder Programmierer, der auch nur einige Wochen praktische Erfahrung besitzt, Horrorgeschichten erzählen, die solche Behauptungen widerlegen. Die Tatsache, daß zwei Computer nicht auf Dauer durch ein amtlich genehmigtes Kabel miteinander verbunden sind, bedeutet nicht, daß es keinen Weg gäbe, zwischen ihren Tätigkeitsbereichen Verbindungen herzustellen. Jeder, der Zugang zu beiden Computern hat, kann recht mühelos seine eigene zeitweilige Verbindung schaffen. Weiter: Wenn Daten aus einem Computer «getilgt» oder gelöscht werden (zum Beispiel dann, wenn eine richterliche Verfügung die Tilgung einer bestimmten Eintragung verlangt), trifft es in der Regel *nicht* zu, daß die Daten auch aus den älteren «Sicherstellungs»-Versionen dieses Computerspeichers gelöscht werden können, die irgendwo in einem geschützten Tresor für den Fall aufbewahrt werden, daß die Information nach einem Systemausfall rekonstruiert werden müßte. So können die «getilgten» Daten also nach wie vor abgerufen werden, wenn jemand die ernsthafte Neigung hätte, danach zu suchen. Was den Schutz der Privatsphäre anbetrifft, so ist es einigermaßen naiv zu glauben, sie könne dadurch verbessert werden, daß man die Lebensgeschichte einer Person von einem Stück Papier in einem Aktenschrank auf eine schnelle, leistungsfähige Maschine überträgt, die fast überall von der Welt aus über Telefon zu erreichen ist. Mir ist nicht einsichtig, wie dabei etwas anderes herauskommen soll als eine größere Machtkonzentration in den Händen derer, die bereits die Macht haben, die Computer aufzustellen und die Systeme zu konstruieren. Und was den daraus entstehenden Beitrag zum besseren Verständnis der Menschen untereinander angeht: Er wird sich erst nach langer Debatte und anhaltendem ernsthaftem Suchen zwischen den Schichten von Codes und Zahlen finden, mit denen große Organisationen menschliche Wesen «verarbeiten».

Ist es den Computern schon im Fall der Polizeidaten schwergefallen, ihrem gesellschaftlichen Auftrag nachzukommen, so war ihre Leistung auf dem Gebiet der Erziehung und Ausbildung noch schwächer. Dabei ist die Voraussetzung durchaus simpler Art gewesen. Computer sollten die Last von Aufgaben, die ständige Wiederholung bedingten, übernehmen; in strukturierten Situationen konnte ein einziges Lehrprogramm bei Steuerung durch die Schule für Tausende von Studenten angeboten werden. Ich erinnere mich an einen Vortrag, den einer der Wegbereiter auf diesem Gebiet, Dr. Bitzer, 1965 hielt. Er äußerte einige eindeutige Vorhersagen: Der Computerunterricht werde pro Student und Stunde im Preis bald unter 50 Cent fallen. Ich verließ den Saal in der Überzeugung, die Lösung der Bildungskrise stehe bereit. Die Zwergschule auf dem Land benötigt nur ein paar Terminals und eine Telefonleitung, um den allermodernsten Verbund von Unterrichts-Hilfsmitteln anzuzapfen: den Speicher eines Riesencomputers, wo unaufhörlich neue Lehrgänge auf allen Stufen hinzukommen, vom Kindergarten bis zur Hochschule. Studenten würden glückselig Probleme durcharbeiten, die eigens auf ihre Fähigkeiten abgestellt und zugeschnitten sein würden; lächelnde Lehrer würden nicht länger dieselben Informationen wiederkäuen oder Studenten, die das Lerntempo selbst bestimmten, strengen Prüfungen unterziehen.

An dieser Vorstellung war zweierlei falsch. Zum einen lächelten die Lehrer nicht. Sie waren gegen das ganze Projekt, weil die Maschine ihre soziale Herrschaft über den Bildungsprozeß bedrohte. Jedenfalls fiel es ihnen nicht schwer, ihre Autorität wieder durchzusetzen, entweder dadurch, daß sie die Technologie ignorierten, oder indem sie nachwiesen, daß ihre Befürworter die pädagogischen Hausarbeiten gar nicht gemacht hatten. Erleichtert wurde ihnen das durch die schlechte Qualität der Computerlektionen: Ein Teil der «Kursware» war hervorragend, aber zum größten Teil bestand das Material aus hastig zusammengestellten Seiten mit Informationen, die man in einem Lehrbuch leichter finden und bequemer studieren konnte.

Das zweite Problem: Die Kosten. Als das erste Lehrsystem großen Maßstabs auf den Markt gebracht wurde, stellte man fest, daß das Unternehmen im Monat pro Terminal 1000 Dollar verlangen mußte. Das war also nichts für die Zwergschule auf dem Land. Außerdem waren anfängliche Schätzungen für die zur Entwicklung guter Unterrichtsstunden erforderliche Zeit völlig falsch: Es erforderte mindestens 100 Lehrerstunden, um eine Stunde Material für Schüler zu entwickeln. Der realistischere Wert war 300 zu 1. Und selbst in diesem Fall mußte der das Material zusammenstellende Lehrer mit der komplexen Programmiersprache, die dem Computer die Struktur jeder Lektion beschrieb, gründlich vertraut sein.

Wie bei der maschinellen Übersetzung gibt es einen sehr frustrierenden Aspekt beim computerunterstützten Unterricht. Das Dilemma ist: Die Systementwickler wissen, daß ihr Konzept im Prinzip Hand und Fuß hat, sind sich aber auch darüber im klaren, daß die Anwendungsweise ihr Ziel nicht erreicht. Viele Versuche haben gezeigt, daß Klassen, die mit Hilfe eines Systems in der Art von PLATO unterrichtet wurden, viel erfolgreicher waren als konventionelle Klassen. Schüler werden durch den Computer nicht eingeschüchtert oder gehemmt, wie ihnen das bei menschlichen Lehrern widerfahren kann. Sie können immer wieder dieselbe Frage stellen, ohne sich vor ihren Kameraden blamiert zu fühlen oder Gefahr zu laufen, vom Lehrer abgewiesen zu werden, der nun Rat und Anleitung geben kann. Leider lassen sich diese Vorteile nicht eher realisieren, bis sich die gesellschaftlichen Rahmenbedingungen des Lernens ändern.

Damit das geschehen kann, sollte eine viel deutlichere Unterscheidung zwischen dem ‹affektiven› und dem ‹kognitiven› Gehalt der Bildung erfolgen. Amerikanische Lehrer scheinen oft alles Lernen mit kognitivem Wissen gleichzusetzen, das in der Tat durch Computerterminals ebenso leicht vermittelt werden kann wie durch Bücher oder Wandtafeln. Was ihnen beharrlich entgeht, ist der affektive Teil dieses Wissens, die emotionelle Verbindung zum Gelernten. Ein unentbehrlicher Teil der Bildung wird bei Versuchen auf dem Gebiet des Computerunterrichts einfach weggelassen. Um dieses Problem zu beheben, sollten wir ein menschliches Konferenzsystem kombinieren mit den eintönigen Wiederholungsprogrammen, die Grundwissen liefern. Sobald dieser einfache Schritt getan ist, kann es sein, daß wir eine Blüte des Computerunterrichts erleben.

Ich erinnere mich an die strahlenden Augen meiner Tochter, als ich ihr sagte, sie dürfe auf dem schönen grünen Display tippen, das ich zu Hause dafür verwendete, Mitteilungen an Freunde und Mitarbeiter im ganzen Land zu senden und von ihnen zu empfangen. Aber ich bat sie, zu warten, bis die Telefonverbindung nicht mehr benutzt werde, weil ich nicht Fernsprech- und Computergebühren bezahlen wollte, während sie sich mit der Tastatur anfreundete. Sie war sehr enttäuscht und erklärte mir mit der ganzen Autorität ihrer fünf Jahre, sie wolle nicht bloß auf dem hübschen Bildschirm schreiben. «ICH WILL AN JEMAND TIPPEN!» forderte sie. Sie hatte die Vorstellung des Terminals schon mit dem eines Fensters zur Außenwelt in Verbindung gebracht, mit einem Fenster, durch das sie ihre Freunde sehen und mit ihnen fröhliche Grüße austauschen konnte.

Eines der frühesten Beispiele des Übereifers auf seiten der Computerfachleute ergab sich in den fünfziger Jahren bei den ersten Versuchen zur maschinellen Übersetzung. Der Kalte Krieg war im Gange, und es galt als lebenswichtig, einen Vorsprung vor den Russen zu halten. Man unternahm massive Anstrengungen, um ihre technische Literatur routinemäßig ins Englische zu übersetzen. An vielen Universitäten beschlossen die Computerbereiche, dem Pentagon freiwillig ihre Hilfe anzubieten. Nicht nur würden Computer die sperrigen sowjetischen Dokumente in die zivilisierten westlichen Sprachen übertragen, sondern gleichzeitig die Freie Welt schützen und zum internationalen Verständnis beitragen.

Für das Unternehmen wurden Millionen Dollar zur Verfügung gestellt. Dann weitere Millionen. «Ah, wenn wir nur ein wenig mehr Geld hätten», klagten die Professoren bei ihren Geldgebern von der Air Force, «wir könnten die Sache im Nu zum Abschluß bringen.» Die Air Force, begeistert von der Aussicht, mit Hilfe einer Maschine die Gedanken des Feindes durchschauen zu können, ließ immer mehr Geld in das Projekt fließen. Dabei übersetzte der Staat tonnenweise Abhandlungen der RAND Corporation und anderer amerikanischer Denkfabriken ins Englische zurück, die von den Russen bei ihren Bemühungen, den Amerikanern nachzueifern, *aus* dem Englischen übertragen worden waren.

Unter Sprachexperten wurde die ganze Sache zu einer Art Witz. Es gab eine Geschichte über den englischen Text, den eine Maschine ins Russische und dann wieder zurück ins Englische übersetzt hatte, damit ein Vergleich mit dem Original erfolgen konnte: Ein «Wasserbüffel» war zu einer «hydraulischen Presse» geworden, und der Ausdruck «aus den Augen, aus dem Sinn» war verwandelt worden in «unsichtbaren Idioten». Außerdem gab es einen Hinweis auf einen Herrn mit dem unwahrscheinlichen Namen LEONARDO YES VINCI.

Ferner war zum Gaudium von Linguisten und menschlichen Übersetzern der Satz «Der Geist ist willig, aber das Fleisch ist schwach» wiedergegeben worden mit «Der Wodka ist ausgezeichnet, aber das Fleisch ist schlecht.»

In typischer Überreaktion rief die Air Force eine prestigestarke Kommission zusammen, die das Urteil fällte, Maschinenübersetzung sei ein unerreichbares Ziel und ein Greuel vor den Gesetzen der Sprache. Es gab ein Schwarzbuch, unterzeichnet von führenden Sprachforschern, das die Hoffnungen der enthusiastischen Programmierer für immer niederwarf, der Staat stornierte über Nacht alle Verträge und Zuschüsse für Arbeiten auf dem Gebiet der maschinellen Übersetzung.

Das Belustigende daran ist, daß die Kommission mit ihrer Behauptung von der absoluten Überlegenheit menschlicher Übersetzer ebenso falsch lag, wie die Computerbegeisterten darin irregeleitet gewesen waren, daß sie ihre Fähigkeit übertrieben hatten, die Aufgabe jederzeit und ohne menschliche Eingriffe zu bewältigen. Im Rückblick nach zwanzig Jahren kann man jetzt erkennen, daß die Idee der maschinenunterstützten Übersetzung ganz gewiß sinnvoll war. Schließlich verwendet jeder Übersetzer ein Wörterbuch, und was ist ein Wörterbuch anderes als ein Speicher? Ein Mann, François Kertecz, bewies die Gültigkeit des Konzepts ohne Trompetenstoß und ohne Aufsehen.

Dr. Kertecz war zur Zeit des großen Aufruhrs Informatiker am Oak Ridge National Laboratory und einer der herausragenden Sprachwissenschaftler im Stab der Atomenergiekommission. Er unterschied sich von den meisten an maschineller Übersetzung beteiligten Wissenschaftlern in zwei wichtigen Punkten: Er sprach mehrere Sprachen fließend und leistete seine Arbeit ohne ein eigenes Budget. Als die Staatsdiener den Geldhahn für alle Arbeiten an maschineller Übersetzung zudrehten, konnten sie ihn nicht finden, weil er nirgends als sichtbarer Einzelposten auftrat: er war einfach Teil des technischen Bibliotheksdienstes. So kam es, daß François Kertecz, als ich ihn 1972 kennenlernte, seit den fünfziger Jahren aus dem Russischen ins Englische übersetzt hatte, und zwar mit einfallsreichen Methoden, bei denen die Rolle des Computers schlicht darin besteht, für die Übersetzung verschiedene Wahlmöglichkeiten bereitzustellen. Die letzte Entscheidung trifft der Mensch.

Die Arbeit an maschineller Übersetzung wurde unter verschiedenartiger Tarnung Ende der sechziger Jahre langsam wieder aufgenommen. In den letzten Jahren haben Elektronikfirmen den Spielzeugmarkt mit primitiven Lehrmaschinen überschwemmt, die Wörterbücher enthalten und das Wort in der Lernsprache sogar aussprechen. Die eigentliche Lehre, die wir aus diesen Maschinen gewinnen können, ist die, daß das Potential sowohl für computergestützten Unterricht wie auch für computergestützte Übersetzung wirklich vorhanden war, sich aber einen eigenen Weg in die Kultur bahnen mußte.

Das verfeinerte Computerunterrichts-Spielzeug, das man heute für 30 Dollar im Supermarkt kaufen kann, ist eine gesellschaftliche Zeitbombe. Ein solches Spielzeug spricht zu dem Kind, buchstabiert angeforderte Wörter und zeigt sie an. Im Gegensatz zu den zentralisierten und kostspieligen Systemen umgeht es das Lehrestablishment völlig und bietet ein Lerngerät, das Kinder auf dem Weg zum Strand oder ins Kino in der Tasche mitnehmen können. Damit verstößt es gegen unausgesprochene soziale Regeln und erschafft neue. Dadurch, daß es bei den Kindern beginnt, gestaltet es eine Zukunftsgesellschaft, in der menschliche Beziehungen nicht bleiben können, wie sie sind.

Von allen durch Übereifer gekennzeichneten Dingen, die von den Computerleuten verpfuscht wurden, schießt wohl das MIS-Fiasko den Vogel ab. MIS steht für *Management Information System*, und der Ausdruck dürfte bei jedem Geschäftsmann, vor dem er erwähnt wird, eine schmerzliche Reaktion hervorrufen. MIS ist teuer und unordentlich und leistet niemals das, was es leisten sollte.

Die große Zeit von MIS kam in den sechziger Jahren, als die Computer so leistungsfähig wurden, daß man sie nicht nur für Technik und Buchhaltung, sondern für alle Bereiche eines Betriebes einsetzen konnte. Diese Leistung rührte von der Fähigkeit der neuen Maschinen her, mehrere Dinge gleichzeitig zu tun. Der Trick dabei: Man nimmt eine Aufgabe aus dem Computer während jenes Sekundenbruchteils, in dem er auf Daten wartet, und benutzt diese Zeit dazu, die Verarbeitung einer anderen Aufgabe fortzuführen. Die sich daraus ergebende Beweglichkeit des Computers ermöglichte viele neue betriebswirtschaftliche Anwendungen. Wir entwickelten ein MIS, als ich für einen Erdölkonzern in Europa arbeitete, den ich GLOBGAS nennen will. Wir bedrängten unaufhörlich den Vorstandsvorsitzenden des Unternehmens und verwiesen auf eindrucksvolle Berichte von IBM und aus dem *Harvard Business Review* über die Vorteile des Computer-Managements: «Wie können Sie, Herr Generaldirektor, diese komplexe Organisation überhaupt leiten, ohne um sich eine vollständige und auf dem neuesten Stand befindliche Serie von Instrumenten zu haben wie der Pilot eines großen Verkehrsflugzeugs? Wir werden Ihnen sagen, wie sich der Verkauf anläßt, wie viele Tanklastzüge zu Ihren Raffinerien unterwegs sind, und den laufenden Bestand aller Ihrer Produkte angeben. Auf diese Weise werden Sie schon morgens, wenn Sie ins Büro kommen, zweckmäßige Entscheidungen treffen können.»

Was wir natürlich nicht wußten, war, daß man ein großes Unternehmen nicht dadurch leitet, daß man zweckmäßige Entscheidungen trifft, und unser Generaldirektor hatte eine viel zu hohe Meinung von sich selbst und seinem Computerstab, um sich die Mühe zu machen, uns das zu verdeutlichen. Unser Projekt schien jedenfalls nie vom Fleck zu kommen, bis mir langsam ein Licht aufging. Techniker treffen zweckmäßige Entscheidungen, weil sie den Luxus genießen, vollständige Tests durchführen zu können, bevor sie Prozeß- oder Produktplanung zu Ende führen. Einen solchen Luxus genießen Manager nicht. Sie treffen Entscheidungen unter Stress und in Ungewißheit. In der Ausdrucksweise einer Lehrrichtung der Hirnforschung sind Manager oft «Rechtshirntypen», stark intuitiv und motiviert von ästhetischen Überlegungen, im Gegensatz zu den «Linkshirntypen» (ihren Untergebenen), die klassifizieren, optimieren, planen und berechnen.

Managementsysteme von Computeringenieuren funktionieren ausgezeichnet, wenn sie von anderen Computeringenieuren angewendet werden; beim Rest der Welt klappt es damit in der Regel nicht. Bei GLOBGAS war es faszinierend zu sehen, wie die Operateure schwere Transportwagen, beladen mit Stapeln von Geschäftsberichten, aus dem Computersaal schoben und damit die höheren

Stockwerke aufsuchten, wo elegante Angehörige der Geschäftsleitung bei Tee, serviert von makellos gepflegten Sekretärinnen, über Nabokov und Sartre diskutierten. Ihre Büros waren sauber aufgeräumt und frei von Computerterminals oder gedruckten Protokollen. Offensichtlich gab es hier zwei scharf unterschiedene Kulturen, die miteinander nichts gemein hatten. Und irgendwo mußte eine Zwischenstufe vorhanden sein, wo die Computerinformation nicht weiter aufsteigt; es muß in einem abgelegenen Winkel des Hauses ein dunkles Büro geben, wo ein kleiner, alter Mann mit grauem Schnurrbart und übelriechender Pfeife tonnenweise Computerprotokolle in seinen grünen Stahlschrank stopft, wehmütig an die Zeiten vor den Computern zurückdenkt und die Stunden bis zur Pensionierung zählt.

Dort, wo Managementsysteme ohne Zweifel Erfolg haben – was nicht selten vorkommt –, geschieht das, weil schon ein Kommunikationssystem zwischen Menschen vorhanden war. Hier wurde der Computer als individuelle Stütze für das Management verwendet, statt für ihr Handeln einen engen Gesamtrahmen zu setzen. Daraus läßt sich etwas lernen, wenn wir neue Systeme bauen wollen, mit der die unübersehbare Verheißung des Computers wahrgemacht werden kann.

Das Display zeigte ein Gitter mit Kreisen und Kreuzen in Kästchen. Der Junge blickte auf den Bildschirm und sah, daß es dem Computer gelungen war, drei Kreuze in eine Reihe hintereinanderzusetzen. Er war noch einmal am Zug und glaubte das Programm durch ein ausgefallenes Winkelmanöver übertölpeln zu können.

Das klappte nicht. Der Computer setzte ein viertes Kreuz, und danach konnte der Junge nichts mehr tun, um den Computer am Sieg zu hindern. Beim japanischen Spiel GOMOKU hat man gewonnen, wenn man fünf Zeichen in einer geraden Linie zu setzen vermag. Der Computer ließ den ganzen Bildschirm ein paarmal blinken, um seinen Sieg zu betonen, dann löschte er das Display und schrieb:

DU HAST JETZT FÜNFMAL HINTEREINANDER VERLOREN. ICH WERDE MEINE FÄHIGKEITEN REDUZIEREN.

Ich beobachtete das Gesicht des Jungen. Acht Jahre. Er wußte, daß Computer nur Maschinen sind und man vor einer Maschine nicht weint. Andererseits wußte er, daß er gegen die blöde Maschine verloren und immer wieder verloren hatte, was ihm sehr unfair erschien. Alles in ihm deutete darauf hin, daß nur noch das Weinen blieb. Der Konflikt war an seinen Augen, seinen Mundwinkeln, der straff gespannten Stirnhaut deutlich abzulesen. Er weinte dann doch nicht. Er wußte, daß er größer werden würde. Eines Tages würde er den Computer schlagen.

Bildung, Sprache, Management: drei Gebiete, wo die Magie der Computer in nachteiliger Weise überbeansprucht wurde und ihr Ziel verfehlte. Die Urvision war vielleicht sinnvoll, der Traum glaubhaft, aber es haperte beim Zeitpunkt. Die Technologie war unausgereift, der Plan, der angeblich *alles* berücksichtigte, hatte eine Kleinigkeit übersehen: das soziale Gefüge, in dem sie wirksam werden sollte. Wenn in der Vergangenheit mit Beharrlichkeit solche Fehler gemacht worden sind, deutet dann irgend etwas darauf hin, daß es in Zukunft anders sein wird? Während die Computer in der Leistungsfähigkeit den nächsten Riesenschritt tun und so billig werden, daß eine Maschine mit den Fähigkeiten unserer IBM 650 am Observatorium Paris im Jahre 1961 für alle Mittelstandsfamilien in Amerika erschwinglich ist, stellt sich die Frage: Wird die gesamte Gesellschaft die nächste Folge von Mißgriffen durchmachen müssen, die ihr von Computerbegeisterten zugemutet werden? Von Geschäftsleuten, Politikern und Soziologen wird diese Frage immer öfter gestellt. Während die Explosion der computerverwandten Produkte sich durch alle Bevölkerungsschichten ausbreitet, wird das ohne jeden Zweifel allen von uns auf den Nägeln brennen. Millionen Menschen arbeiten in Büros und sind Kandidaten dafür, Benutzer einer neuen Generation von Maschinen zu werden, die im Rahmen der «Büroautomatisation» entworfen und gebaut werden. Dabei wird das Büro der Zukunft, wie die begeisterten Technologen es manchmal nennen, mit demselben Mangel an Rücksicht auf die Bedürfnisse der Menschen geplant wie das MIS der sechziger Jahre.

Obwohl ihre Leistung um das Tausendfache gesteigert wurde, ihre Kosten enorm gedrückt werden konnten, ihre Zuverlässigkeit bis zu einem Punkt verbessert wurde, an dem Fehler nicht mehr auf Gerätedefekte geschoben werden können, weil es keine Gerätedefekte mehr *geben* wird, beantworten die Computer nach wie vor die alten Motivationen und mißachten weiterhin die Realität. Sie versuchen die Kontrolle über die Gesellschaft, über die ganze Menschheit zu erlangen. Computer-Hardware ist ebensowenig die soziale Gleichmacherin der achtziger Jahre des 20. Jahrhunderts wie die Elektrizität die soziale Gleichmacherin der achtziger Jahre im vergangenen Jahrhundert gewesen ist. Erst wenn die Planer selbst diese Auswirkungen der Technologie erkannt und ihre Einstellung zu dem System geändert haben, das sie bauen, werden die wahren von den Computern versprochenen Nutzeffekte Wirklichkeit werden. Ich glaube nicht, daß es sehr lange dauern wird, bis es soweit ist – vielleicht 25 Jahre, vielleicht auch 50 Jahre. In der Zwischenzeit aber werden viele von uns einen schmerzhaften Übergang durchmachen und vielleicht eine beispiellose Form der gesellschaftlichen Umgestaltung erleben, auf die uns nichts und keiner vorbereitet hat.

Trotzdem behält der Traum seine Gültigkeit, vorausgesetzt, wir meiden die Falle der sorglosen Versprechungen jener, die die Maschinen, die Hardware, nur verkaufen. Es erfordert mehr als elektrischen Strom, einen Computer in Betrieb zu nehmen: es bedarf eines *Programms*. Dieses Programm gibt nicht nur die Ausgangspunkte des Programmierers wieder, sondern auch die Vorurteile und Beschränkungen der gesamten Gesellschaft um ihn herum.

Wenn Computer manchmal so nervig sind, dann deshalb, weil sie eine Gesellschaft widerspiegeln, die ihr wahres Gesicht lieber nicht sehen möchte. Die Computer können in den Händen guter Systementwickler dadurch, daß sie die Makel und die Häßlichkeit offenbaren, uns aufklären und neue Alternativen anbieten – so, wie das Abklopfen eines alten Anstrichs an einem scheinbar häßlichen alten Haus wunderschönes Balkenwerk freilegen und kühne neue Farbmuster anregen mag. Wir hatten die Einfallskraft, in den vergangenen vierzig Jahren diese Technologie zu entwickeln. Jetzt brauchen wir den Mut zur Planung, zur Entscheidung darüber, wohin sie uns führen soll, und das ist eine viel schwierigere und anstrengendere Aufgabe.

Es fällt schwer, die Art von menschlicher Gesellschaft zu charakterisieren, die von Computern gefördert wird. Zum Glück arbeiten viele Fachleute auf eine solche Vision hin. Ihre Vorhersagen reichen von düsteren Schreckensbildern bis zur Ekstase.

Der Begriff «Festkörper-Gesellschaft» wurde mir an einem trostlosen grauen Tag in Paris, als wir über die Form der künftigen Kommunikation diskutierten, von dem französischen Kybernetiker Joel de Rosnay nahegelegt. Nach seinem Eindruck sei das Ergebnis der Nutzung von Computern zur Verbindung von Menschen untereinander unter dem Strich vielleicht nicht das selige Erblühen der Kreativität, wie die meisten amerikanischen Technologen es voraussagten, sondern im Gegenteil eine kalte und unpersönliche gesellschaftliche Wirklichkeit, in der menschlicher Kontakt auf ein Mindestmaß sinken würde. Er prophezeite eine solche Gesellschaft zwar nicht, empfahl aber, diese Möglichkeit zu berücksichtigen, vor allem unter der Voraussetzung, daß Energie- und Transportkosten jedes vernünftige Maß sprengen sollten.

Ich ziehe den Ausdruck *digitale Gesellschaft* vor. Digitale Logik beruht auf Zahlen. In einer digitalen Gesellschaft würde jede Person in einen persönlichen Informationsraum eingesperrt sein, charakterisiert durch so viele Zahlen, daß für echten menschlichen Kontakt kaum noch eine Gelegenheit bliebe. Wir könnten sogar in einer Welt leben müssen, die Forster in *The Machine Stops*[11] beschrieben hat: Seine Figuren verbringen ihr ganzes Leben in kleinen Zellen unter der Erde, gestützt auf alle denkbaren Formen der Kommunikation, gesteuert und geregelt von Zahlen.

Will man sich ernsthaft mit der Möglichkeit einer solchen Welt befassen, ist es ratsam, einen Blick zurückzuwerfen und sich anzuschauen, wie die Kommunikation sich in den rund 500 Jahren verändert hat, seitdem Meister Gutenberg seine Druckpresse in Betrieb nahm. Obwohl 500 Jahre eine lange Zeit zu sein scheinen, sind sie auf der Skala der Geschichte eine recht kurze Spanne. Noch kürzer ist die Lebenszeit des Telegrafen, der vor 150 Jahren ins Dasein trat. Ein im Jahre 1978 von der Investmentfirma Solomon Brothers verfaßtes Memorandum stellte fest[12]:

«Das Telefon haben wir seit 100 Jahren, den Funk seit 50, Computer seit 25 Jahren, den kommerziellen Gebrauch von Erdsatelliten seit 10 Jahren, und wir sind erst im ersten Jahr der Anwendung von Glasfasern. Jede dieser neuen Technologien hat in der Art, wie Geschäfte abgewickelt werden und wie die Menschen leben, einen grundlegenden Wandel hervorgerufen.»

Schon 1838 hatte der Wirtschaftsausschuß des Repräsentantenhauses zum Telegrafen von Samuel Morse folgendes zu sagen:

«Durch die Möglichkeit des beinahe augenblicklichen Austausches von Mitteilungen zwischen den fernsten Punkten des Landes wird der Raum, was die Informationsübermittlung angeht, völlig ausgelöscht. Dem Bürger wird eine Möglichkeit gewährt und zum täglichen Gebrauch überlassen, die den hohen Wert der Allgegenwärtigkeit in einem Maße bedeutet, wie der menschliche Verstand ihn noch vor kurzem aus einem instinktiven Gefühl religiöser Scheu und Zurückhaltung gegenüber einer Macht von derart erschreckender Großartigkeit der menschlichen Tätigkeit nicht ernsthaft zuzubilligen gewagt hätte.»[13]

Wenn man diese Zeilen liest, ergibt sich deutlich, daß wir mit der Beobachtung der neuen, computergestützten Medien Zeugen der langfristigen Auswirkungen einer Revolution sind, die niemals aufgehört hat. Nach dem Telegrafen kam das Telefon. So simpel es auch zu sein scheint, hat es unser Leben in eigentümlicher Art und Weise verändert. In einem Zeitungsartikel mit dem Titel ‹Telefone im Land›, der um 1900 erschien, hatte ein Autor namens Wilbur Bassett die ersten Auswirkungen dieser Kommunikationsart schon bemerkt[14]:

«Im Landleben des Westens findet eine stille Umwälzung statt, die innerhalb eines Jahres wichtigere und weitreichendere Folgen als jemals seit dem Aufkommen der transkontinentalen Eisenbahnen zu bewirken verspricht. Das Pionierdasein des einsamen Farmers ist bereits Vergangenheit, die Flut des industriellen und bildungsmäßigen Vorrückens hat den Nordwesten überschwemmt ... Das Telefon beseitigt die Abgeschiedenheit des Landlebens, schließt verstreute Gemeinden zusammen, erzeugt gesellschaftliche Interessen und zerstört die Barriere zwischen Stadt und Land. In Zukunft ist das Land lediglich ein riesiger Vorort, in Berührung mit der benachbarten Metropole, vereinigt durch die Stimme eines Führers.»

Bassett sah sogar grundlegende Veränderungen auf wirtschaftlichem Gebiet voraus, da der Farmer in der Lage sein werde, mit dem Markt Verbindung zu halten und «Produkte direkt an den Händler in der Stadt oder an den Verbraucher zu liefern, ohne irgendeinen Mittelsmann zu benötigen».

Es mag verwundern, daß in den vergangenen achtzig Jahren diesem – sicherlich fruchtbaren – Gebiet der Sozialforschung derart wenig Aufmerksamkeit geschenkt wurde. Von besonderem Interesse ist die Frage der Macht. Trifft es, wie Bassett behauptete, stets zu, daß verstärkte Kommunikation dem Individuum eine größere Chance zu wirtschaftlichem und geistigem Leben und stärkere Macht über sein Leben verleiht? Oder führt sie zu größerer Einförmigkeit und einer Konzentration der Macht in den Händen immer wenigerer Menschen? Unsere Gesellschaft beantwortet diese Frage mit der letzten dieser Möglichkeiten: Der moderne Mensch ist mit all seinen Telefonen und dem Zugang zu den Medien immer weniger Herr der Lage, wird immer stärker entfremdet.

Zur Sozialgeschichte des Telefons besitzen wir nur Anekdoten, und nicht einmal sie sind systematisch geordnet. Von den psychologischen Folgen wissen wir nichts. Welche Themen werden heute diskutiert, die nur durch das Telefon ermöglicht worden sind? Welche Gelegenheiten gehen dadurch verloren, daß die Fähigkeit, mit dem Telefon umzugehen, zu einem Erfolgskriterium gemacht wird, und, was noch wichtiger ist, welche psychologischen Typen begünstigen und fördern wir damit? Welche kulturellen Strukturen haben wir neu geschaffen oder verändert? Und was wissen wir über jene Menschen, die sich weigern, ein Telefon einrichten zu lassen, oder den Apparat nur dazu benutzen, andere Leute anzurufen, den Hörer jedoch nicht abnehmen, wenn er läutet?

Als der französische Präsident Pompidou so krank wurde, daß er die meiste Zeit statt im Élysee-Palast in seiner Pariser Wohnung verbringen mußte, lehnte er es ab, eine direkte Telefonleitung legen zu lassen. Er war sich wohl auch der Tatsache bewußt, wie leicht solche Leitungen anzuzapfen sind, hatte daneben aber eine innere Abneigung gegen das Gerät. Sein Vorgänger Charles de Gaulle haßte es beinahe inbrünstig. Dabei führten diese Männer viele Jahre lang ein großes Land. Heute gibt es in jeder Großstadt Hunderte oder gar Tausende modern denkender Menschen, die wichtige Stellungen bekleiden und sich ein Telefon leisten können, sich aber weigern, es zu benutzen. Morgen mögen dieselben Leute der harte Kern des Widerstands gegen die Heimcomputer-Bewegung sein.

Gedanken über ein Telefon zu vermitteln, ist nicht immer so einfach, wie wir annehmen. Man denke in diesem Zusammenhang an die Schwierigkeiten der Telefongesellschaft in den Anfangsjahren, Unternehmer zum Gebrauch des Geräts zu bewegen. In einem um 1900 veröffentlichten Zeitungsartikel von Angus Hibbard, Geschäftsführer der Chicago Telephone Company, finde ich die Beobachtung, daß «der Mann, der einen Telefonapparat richtig zu gebrauchen weiß, eine vergleichsweise seltene Erscheinung ist». Der Artikel fährt fort mit einigen technischen Hinweisen («die Lippen sollten keinen Zoll weit vom Rand des Empfängers entfernt sein, die Stimme direkt auf die Membran fallen, zu welcher der kleine Schalltrichter führt»). Überdies erkennt er das eigentliche Problem elektronischer Kommunikation, den Mangel an geistiger Konzentration. Was Hibbard vor achtzig Jahren zu diesem Thema schrieb, gilt ebenso heute für unsere modernsten Elektronikmedien[14]:

«Denn wenn dein Denken nicht auf die Übermittlung deiner Nachricht konzentriert ist, wirst du dich weder verständlich machen noch hören können, was zu dir gesagt wird. Hier tritt ein Versäumnis, zu begreifen, daß man in der Tat ein Gespräch führt, in Erscheinung. Niemand versteht diese Phase telefonischer Schwierigkeiten besser als der Telefonist bei Fernleitungen, wo die Gespräche wichtig und vergleichsweise teuer sind, die Zeit aber begrenzt ist. Er weiß, daß er, falls die beiden in der Leitung einander nicht ohne weiteres verstehen, beiden klarmachen muß, daß er nicht in ein Loch am Ende eines Eisenarmes spricht, sondern in das Ohr eines Menschen.»

Hibbard illustriert seine Beobachtung mit einer interessanten Anekdote. Als er für die Fernleitungen zuständig war, wurde er einmal gebeten, die Verbindung zwischen einem Geschäftsmann in Baltimore und einem Finanzier in Boston zu einem Gespräch herzustellen, bei dem es um Tausende Dollar ging.

«Der Mann aus Boston setzte sich in meinem Büro an den Apparat und wartete darauf, daß ich den Kapitalisten aus Baltimore zum Reden brachte. Beim ersten Klang von dessen Stimme wußte ich, daß er, geistig gesprochen, nicht ‹da› war. Ich nahm meine Zuflucht zu den üblichen Mitteln, um ihm die Erkenntnis nahezulegen, daß er nicht mit einem unbelebten Gegenstand sprach, sondern mit einem Menschen. ‹Höre kein Wort! Das Ding ist ----!› sagte er. ‹Ich bin kein Ding, Mr. Smith›, unterbrach ich ihn. ‹Ich bin ein Mann, dreißig Jahre alt, frühzeitig kahl, mit dunklen Haaren und grauen Augen. Ich kann Sie hören, weil ich weiß, daß Sie ein wirklicher, lebendiger Mensch sind und in diesem Augenblick mit Ihrer Stimme geschäftliche Angelegenheiten bereden.›»

Frühe Telefonbenutzer wehrten sich also gegen den Apparat, weil er zwischen den beiden Gesprächsteilnehmern ein geistiges Hindernis errichtete. Dieses Problem wurde erst überwunden, als man klar begriff, daß die Stimme am anderen Ende der Leitung die eines menschlichen Wesens war. Wir warten noch immer darauf, daß die Computer diesen menschlichen Zug annehmen, daß sie ihre menschliche Gleichung lösen. Statt dessen hat die Entwicklung ihrer verfeinerten Anwendungen seit den sechziger Jahren in der Betriebswirtschaft, auf dem Gebiet der Bildung oder der künstlichen Intelligenz oft die Form krasser Übertreibung angenommen, getarnt unter Lackschichten unechter Intellektualität. Daß ein solcher Prozeß uns in die düsteren Sackgassen einer digitalen Gesellschaft führen könnte, ist eine deutliche Möglichkeit, während die Technologie in das Leben der Durchschnittsfamilie einbricht. Die zunehmende Normierung der Information, mit der die Menschen ihr Leben ordnen, kann zunehmende Gleichförmigkeit und wachsende Kontrolle bedeuten. Dadurch kann eine Umwelt entstehen, die menschlichen Kontakt zu einer flüchtigen, emotionslosen Angelegenheit werden läßt. Es gäbe wenig Einsatz für andere. Gefördert würden Werte und Haltungen, durch welche die Konzentrationsfähigkeit der Menschen noch unter die heutige begrenzte Fähigkeit gedrückt werden würde. Die phantastische Beschleunigung des Forschungstempos auf allen Gebieten würde zu einem berauschenden Gefühl endloser Neuheit führen, aber ein Großteil davon wäre vorgetäuscht. Computerisierte «Mache» würde das Veralterungstempo nicht nur von fabrizierten Produkten, sondern auch von Software und sogar der bedeutsamsten Software, des menschlichen Lebens, beschleunigen.

In einer extremen Form der digitalen Gesellschaft würde unsere Zivilisation nicht mehr sein als eine riesige, saubere, wohlgeordnete Disney World, wo Präsidenten, von unsichtbaren Maschinen aktiviert, aufstehen und voraussehbare Reden vor manierlichen Kindern halten, bei denen jede mögliche Reaktion vorweggenommen wäre; eine Welt, wo der Strom der Menge von einem nachgemachten Dschungelabenteuer zu einem unechten Indianertanz überwacht ist von Maschinen, die peinlich genau darauf achten, daß es auf dem Weg genug Toilettenpapier, genug Cola und genug Aufsichtspersonal gibt. Die Computer schicken außerdem genug Schauspieler, verkleidet als Micky Mouse und Pluto hinaus, damit jeder Mann, jede Frau und jedes Kind die gleiche Chance hat, dem Lieblings-Phantasiewesen die Hand schütteln zu können.

Aber es gibt auch interessante Alternativen für die digitale Gesellschaft. Ich kann mir zum Beispiel vorstellen, daß die Computer dazu benutzt werden, die Verschiedenheit der Kulturen und Lebensstile dieser Erde zu bewahren. Weit davon entfernt, diese Kulturen auf ihre simpelsten Grundelemente zurückzuführen und ihnen den weiteren Weg vorzuschreiben, kann der Computer ein Instrument dafür sein, ihre Mannigfaltigkeit zu erhalten und die Talente der Menschen zu fördern. Ich sehe sie als das neue Medium, durch das kreative elektronische Ranken und Flechtwerk um die alten Systeme wachsen könnten.

DAS UNSANFTE ERWACHEN DER MINERVA SCHMALBRETT

Über den Urlaub der Colette in der Bretagne, den Tod eines Hundes in Chicago, einen Generalstreik in Paris und eine merkwürdige Stelle in Macbeth. Ein Blick auf Stärken und Schwächen von Datenbanken. Der Verfasser enthüllt endlich, warum ein Ehemann stets Bigamist sein muß, wenn ein Haustier gehalten wird, das nicht einem bestimmten Kind gehört.

Unsere Gesellschaft ist geradezu besessen von Daten. Wir füllen Fragebögen aus, wir beantworten Anfragen, wir lesen die Ergebnisse von Meinungsumfragen, wir bringen unseren Kindern bei, Verzeichnisse zu führen und zu quantifizieren. Information ist Macht. Ist sie das wirklich?

In ihren «Erinnerungen» beschreibt die französische Schriftstellerin Colette einen Urlaub, den sie einmal mit einem Freund der Familie in der Bretagne verbrachte, der als Katalogbearbeiter in der eindrucksvollen Bibliotheque Nationale in Paris Dienst tat. Das Wetter war oft schlecht. Er blieb dann im Hotel und füllte mit großer Akribie Karteikarten aus. Das Erstaunliche daran war, daß er das ohne alle Hilfsmittel oder Unterlagen tat. Als er danach gefragt wurde, erklärte er knapp, er arbeite am Hauptkatalog.

«Soll das heißen, du kennst alle diese Titel auswendig?» fragte Colette, die hochbeeindruckt und durchaus bereit war, ihren Freund für ein Genie zu halten.

«Natürlich nicht», gab er zurück. «Siehst du, mir ist aufgefallen, daß es uns leider an deutschen Handschriften aus dem 13. und 14.

Jahrhundert und auch an anderen Autographen mangelt. Deshalb erfinde ich Eintragungen für imaginäre Schriften, die es ohne weiteres gegeben haben könnte.»

«Aber wie kannst du so etwas machen?» fuhr sie empört auf. «Diese Bücher sind doch überhaupt nicht geschrieben worden!»

«Ich kann ja schließlich nicht alles selbst machen!» erklärte der Katalogspezialist achselzuckend.

Die Geschichte liefert Einblicke sowohl in die Großartigkeit wie in die Fehlbarkeit von Informationssystemen im allgemeinen und Datenbanken im besonderen, ein Thema, dessen verborgene Verästelungen durchaus ein eigenes Kapitel rechtfertigen. Die Menschen bauen Datenbanken aus den falschen Gründen auf und verwenden sie so, daß ihr Zweck dadurch absolut zunichte gemacht wird, obwohl der Computer in einem scheinbaren Aufblitzen mechanischer Einsicht gelegentlich auf irgendeinen Zusammenhang stößt, den der Datenbank-Benutzer «relevant» zu nennen vorzieht.

Fräulein Schmalbrett schließt in der Stadtbücherei ihr Terminal an und fragt sich: Was könnte vernünftiger sein als die Erschaffung großer Dateien, in denen die Kennzeichen jeder beliebigen Situation beschrieben sind, die wir besser verstehen, studieren oder dokumentieren wollen? Die Antwort: Gegen solche Dateien ist natürlich nichts einzuwenden, solange einem bewußt bleibt, daß Information *Macht* ist und das Problem nicht damit seine Erledigung findet, daß die Daten identifiziert und in der Maschine gespeichert werden. Das wahre Problem ist auch hier wieder die Qualität. Qualität des Zugangs und Qualität der Daten. In den späten sechziger Jahren, als ich mich aktiv mit Datenbanksystemen befaßte, erschien die Entwicklung der Methode gewiß: Alle Voraussagen gingen davon aus, daß Speicher wie Magnetplatten und Kernspeicher mit der Zeit immer billiger werden würden, daß die Entwicklung von Betriebssystemen Benutzern aus der Ferne ermöglichen würde, sofortige Antwort auf ihre Fragen zu erhalten, und daß Computernetze, damals noch im Anfangsstadium der Entwicklung, die Kongreßbibliothek praktisch von jeder Wohnung aus zugänglich machen konnten. Die Propheten sagten weiterhin Umwälzungen in der Wissenschaftslehre, in der Wirtschaft, im Verlagswesen, im Lebens- und Arbeitsstil voraus. Man unterstellte, daß die für den Betrieb dieser Systeme erforderliche Software bald zur Verfügung stehen würde und kein großes Problem darstellte. Jedermann konzentrierte sich auf die greif- und verkaufbaren Bestandteile, die glänzenden Kästen mit den kleinen Lämpchen, die den sichtbaren Teil der Computerkunst darstellen. Auch hier die Legende von der Computer-Hardware als sozialer Gleichmacherin.

Heute hat sich gezeigt, daß Informationssysteme ihrer Verheißung nicht gerecht geworden sind. Die Computerindustrie hat uns das Brutzeln verkauft, auf das Steak warten wir immer noch. Dieser Stillstand des Fortschritts spiegelt sich in einem Dialog zwischen dem Kongreßabgeordneten Daddario und Dr. Adkinson, dem Leiter des Office of Science Information Systems (Amt für wissenschaftliche Informationssysteme) bei der National Science Foundation (Nationale Wissenschaftsstiftung) wider, als der zuletzt Genannte im März 1969 vor einem Kongreß-Unterausschuß aussagte.

Adkinson: «Es dauert mehrere Jahre, ein solches System zu entwickeln und so weit zu bringen, daß es in geregelter Weise wirksam funktionieren kann. Das sind nicht ein oder zwei Jahre, sondern in vielen Fällen fünf oder zehn.»

Daddario: «Sind Sie auf größere Probleme gestoßen, als Sie ursprünglich erwartet haben? Wird mehr experimentiert, als Sie erwarteten, seit Sie mit dieser Arbeit begonnen haben?»

Adkinson: «Ja. Ich glaube, das Problem eines wirksamen Einsatzes des Computers im Informationsprozeß ist weit unterschätzt worden, das heißt, die Leute dachten, es werde viel schneller und leichter gehen.»

Selbst in kritischen Bereichen des Wirtschaftslebens – beispielsweise beim Zusammentragen entscheidender Informationen über Bergbau und die Verfügbarkeit wichtiger Mineralreserven in den Vereinigten Staaten – steht es um den Fortschritt bei Datenbanken erbärmlich. Die Verantwortlichen machen sich zunehmend Sorgen. So teilte im Juni 1973 die National Commission on Materials Policy (Nationale Kommission für Rohstoffpolitik) mit[15]:

«Die Datenbanken, die derzeit für die Bearbeitung von Berichten über Rohstoffreserven Verwendung finden, sind zahlenmäßig leider begrenzt und in der Anwendung hochspezialisiert. Niemand läßt eine umfassende Auswertung des eingehenden Materials zu? Die Folge davon ist, daß wichtige Entscheidungen über Rohstoffe erfolgen, ohne daß die heute zumeist in unkoordinierten Dateien liegenden Informationsressourcen voll genutzt werden könnten.»

Diese Art von Versagen überrascht, wenn man an die ungeheuren Investitionen für Beschaffung und Speicherung von Daten denkt. Diese Aufwendungen übersteigen in vielen Fällen die Kosten von Hardware (Computer) und Software (Programme) zusammen. Aber wieso können dann in den USA so viele Computer-Hobbyläden mit Zugang zu Systemen werben, die auf Knopfdruck «Tausende von Datenbanken» erschließen? Warum machen sich Verfechter der Bürgerrechte Sorgen wegen der Kriminaldateien? Woher die ganze Aufregung unter Rechtsextremen um die «unmittelbar bevorstehende» Errichtung eines Computerzentrums, das alle unsere Wirtschaftsmaßnahmen durch Identifizierung jedes Staatsbürgers auf der Erde verfolgen würde? Und was können wir realistischerweise von den Informationssystemen erwarten, die im Entstehen sind? Es sind Fragen dieser Art, die ich aus der Perspektive eines Mannes untersuchen möchte, der zehn Jahre lang mit Datenbanken und mit den Vielschichtigkeiten ihrer Implementierung bei mehreren Computersystemen gelebt hat. Die Lektionen, die ich gelernt habe, sind nicht nur technischer Art: Ich bin der Meinung, daß sie mich etwas über mich selbst und über Information als ein gesellschaftliches Gut gelehrt haben, das ich vorher nicht gewußt habe. Außerdem haben sie mir die Augen über einige erregende neue Möglichkeiten beim menschlichen Gebrauch von Informationsmaschinen geöffnet.

Mir scheint, der Grundirrtum der «Informations-Wiedergewinnung» durch Computer liegt schon in diesem Ausdruck selbst: Man kann aus einem einfachen Grund aus einem Computer keine Information «wiedergewinnen», weil man in einem Computer Information gar nicht *speichern* kann! Alles, was man in einem Computer zu speichern vermag, sind Daten, und die Beziehung zwischen Daten und Information ist ein Grundrätsel. Daten verwandeln sich in *Information* durch einen Prozeß, den zu beschreiben sich noch kein Wissenschaftler die Mühe gemacht hat, weil er für die Instrumente, die uns zur Verfügung stehen, viel zu kompliziert ist und damit gar nicht formuliert werden kann. Die Umwandlung erfolgt für eine bestimmte Person zu einem bestimmten Zeitpunkt, mit dem naheliegenden Ergebnis, daß das, was an einem bestimmten Tag für Mr. Jones Information sein mag, es für keinen anderen ist und selbst für Mr. Jones am folgenden Dienstag schon nicht mehr sein mag.

Eine andere sonderbare Eigenschaft des Vorgangs findet sich in der Tatsache, daß Daten sich in Information nur dann verwandeln, *wenn jemand eine Frage danach stellt*. Demzufolge liegt die wahre Information in der *Frage* und nicht im Inneren des Computers. Aber wie kann ich dann als Programmierer ein wirksames Informationssystem aufbauen, wenn ich nicht in der Lage bin, vollständig alle Fragen vorauszusagen, die gestellt werden, und den Prozeß vorherzusehen vermag, durch den ich eine Antwort liefern will?

Es ist die Frage, die für die Organisation der Daten sorgt und ihre Erkennung als *Information* im Denken des Benutzers auslöst. Das trifft seltsamerweise auch dann zu, wenn es auf die Frage gar keine Antwort gibt. Wenn ein Theologe die Frage stellt: «Ist Gott tot?», zwingt er uns damit, unseren Aufbau des ganzen Datenuniversums, das wir über die menschliche Welt mit uns herumtragen, neu zu bewerten. Trotzdem steuert er kein neues Element bei. Er stellt lediglich unsere Organisation der Fakten in Frage, gleichgültig, ob wir zufällig an einen Gott glauben oder nicht.

Aus den obigen Feststellungen (daß man nur Daten speichern kann, daß Daten sich nur für einen bestimmten Benutzer in Information verwandeln, und daß die Information in erster Linie in der Frage selbst beschlossen liegt), ergibt sich, daß man von Datenbanken nicht auf abstrakte Weise sprechen kann. Wir müssen genau angeben, was wir machen, was wir speichern wollen, wie oft die Datenbank sich verändern wird, worin der Zweck des Systems besteht, wer es benutzen soll und welche anderen Abläufe es in der Organisation, für die es vorgesehen ist, und in der Gesellschaft als Ganzem beeinflussen wird. Diese Fragen werden selten gestellt von Programmierern, die schon genug Probleme mit der Entscheidung haben, welche Programmiersprache verwendet werden soll.

Ein im Mai 1969 von der CODASYL-Gruppe, einem Spitzengremium von Industriefachleuten, erstellter Überblick über den Stand der Technik ergab nicht weniger als neun bedeutende Versuche, «universelle» Datenbank-Managementsysteme zu schaffen. Zehn Jahre später lagen die Experten noch immer im Widerstreit, eine Standardisierung kündigte sich nicht an, und ein neuer wichtiger Streitpunkt zwischen den Verfechtern der sogenannten «unabhängigen» Systeme und den von «eingebetteten» Sprachen hatte in eine Sackgasse geführt. IBM war inzwischen mit der Implementierung von Vergleichsdatenbanken befaßt, in dem ganzen Wirrwarr wieder ein neuer Weg. Nimmt man zu diesen Problemen hinzu, daß Implementierungsentscheidungen in der Regel unwiderruflich sind, weil ein Unternehmen, das seine Dateien nach System A zu speichern anfängt, es sich später nicht anders überlegen und auf System B umsteigen kann, steht man vor einer Situation, die dem Glückstraum eines Marketingmannes und dem Alptraum des Benutzers entspricht.

Nehmen wir für einen Augenblick an, Sie wären Mr. User, wie die Computersprache die Benutzer nennt, und ich der nette Mann, der Ihre Computerangelegenheiten regelt. Sie haben eben beschlossen, das gesamte Inventar der Firma zu computerisieren. Es besteht aus 4376 verschiedenen Holzschrauben und 3098 verschiedenen Metallschrauben mit dazu passenden Muttern, alles lieferbar in sieben verschiedenen Farben. Während wir diese Anforderungen in Ihrem Büro besprechen, fällt mir ein, daß ich wahrlich ein miserabler Programmierer wäre, wenn ich Ihnen nicht ein System hinstellen könnte, das die Information für Sie auf dem laufenden hält, erst recht dann, wenn Ihre Fragen in jeder Beziehung voraussagbar sind. Schließlich sind wir uns ja über Ihre Definitionen der zu speichernden Gegenstände einig. Eine Holzschraube ist eine Holzschraube, eine Metallschraube eine Metallschraube. Wenn Sie jeden Dienstag früh auf Ihrem Schreibtisch eine Liste liegen haben wollen, die den vorhandenen Bestand jedes Artikels nach Farben geordnet aufführt, wäre ich ein sehr schlechter Computermann, wenn ich das nicht könnte. In der Welt der Datenbanken ist das aber nicht der Regelfall. Die Situation im allgemeinen sieht viel eher so aus:

Sie rufen mich in Ihr Büro, beklagen sich zunächst bitter über das schlechte Wetter und die Tatsache, daß das Kopiergerät immer noch nicht frei ist, und deuten dann vage in Richtung Nebenzimmer, wo drei Reihen Karteischränke mit je vier Großschubladen sich in die Ferne erstrecken. Während wir das Geschnatter der Scharen junger Sekretärinnen anhören, die sich in regelmäßigen Abständen vor diesen Schränken versammeln, Schubladen öffnen und schließen, Karten herausnehmen und Ergänzungen eintragen, verweisen Sie darauf, daß der Verkaufsleiter für diese Hälfte der Vereinigten Staaten dem

Wahnsinn nahe ist. Er hat versucht, herauszufinden, wo die Bestellungen sind und in welche Richtung die Kundenwünsche gehen. Die Finanzabteilung hat inzwischen strenge Mahnungen über die bevorstehende Katastrophe einer vollständigen Rechnungsprüfung zur Klärung von 15000 unabgeschlossenen Konten ergehen lassen, die Leute von der Produktion werden überschwemmt von widersprüchlichen Fakten zu den Anforderungen der Kunden im Hinblick auf die Herstellung der nächsten Produktpalette. Da Sie als Folge eines zweitägigen Seminars für Unternehmer, an dem Sie auf Einladung von IBM kürzlich in Acapulco teilnahmen, deshalb beschlossen haben, «alles auf Computer umzustellen», geben Sie mir die Gelegenheit, das Unternehmen innerhalb der nächsten drei, vier Tage dadurch vor dem Zusammenbruch zu retten, daß dies alles in «einer Art Datenbanksystem» gespeichert wird.

Die Diskussion geht weiter mit meiner bescheidenen Bitte um einige Fakten: Wie oft werden Sie vom Computer Information abrufen wollen? Wie oft wird die Information sich verändern? Mit einer weit ausholenden Armbewegung, die Ihnen zu Recht den Neid aller Squashspieler im Unternehmerklub eingetragen hat, deuten Sie an, daß meine Fragen ganz irrelevant seien, weil die Informationserfordernisse sich ständig verändern. Es ist sogar möglich, daß die Antworten auf eine Frage Sie veranlassen, auf eine andere Frage zu kommen oder sogar die Struktur der ganzen Datei zu überdenken.

Ich habe jetzt mehrere Möglichkeiten. Ich kann auf der Stelle kündigen und das Angebot meines Schwagers annehmen, in seiner alternativen Wachszieherei in Sausalito mitzuarbeiten. Ich kann wissend lächeln und Ihnen versichern, die Aufgabe werde bis nächste Woche bewältigt sein, weil ich sehr genau weiß, der Stress in einem Beruf wie dem Ihren ist so groß, daß Sie das Wochenende vielleicht nicht überleben. Oder ich kann in mein Kleinbüro zurückgehen und mich hinter einem hohen Stapel Computerprotokollen verstecken, um die Lage zu bedenken und den Versuch zu unternehmen, ein Programm aufzustellen, das wenigstens den Eindruck erweckt, Ihren Anforderungen zu entsprechen, und damit den Zeitpunkt der eigentlichen Katastrophe hinausschieben. Da Computerprogrammierer in der Regel hoch professionelle und hingebungsvolle Leute mit hoher Selbsteinschätzung sind, werde ich sehr wahrscheinlich den zuletzt genannten Weg wählen und Sie damit in nie wieder gutzumachende Schwierigkeiten stürzen. Das System, das ich schließlich liefere, wird aussehen und sich verhalten wie ein echtes Datenbanksystem. Es wird ein, zwei Jahre und eine ganze Abteilung brauchen, um die in Ihren drei Reihen Karteischränken enthaltenen Daten in den Computer einzugeben, und da Programmierer sehr beweglich sind, werde ich mich bis dahin der Compilergruppe eines großen Korkenherstellers an der gegenüberliegenden Küste angeschlossen haben. Mein Nachfolger hinwiederum wird eine Mannschaft von fünfzehn Systemexperten aufstellen, allein der Erweiterung meines Systems geweiht, das im Verlauf der «Verbesserungen» Ihren Anforderungen immer weniger entsprechen wird. Inzwischen werden Sie, da Ihr Schicksal im Unternehmen unlösbar mit dem System selbst verbunden ist, Stolperstein und Flaschenhals Nummer Eins in der Firma sein und die Abteilungen Produktion, Finanz und Verkauf in Ihrer Gewalt haben. Sie werden immer mehr Stunden in bedrückenden Gesprächen mit dem Chef des Unternehmens verbringen und haben von einem Computerversagen bis zum nächsten zunehmend Aussichten, angesichts ihrer Hingabe und Beharrlichkeit in Notzeiten befördert zu werden.

Lachen Sie nicht, falls dieses kleine Szenarium Sie an jemanden erinnern sollte, den Sie kennen. Das ist in vielen Unternehmen so abgelaufen, als die Management Information Systems der sechziger Jahre zusammenbrachen unter sich wandelnden Produkterfordernissen, wachsender Konkurrenz, Personalumschichtung und ihrer grundlegenden Unfähigkeit, die Bedürfnisse von Managern zu befriedigen, die diese Systeme geordert hatten. Viele Computerverkäufer wurden dabei reich, zahllose Exemplare bewundernswerter Hardware wurden hergestellt und zu den Türen von IBM, CDC, Honeywell und Dutzenden anderer Unternehmen hinausgerollt. Niemand hat freilich auch nur einen Cent an Software verdient, obwohl es den Anschein hat, daß das wahre Problem in den Programmierinstrumenten liegt, die wir den Benutzern liefern. Und die Ergebnisse sind recht komisch gewesen.

Das Erstaunliche an der Sache ist natürlich, daß manche Systeme *doch* funktionieren. So gibt es bei der New York Times eine Archivdatei aller ihrer Artikel, die von den Medien im ganzen Land zu Rate gezogen werden kann (auch wenn es eine Weile dauert, sich mit dem recht komplizierten Jargon zurechtzufinden, wie die untenstehende Abbildung zeigt). Organisationen wie NASA und Lockheed verfügen

```
 * * PLEASE RE-DO.  TYPE W FOR EXPLANATORY MESSAGE. * *

W~~ * * PLEASE RE-DO.  TYPE W FOR EXPLANATORY MESSAGE. * *

~W~~VIEW NEXT PAGE OF ABSTACTS. TYPE: B.

SKIP TO PARTICULAR ABSTRACT. TYPE B//ABSTRACT NUMBER.
END INQUIRY. TYPE: C.
DEFERRED PRINT: PRINT ALL ABSTRACTS. TYPE: D.
    PRINT ABSTRACTS SELECTIVELY: TYPE A//ABSTRACT NUMBER//ETC.
(C)NYTIMES.SEE ABSTRACT FOR YEAR.NONTIMES MATERIAL BY PERMISSION
~~    1 OF  102 NYT/JNL 1977-10- 8    :    4:  3 4/WGT   3/LIN
   281-77-48                           1388727/IDN
GRENADIAN PRIME MIN SIR ERIC M GAIRY CALLS FOR UN DEBATE ON
UNIDENTIFIED FLYING OBJECTS, SPEECH BEFORE GENERAL ASSEMBLY:
REACTION OF DELEGATES IS DESCRIBED AS SOMNOLENT (S)
```

Abbildung 2: Beispiel einer Eintragung in der Datenbank der ‹New York Times› – wohl kaum die Art von knapper Information, die der Benutzer ‹jederzeit zur Verfügung› haben möchte.

über ausgedehnte Datenbanken technisch orientierter Literatur. Diese Systeme laufen in der Regel einige Jahre lang und für eine ganz bestimmte Gemeinschaft von Benutzern, aber sie sind für Veränderungen in ihrer Umwelt hochgradig empfindlich. Wenn die Sprache sich verändert, fällt es dem System schwer, sich anzupassen, weil die Suche in den Dateien ein überaus effizientes Register verlangt. Die Begriffe im Register können dem, was der Kunde braucht, aber nur angenähert sein. Als ich 1973 eine Suche nach dem neuen Wort «PULSAR» unternahm, enthielt das Register der NASA-RECON-Datenbank nur 700 Eintragungen, während eine vollständige Dateirecherche den Begriff in mehr als 2000 Abhandlungen oder Unterlagen zutage förderte. In diesem speziellen Fall hinkte das Register (das von Hand aktualisiert werden muß) fast ein ganzes Jahr hinter dem in der Datei schon enthaltenen Material her. Solche Probleme treten sehr häufig auf.

Wenn die Gemeinschaft der Benutzer ein neues Wort bringt wie ÖKOLOGIE, müssen Tausende von Eintragungen unter BIOLOGIE, MEDIZIN, METEOROLOGIE oder PHYSIK neu zugeteilt werden. Der Prozeß ist arbeitsintensiv und nach allen verfügbaren

Maßstäben außerordentlich verwirrungsanfällig. Trotzdem tun Bibliothekare und andere Informationsexperten in der Regel so, als hätten die Daten, die sie bewachen, in der jetzigen Struktur für immer Bestand, und unternehmen nichts, um ihre Systeme auf den neuesten Stand zu bringen. Sie kommen nicht auf den Verdacht, daß allein die Organisation ihrer Daten bestimmte Fragen fördert und andere abschreckt. Da wir alle in gewisser Weise die Bibliothekare unserer Gehirne und die Registratoren der Fakten unseres eigenen Lebens sind, ziehen wir aus den wenigen Erfolgen und vielen Fehlschlägen von Computer-Informationssystemen vielleicht einige Lehren.

Der echte Nutzen, der aus Computern zu ziehen ist, wird vielleicht auf dem Gebiet der Medizin am deutlichsten. Zwischen 1964 und 1967 hatte ich viel mit Krankenhäusern zu tun. Ich arbeitete an der Erstellung von Datenbanksystemen mit, die mir mehr über den Gebrauch der Anlagen beibrachten als alles, was ich in der Schule je gelernt hatte. Der Unterschied zwischen *Daten* und *Information* wird auf medizinischem Gebiet besonders deutlich. Das liegt an der mannigfaltigen Spezialisierung beim Entstehen einer Krankenakte.

In einer modernen Klinik finden wir etwa eine einzige Akte über Mr. Whipple, der sich im Mai einer Operation unterzogen hatte. Die Daten in der Akte werden genutzt von drei verschiedenen Personengruppen: Jemand aus der Verwaltung will wissen, wie viele Betten in diesem Monat belegt waren, eine Krankenschwester möchte in Erfahrung bringen, ob Mr. Whipples Röntgenaufnahmen schon zurückgekommen sind, und ein Arzt sucht nach möglichen Zusammenhängen zwischen Symptomen und Komplikationen bei Patienten, die derselben Behandlung unterzogen wurden wie Mr. Whipple (siehe Abbildung 3). Hier läßt sich sehr leicht nachweisen, daß bei Personen derselben Gemeinschaft das, was für den einen Information darstellt, für den anderen bedeutungslos sein kann. Derselbe Datensatz muß in mindestens drei verschiedenen Formaten abgerufen werden, um für jeden einzelnen Spezialisten Sinn zu ergeben.

Der Informatiker, der mit Menschen auf so verschiedenartigen Gebieten zusammenarbeitet, braucht nicht lange zu der Erkenntnis, daß

Datenbanksysteme sowohl für ihre Planer wie für ihre Benutzer Machtkonzentrationen darstellen. Die Art der Verfügungsgewalt unterscheidet sich von einer Organisation oder einem Berufszweig zum anderen stark. Auf dem Gesundheitssektor stellt man fest, daß Allgemeinärzte in der Regel an den Daten teilhaben lassen, die Chirurgen jedoch nicht. Selbst auf einem so kleinen Teilgebiet wie der Herzverpflanzung, wo ein naiver Computermann annehmen möchte, die Sorge um den Patienten verlange die Koordinierung aller verfügbaren Daten, gibt es überwältigende Unterschiede bewußter und beabsichtigter Abgrenzung. In den Vereinigten Staaten hat sich in diesem Bereich kein gemeinsames System entwickelt. Dies alles geschieht ohne Wissen der Öffentlichkeit, der Verwaltungsleute und sogar der meisten Ärzte, weil das Thema in einem technischen Jargon erstickt wird, der einen besonders komplizierten Anstrich bekommt. Ich möchte nachweisen, daß für diese scheinbare Kompliziertheit keine Notwendigkeit besteht, und daß ein Maß an gesundem Menschenverstand, gepaart mit den Lehren der Erfahrung, es jedermann ermöglichen sollte, die bestehenden Grundprobleme zu begreifen.

Der Computer steht in der physiologischen Abteilung einer großen medizinischen Hochschule. Ich lade mein Programm, und wir sehen die Zahlen erscheinen. Wir erfahren eine Simulation des Herz-Kreislauf-Systems. Die Zahlenkolonnen stehen für Herzkammern, die Blut pumpen, für sich weitende Blutgefäße, für Lungenflügel, die im Rahmen des mathematischen Modells atmen, das Blutdruck- und Volumenwerte im ganzen System tabellarisiert. Dr. Swanson zieht seinen weißen Kittel an und verläßt den Raum. Ich bleibe an der Konsole sitzen, die Hand an dem Schalter, der die echten Daten in die Maschine eingibt.

Über den elektronischen Anlagen eine Glasscheibe, auf der anderen Seite ein Operationssaal mit Operationstisch. Ich sehe Dr. Swanson hereinkommen und mit einem Mitarbeiter sprechen, der eben einen Schlauch mit einer Meßskala an die Aorta des «Patienten» angeschlossen hat. Auf dem Tisch liegt, festgehalten von Ledergurten, ein großer Hund mit geöffneter Brusthöhle. Die Meßinstrumente lie-

Abbildung 3: In einem Computer kann man nicht Information speichern, sondern nur Daten. Daten werden für einen bestimmten Benutzer zu einer bestimmten Zeit in Information verwandelt.

fern Anzeigen, die in Digitalimpulse umgewandelt werden. Die Kabel laufen durch die Trennwand zu meinem Teil der Anlage. Hundertmal in der Sekunde werden Druck- und Volumendaten von Herz und Lunge des Hundes in das Programm eingespeist und mit dem Modell verglichen, das alle Parameter rechtzeitig für die nächsten Daten – eine Hundertstelsekunde später – neu berechnet. Das Projekt soll noch unbekannte Eigenschaften des menschlichen Herz-Kreislauf-Systems aufdecken. Hunde sind in dieser Beziehung den Menschen sehr ähnlich: Die Physiologie von Kreislauf und Atmung bei ihnen entspricht annähernd der unsrigen, und die Großstadtstraßen sind voll von streunenden Tieren. Dieses hier ist wie viele seiner bedauernswerten Genossen eingeschläfert worden, wird aber, bevor es tot ist, eine wichtige und ebenso bewußt- wie schmerzlose Rolle bei dem Bestreben spielen, einige Mutmaßungen des Menschen über die Körperfunktionen zu überprüfen. Es trägt dazu bei, eine Datenbank von physiologischen Parametern zu schaffen, die eines Tages Herzpatienten auf der ganzen Welt von Nutzen sein mag.

Dr. Richard ist Chirurg an der kardiologischen Abteilung im Kinderkrankenhaus und hat mit einem ungewöhnlichen Problem zu tun. Seine Patienten sind in der Regel einige Stunden, höchstens einige Tage alt. Es sind Kinder, die mit schweren Herzschäden auf die Welt gekommen sind. Er muß ihr Problem in einer sehr kurzen Zeit diagnostizieren. Dabei entspricht aber, wie er mir erklärt, das Herz des Kleinkindes nicht dem normalen eines Erwachsenen. Manche Merkmale des Elektrokardiogramms eines Neugeborenen würden vielmehr Anlaß geben, einen Fünfzigjährigen schleunigst ins Krankenhaus zu schaffen. Wie soll man unter diesen Umständen die abnormalen Situationen erkennen, die manchmal den kleinen Patienten von der Norm kraß unterscheidet und besondere Noteingriffe erfordert? Es ist eine ungeheure Verantwortung, bei einem Neugeborenen den Brustkorb zu öffnen, wenn ein sorgfältiges Studium der Symptome andere Formen der Behandlung hätte nahelegen können. Nur Erfahrung konnte die Antworten liefern. Die Erfahrung lag gesammelt vor in Tausenden von dicken Krankenakten mit Kurven und Meßdaten. In einer normalen Klinik wäre vielleicht Zeit geblieben, diese Handakten auf der Suche nach Vergleichsmöglichkeiten durchzugehen, aber bei einem Neugeborenen konnte man sich einen solchen Luxus nicht leisten. Außerdem gab es bei dem Patientenwinzling ja noch keine Krankengeschichte, also nichts, worauf man sich als Präzedenzfall stützen konnte.

Dr. Richard wünschte eine Computerdatenbank über Herzchirurgie an Kleinstkindern. Dabei handelte es sich um rund sechstausend Fälle. Er war der Meinung, daß daraus ein Forschungsmittel entstehen würde, das angehende Chirurgen in die Lage versetzen könnte, Diagnostik und Symptome, Prozeduren und Komplikationen bei bestimmten Operationsmethoden zu überprüfen. Das System würde außerdem die zunehmend strengen Erfordernisse für juristisch gültige Unterlagen über alle operativen Eingriffe erfüllen.

Dr. Richard war ein großartiger Mann. Meinen naiven Fragen über seine Arbeit begegnete er mit großer Güte. Er erklärte mir, er betrachte seine Tätigkeit nicht als eine wissenschaftliche. Er habe halt nur wenig Zeit zum Nachdenken. Die Station, die er betreue, entspreche einer Boxe bei Autorennen. Seine Aufgabe sei es, auf den Wagen zu warten, der jeden Augenblick angeschlagen hereinkommen mochte, ihn so rasch und gut zu reparieren, wie das ging, und ihn erneut in das wilde Getümmel des Lebens hinauszuschicken. Er operierte täglich Säuglinge mit Mißbildungen des Herzsystems, er rettete vielen das Leben, aber nicht allen. Die Stimmung bei unseren Diskussionen war manchmal recht düster, weil die Namensbezeichnungen der Akten Schmerz und Trauer hervorriefen; die Erkenntnis, daß ein Eingehen auf seine Bedürfnisse mehr bedeuten würde als eine akademische Übung, ließ nicht lange auf sich warten.

Einer der Punkte, bei denen wir verschiedener Meinung waren, betraf die Ratsamkeit der Verwendung von Codes. Es war eine merkwürdige Debatte, weil wir beide auf der Gegenseite der Position standen, die unsere Herkunft eigentlich nahelegte. Er wollte alles auf Zahlen zurückgeführt haben, weil er das für «wissenschaftlicher» hielt, während ich darauf bestand, daß er alle Wortinformationen, bei denen das möglich war, in einfachem, alltäglichem Englisch beibehalten sollte. Mein Argument: Codebezeichnungen würden wertvolle Hinweise in den Beobachtungen von Arzt oder Krankenschwester verdekken oder unterdrücken. Wenn sie bemerkte, daß der Patient blaß aussah, wer konnte sagen, ob diese Computereintragung im Gedächtnis eines Benutzers die Erinnerung an einen Fall auslösen mochte, bei dem diese eine Bemerkung besondere Bedeutung hatte? Wer konnte beurteilen, welche Gedankenverbindungen das bei einem mit hohen Gaben ausgestatteten Arzt hervorrufen mochte? Ich setzte mich schließlich in diesem Punkt durch, obwohl die Datei durch Einträge in Englisch größer und die Speicherung dadurch etwas kostspieliger wurde.

Der Tag für einen Probelauf des Systems kam. Dr. Richard gab über das Keyboard eine Folge von Symptomen ein. Er schien nach einem Patienten mit sehr niedrigem Blutdruck und einer absurden Zusammenstellung von Krankheitserscheinungen zu suchen. Binnen Sekunden zeigte der Computer (eine große CDC 6400) einen Fall an, den eines kleinen Mädchens. Unter dem Titel DIAGNOSE stand nur das Wort: AORTENLIGATUR. Dr. Richard griff sehr zum Schrecken der Computertechniker, die uns zuschauten, nach dem Aus-Schalter am Terminal, ohne das Programm vorher anzuhalten. Er sagte, er sei schon überredet, mehr brauche er nicht zu sehen. Das betreffende Mädchen hätte ihm die aufregendsten Augenblicke seiner Laufbahn verschafft, sagte er. Nach einem chirurgischen Eingriff in einer anderen Klinik in seine Station eingeliefert, sei sie offenkundig dem Tod nahe gewesen. Ihre Symptome waren im Grunde absurd, ihr Blutdruck erschreckend niedrig. Er hatte von ähnlichen Fällen in den Archiven gewußt, aber keine Zeit gehabt, danach zu suchen. Statt dessen hatte er sich zu einer sofortigen Operation entschlossen, um der Sache auf den Grund zu kommen. Er stellte fest, daß der vorherige Chirurg bei einem Eingriff an den Blutgefäßen versehentlich eine Ligatur an der Aorta angelegt und dadurch die Blutzufuhr zum Patientenkörper abgeschnitten hatte.

Die Vorliebe von Ärzten für Zahlen und Codes im Namen eines wissenschaftlichen Anstrichs hat zu manch einer amüsanten Eintragung in medizinischen Datenbanken geführt. Ein Großteil medizinischer Information ist weniger die Folge von genauen Messungen als von subjektiven Urteilen. Aus diesem Grund spiegelt sich das Vertrauen von Medizinern in die Exaktheit des Computers manchmal in einem Drang nach ausgefallenen Codiersystemen wider, die keinen echten Sinn ergeben.

Ein Urologe berichtete mir einmal von seinem Ärger mit einer Krankenhausverwaltung, die für ein Gerät, das er erfunden hatte, auf einem dreistelligen Code bestand. Der Disput erweiterte sich zu einem heftigen Streit, den er verlor. Sein Gerät hatte zu tun mit der Behandlung einer Geschlechtskrankheit im fortgeschrittenen Stadium, der er bei den Prostituierten der Stadt manchmal begegnet war. Es wurde in die Vagina eingeführt, um dort die Temperatur zu erhöhen. Der verärgerte Arzt nannte die beiden Abarten seines Geräts schließlich MW1 und MW2, die Krankenhausverwaltung führte sie freudestrahlend ohne weitere Erklärung unter diesen Codebezeichnungen in ihren Dateien und Unterlagen auf. Der Arzt berichtete schmunzelnd, seine Abkürzungen bedeuteten «Muschiwärmer Nummer 1» und «Muschiwärmer Nummer 2».

Als ich einem berühmten Astronomen vorschlug, ein System zu entwickeln, das Fragen in englischer Sprache über einen Sternkatalog beantworten würde, schüttelte er den Kopf und meinte, er glaube zwar nicht, daß das gehe, war aber bereit, es mich versuchen zu lassen. Das System, das den Namen ALTAIR trug, stand sechs Monate später und lief, aber sein bloßes Vorhandensein offenbarte einige Merkwürdigkeiten bei den Astronomen, die es benutzen sollten und die den Gedanken zunächst mit Begeisterung aufgenommen hatten.

Das Ganze spielte sich 1955 ab, als einige Spezialisten auf dem Gebiet künstlicher Intelligenz Systeme vorzuführen begannen, die englische Sätze verarbeiteten (und in manchen Fällen ihnen sogar Sinn verleihen konnten). Ein solches System hieß BASEBALL und war beim MIT (Massachusetts Institute of Technology) entwickelt worden. Es beantwortete Fragen über die letzten Baseball-Ergebnisse, etwa diese: ‹Haben die Red Sox (eine Baseballmannschaft) in Dallas gewonnen?› Andere Programme, so Joseph Weizenbaums ELIZA, nahmen Useranweisungen entgegen und versuchten ein Gespräch zu führen, während Ken Colbys PARRY einen paranoiden Patienten simulierte[16].

Viel früher schon hatte ein Frankokanadier namens Jean Baudot einen kleinen Computer dazu benutzt, Gedichte zu verfassen, und eine Reihe von Literaten gebeten, zu diesen Gedichten Stellung zu nehmen und sich zu den Zufallsfunken zu äußern, die von den Wortbildern der Maschine erzeugt worden waren. Meine Absicht war eine völlig andere. Als Astronom interessierte mich das Problem, einen großen Sternkatalog auf Englisch abzufragen. Auf diese Aufgabe wurde ALTAIR angewendet.

Man kann behaupten, Astronomen wären die ersten Hüter einer Datenbank gewesen, zusammengestellt für den Zweck, menschliches Wissen zu erweitern. Die Priester von Mesopotamien, die als erste die hellen Sterne in Listen aufführten, stellten eine Datenbank zusammen, die nicht mehr zu bewältigen war, als die Erfindung des Teleskops das sichtbare Universum explosionsartig erweiterte. Die Lichtpunkte am Himmel teilten sich auf in Sterne, Planeten, Sternhaufen,

Galaxien und Nebel, und die Wissenschaftler mußten endlose Tage und Monate lang mit dem Bleistift in der Hand viele Katalogbände durchgehen, um die für ihre Forschungen notwendige Information zusammenzustellen.

Als einige dieser Kataloge auf Computer-Magnetbänder gespeichert wurden, standen die Astronomen vor einem neuen Problem. Sie mußten Programmierer engagieren, um die Software schreiben zu lassen, die bewirkte, daß die Daten richtig abgerufen wurden. Die Programmierer verstanden selten etwas von Astronomie, und was am Schluß herauskam, war ein Schlamassel. Meine erste Stellung in Amerika verdanke ich dieser Situation. Unter Vertrag mit der NASA an der University of Texas, kompilierte ich einen galaktischen Katalog und registrierte später Marsbeobachtungen, um eine bessere Karte des Planeten für das Projekt Mariner hervorzubringen.

Im Gegensatz zu dem, was gesunder Menschenverstand und normale Sicht nahelegen würden, sind die Sterne nichts, was man schlicht durch ihre Position und Helligkeit beschreiben könnte. Wo das Auge einen einzigen Lichtpunkt sieht, mag es in Wirklichkeit ein unglaublich komplexes System geben. Ein Eintrag im Katalog Heller Sterne ist beispielsweise der Stern CASTOR. In Wahrheit besteht er aus drei Sternen, die umeinander kreisen; genauere Untersuchung zeigt, daß jeder davon ein Doppelstern ist, so daß der Computer Position, Größe, Farbe, Wechselbeziehungen und die Bahnen von sechs verschiedenen Sternen angeben muß, die gemeinsam in einer Art irrem Tanz durch den Weltraum wirbeln! Können wir in einer solchen Datenbank stets die Struktur von den Daten trennen?

Meine Astronomenkollegen drängten mich damals, ALTAIR zu entwickeln. Das Programm sollte Fragen beantworten können wie: «Wie hoch ist der Prozentsatz spektroskopischer Binärsterne unter Stellarsystemen, die blauer sind als F2?» oder: «Wie viele Sterne mit einem Spektrum zwischen G0 und K2 sind Dreifachsterne?» Die Sprache war vielleicht ein bißchen unverständlicher, aber wissenschaftlich ganz gewiß nützlicher als Baseballergebnisse vom vergangenen Sonntag. ALTAIR bestand aus drei Teilen. Der erste Teil verfügte über einen englischen Wortschatz und einen Syntax-Interpretierer. Es suchte Pluralformen heraus, schlug Verben und Substantive nach und reduzierte die Frage auf Grundbegriffe. (Beispielsweise ließen sich die beiden Wörter «spektroskopische Binärsterne» auf einen einzigen Begriff zurückführen, bezeichnet durch eine Zahl.) Der zweite Teil betraf den Sinn. ALTAIR war in der Lage, irrelevante oder triviale Fragen unter den Tisch fallen zu lassen. Das System konnte die richtige Antwort auf eine sinnvolle Frage geben und vermied es, auf eine sinnlose Frage eine irreführende Antwort zu liefern. Wenn man also fragen wollte: «Wieviel Prozent von Sternen sind Sterne?», würde es mit «100%» antworten. Besaß die Frage allerdings Gültigkeit, dann führte sie zu einer Formel für das Auffinden von Antworten. Es war der dritte Teil des Programms, der mit dieser Formel den Gesamtkatalog von rund 10000 Sternen durchging, um durch Auffinden ihrer Eigenschaften die richtige Antwort zu finden. Aber wie konnte es über diese Grundaufgaben hinausgelangen?

Im Monat März fällt in Chicago der meiste Schnee. Am Ende des Tages, zu der Zeit, als ich an ALTAIR arbeitete, kam es nicht selten vor, daß ich den ganzen Parkplatz von einer wunderschönen, makellos weißen Schneedecke überdeckt liegen sah, wo kleine Wölbungen Autos anzeigten, die geduldig darauf warteten, ausgeschaufelt und von Eis freigekratzt zu werden.

Nach einem besonders heftigen Kampf mit den Elementen war es mir gelungen, eine eingefrorene Tür und einen Großteil der Windschutzscheibe meines kleinen Autos freizubekommen. Ich kroch auf den Vordersitz, um den Motor anzulassen. In diesem Augenblick ging das Radio an. Eine herrische Männerstimme äußerte einen einzigen Satz:

«STAHL GIBT NACH.»

Dann verstummte sie. Während dieser Pause konnte ich tatsächlich spüren, wie meine Gedanken im Kreis rasten, nach Zusammenhang und Sinn suchten, nichts fanden, weiterrasten. STAHL GIBT NACH. In der eisigen Isolation meines Autos war ich unfähig, irgend etwas an diesem Satz zu verstehen, und begriff plötzlich, wie dem Computer bei manchen Fragen, zu deren Beantwortung ich ihn veranlassen wollte, «zumute» sein mußte – setzen wir einmal voraus, ihm könnte «zumute» sein.

Der Sprecher fuhr endlich fort. «Der Dow Jones-Index fiel als Reaktion auf die pessimistischen Nachrichten über die Metallpreise um zwei Punkte ...» Mit einemmal hatte ich Zusammenhang genug, um einen Schwenk zu machen und die Nachgiebigkeit von Stahl einzusehen. Während dieser kurzen Pause hatte ich aber etwas Neues über meinen eigenen Umgang mit der Sprache begriffen und wußte jetzt, wie ich mein Programm gestalten mußte, damit es die Fragen der Astronomen zu bewältigen vermochte.

ALTAIR war etwa drei Wochen lang ein großer Erfolg. Er war vollkommen zureichend und hatte keinen Fehler, auch wenn sein Wortschatz ziemlich begrenzt war. Wenn man ihn fragte: «Wo ist das nächste Kaffeehaus?», erwiderte er, daß er nicht wisse, was ein Kaffeehaus sei.

Nach anfänglich großer Neugier blieb ALTAIR im Observatorium ungenutzt und geriet in völlige Vergessenheit. Das wirkte sich zwar nicht auf meine damalige Arbeit aus, die mehr theoretischer als praktischer Natur war, aber diese Folge ärgerte mich doch ein bißchen. Ich versuchte hinter den Grund zu kommen. Einer der Astronomen, der ALTAIR allem Anschein nach am dringendsten brauchte, erklärte mir schließlich, warum er zu der alten Methode zurückgekehrt war, jedesmal dann, wenn er Information brauchte, sein eigenes Programm zu schreiben: Er hatte vor kurzem eine Computersprache gelernt und war von seiner neuen Fähigkeit (die mit seiner astronomischen Forschung in keinerlei Zusammenhang stand) so begeistert, daß der Gedanke, der Computer könne eine Frage direkt auf Englisch beantworten, ihn störte. Er ließ das Band lieber jedesmal durch ein anderes Programm laufen, was bedeutete, daß für die Beantwortung jeder Frage ein ganzer Tag erforderlich war. Die Vorstellung, ALTAIR könne dasselbe Programm *intern* generieren und innerhalb von Sekunden ausführen, erschien ihm als Beleidigung für Verstand und Geschicklichkeit.

Die Erfahrung mit ALTAIR brachte mir zwei wesentliche Dinge bei:

1. Was der User verlangt, ist nicht unbedingt das, was der User benötigt, und

2. ein Informationssystem ist zunächst und vor allem ein soziales System.

Außerdem lernte ich durch eine kostenlose Zugabe, daß der erste Kontakt mit einer Maschine, die den Anschein erweckt, uns zu verstehen, beinahe etwas von religiöser Faszination an sich hat. In einem System, in dem die Qualität der Daten unangreifbar ist, stellt die echte Macht des Computers eine so direkte, uns unmittelbar betreffende Bedrohung dar, daß die vorgesehenen Benutzer wirksame Strategien entwickeln, um seine Anwendung zu sabotieren.

Ein Fallbeispiel ist der Mangel an Anerkennung für die Computerwissenschaft unter etablierten akademischen Disziplinen.

Im Sommer 1966 reisten meine Frau und ich nach Moskau zum Internationalen Mathematikerkongreß. Zum erstenmal in der Geschichte enthielt die veröffentlichte Tagesordnung eine Bestätigung der Computerwissenschaften als echtem Wissenszweig. Es war sogar die Rede davon, man könnte Computeranlagen in oder bei Moskau besichtigen.

Wir kamen spät nachts an, der Omnibus fuhr eine Ewigkeit durch die Vororte der Hauptstadt, und wir erreichten endlich das riesige, pyramidenförmige Universitätsgebäude, wo wir untergebracht waren – eine Monstrosität aus der Stalinzeit, die ein Topologe in unserer Gruppe liebevoll «die alte Hütte» nannte. Wir waren alle hungrig, aber der Mann von Intourist erklärte rundheraus, zu essen gäbe es bis zum nächsten Morgen nichts mehr, das Fasten täte uns gut. Am nächsten Tag bekamen wir zu essen und waren bereit, uns russische Computer anzusehen. Wir versammelten uns vor dem Schreibtisch eines eindrucksvoll wirkenden Funktionärs, der aufstand, als er unsere Bitte hörte, und auf Russisch eine Antwort gab, die wir alle verstanden:

MACHINI? NJET!

Ich war maßlos enttäuscht, weil ich mir die Mühe gemacht hatte, ein Programm für die Berechnung von Sternenbahnen in eine Computersprache umzusetzen, die nach meiner Kenntnis neben den meisten europäischen Wissenschaftlern auch die Russen benutzten. Ich war des Glaubens, mein kleiner Stapel IBM-Karten könne sich einen Weg zu Gesprächen mit russischen Computerwissenschaftlern bahnen und mir vielleicht helfen, meine Promotionsschrift fertigzustellen. Ich beachtete den eindrucksvoll wirkenden Funktionär also nicht und begab mich zum nahen Observatorium. Dort stieß ich schließlich auf ein paar Studenten, die Interesse daran bewiesen, unsere Gespräche fortzusetzen. Sie rieten uns, Verbindung mit der Universität Moskau aufzunehmen. Dank ihnen gab es am folgenden Tag eine Besichtigung der Computeranlage in der Universität, wo ich feststellen konnte, daß ungefähr fünfundzwanzig Leute mit demselben besonderen Interesse an Computern wie bei uns zum Kongreß gekommen waren.

Die russischen Computer, die wir zu sehen bekamen, waren nach westlichen Begriffen primitiv, aber der wahrhaft überraschende Augenblick trat ein, als die russischen Spezialisten sich voller Eifer um mein kleines Päckchen Karten scharten. Was sie interessierte, war nicht das Programm, sondern die Art und Weise, wie die Information in die 80 Spalten der IBM-Karte gestanzt und oben zusätzlich noch ausgedruckt werden konnte. Sie erklärten mir, in Rußland stanze man die Computerkarten (sie haben zufällig dieselbe Größe, Stärke und Form wie eine IBM-Karte) stets so, daß möglichst wenig Platz «vergeudet» werde. Dazu müssen sie in jede Spalte mehr als ein Zeichen setzen, so daß sie den Inhalt nicht ausdrucken können. Die Folge: Was eine bestimmte Karte enthält, können sie mit dem bloßen Auge nicht erkennen. Sie haben die rationelle Nutzung der Technik bis zu einem Maß genutzt, wo die Fähigkeit des menschlichen Wesens, die Information zu lesen (und Fehler durch Blickprüfung festzustellen) beseitigt worden ist. Sie sind in dieselbe Falle geraten wie die französischen Polizeibeamten, die François niederschossen, und die medizinischen Verwaltungsbeamten, die Codes für Geräte forderten, deren Funktionen sie ignorierten. Im Namen der Effizienz verzichteten sie auf die menschliche Qualität der Daten.

Dieser Zug des russischen Systems verhinderte außerdem, mein kleines Programm durch ihre Computer laufen zu lassen, obwohl es in einer sogenannten Universal-Sprache geschrieben war, die zu erfinden ernsthafte Wissenschaftler Jahre gekostet hatte. Die Lektion, die ich dabei lernte, hing zusammen mit der Schwierigkeit, kulturelle Klüfte durch Technologie zu überbrücken – selbst dann, wenn für ähnliche Aufgaben dieselben Werkzeuge angewendet werden. Im folgenden Jahr hatte ich Gelegenheit, diese Tatsache erneut bestätigt zu finden, als ich nach Frankreich zurückkehrte und die französische Industrie mit den Augen eines amerikanisierten Parisers betrachtete.

1967 ging ich nach Frankreich zurück. Ich hatte in Paris eine großartige Stellung bekommen. Der GLOBGAS-Konzern wollte seine Datenbanken im Rahmen einer großangelegten MIS-Aktion umorganisieren. Ich wurde eingestellt, um das neue System zu realisieren. Da ich einen Compiler für eine Sprache mit dem Namen INFOL geschaffen hatte, wollte ich ihn unbedingt für die GLOBGAS-Computer adaptieren und die Methode verbessern, die leistungsfähig genug war, die Dateien einer Ölgesellschaft zu bewältigen. Ich kehrte mit der Überzeugung zurück, daß, wenn Frankreich hinter den USA zurücklag, das lediglich auf eine technologische und finanzielle Lücke zurückzuführen war. Ich brauchte sechs Monate, um zu erkennen, daß mein Arbeitgeber selbst nach amerikanischen Begriffen ein Großunternehmen war, daß er Zugang zu Technologien hatte, um die er von den meisten amerikanischen Unternehmen beneidet worden wäre, und daß er finanziell gut genug stand, um gleich neben den Champs Elysees ein Computerzentrum mit Hunderten Quadratmetern Bürofläche zu unterhalten. Das war der teuerste Grund in Paris, es gab 250 Programmierer und im Keller die neuesten UNIVAC-Monster. Die Kluft zwischen diesem Werkzeug und den erzielten Ergebnissen war keine technologische oder finanzielle. Sie war eine geistige und stand in direkter Beziehung zu Konzeptionen von Informationssystemen als Sozialsystemen und zum offenen Widerstand, die eine störrische Organisation gegenüber einer neuen Idee zu leisten vermag. Ich entsinne mich meines kurzen Aufenthaltes dort in vier kleinen Episoden. Sie fassen die Probleme gut zusammen, mit denen sich das Unternehmen und übrigens das ganze Land herumschlug, während man bemüht war, sich an jene fremdartige Schöpfung, den Computer, zu gewöhnen.

1. Szene. Monsieur Martin ruft mich in sein Büro. Ich brauche seine Zustimmung, um die Datei der Tankstellen in ein neues Datenbanksystem einzugliedern. Er hält das nicht für machbar. Ich erkläre ihm, daß ich das laufende Programm studiert habe, das die Verkaufsdaten verarbeitet. Wenn man den Zugriffscode einer bestimmten Tankstelle kennt, spuckt der Computer alles aus, was es darüber zu wissen gibt – wie viele Geranien neben der Damentoilette wachsen und wieviel Superbenzin im vorigen Jahr verkauft worden ist. Aber wenn man nur weiß, daß im Jahr 1961 der Tankstellenverwalter DUPONT hieß, muß man zwei Sekretärinnen ins Büro rufen, ihnen Bleistifte in die Hand drücken und sie sämtliche Unterlagen durchgehen lassen, bis sie DUPONT finden. Warum soll also der Computer nicht selbst nach DUPONT suchen? Ah, aber nein, Monsieur Vallee, das würde bedeuten, den Computer für eine Namenssuche zu verwenden, nicht wahr, und das wäre, wie soll ich sagen, «linguistisch». Computer sind in erster Linie für numerische Operationen da, Monsieur Vallee, und jedermann (ausgenommen vielleicht ein paar visionär gesinnte junge Exilanten, die mit ausgefallenen Ideen aus Amerika zurückkommen) weiß doch, daß Computer nur numerische Operationen ausführen können. Dann folgen zum Überfluß ein paar Zitate aus Kierkegaards Werken im Hinblick auf das Schicksal und einige Anspielungen auf den Begriff des Selbst bei Sartre, worauf Monsieur Martin sein Plädoyer beschließt.

Ich versuche ihm nun zu erklären, daß ich bei Kierkegaard schon lange nicht mehr nachgeschlagen habe, in einem Computer ein Name aber ohnehin durch eine Zahl dargestellt wird und für die Maschine die Suche nach D,U,P,O,N,T genau dasselbe ist, als suche sie nach 02,35,61,72,55 und 64. Der arme Computer kann den Unterschied nicht einmal erkennen.

Davon will Monsieur Martin nichts wissen. Wenn die Maschine DUPONT finden könne, wäre das linguistisch, also weiß er, daß an meinem Konzept etwas faul sein muß, weil «die Amerikaner» nachgewiesen haben, daß eine solche Operation unmöglich sei. Er hat offenbar eine verstümmelte Version des US-Berichtes gegen maschinelle Übersetzung in irgendeiner Intellektuellenzeitung gelesen. Ich ziehe mich zurück.

2. Szene. Ich erfahre von einer amüsanten Folge der Ungenauigkeit unseres alten Dateisystems. Der Konzern, dem Tausende Grundstücke in Frankreich gehören, damit man für die Errichtung neuer Tankstellen nach Bedarf gerüstet ist, hat eine hübsche Stelle an der Cote d'Azur ausgesucht, wo der Computer den Besitz einer begehrenswerten Straßenecke für uns anzeigte. Wir haben die Bulldozer hingeschickt, um eine alte Hütte und ein paar Olivenbäume abzureißen, damit auf dem Grundstück eine erstklassige Tankstelle errichtet werden kann.

Zwei Monate später erscheint ein abgerissener alter Mann mit zwei verbeulten Koffern mit dem Spätzug aus Paris und freut sich auf seinen Jahresurlaub. Er findet voll Überraschung dort, wo vorher die alten Olivenbäume seinen gemächlichen Träumen ihren freundlichen Schatten spendeten, zwei grellrote Tanksäulen. In Wahrheit ist er der Grundstückseigentümer und seine Verstörung groß. Er wird hastig in einen Palast an der Küste umquartiert und findet sich bald als stolzer Besitzer eines nagelneuen Hauses wieder, wo er in Frieden seinen Ruhestand genießen kann. Wer will da behaupten, Computerirrtümer wären stets schädlich?

3. Szene. Der Mann, der mich eingestellt hat, damit ich die Dateisysteme umstelle, hat zu viele Wellen gemacht und arbeitet, nachdem man ihn unter Druck gesetzt hatte, zu kündigen, jetzt bei einer Beraterfirma. Unser Konzern hat vor Datenbanken solche Angst, daß er nicht einmal einen Stab einsetzen will, der diesen Namen trägt, den man für «zu emotionell» hält. Am Ende wird ein Stab geschaffen, der «Basisdaten» heißt. Die Manager haben ein halbes Jahr gebraucht, um dieses Spiel mit Worten abzuschließen. In anderen Bereichen dagegen ist es schnell gegangen: Bei unseren Schwesterfirmen besteht wachsender internationaler Bedarf an besserer Software. Ich werde nach Holland geschickt, um GLOBGAS Frankreich bei einer Tagung zu vertreten, an der auch GLOBGAS Großbritannien, Deutsche GLOBGAS und andere verwandte Organisationen teilnehmen. Die Konferenz dauert zwei Tage und schließt mit einem ganz besonders feinen Bankett im Haus eines leitenden Mannes in einem Vorort von Amsterdam ab. Unser Gastgeber geht um den Tisch herum und fragt jeden einzelnen von uns, welche Investition nach unserer Ansicht der Konzern auf dem Computerbereich wohl am besten machen sollte. Die Antwort aller Fachleute: «Ein allgemeines Datenbankensystem.» Unser Gastgeber blickt sehr streng, und es herrscht Stille.

Dann erklärt er: «Ich verstehe Ihre Bedürfnisse, und die Unternehmensgruppe ist sich dieser Forderung bewußt. Wir sind aber nicht im Software-, sondern im Ölgeschäft.»

Wir senken die Köpfe, wie sich das bei jungen und gut erzogenen europäischen Ingenieuren gehört, wenn der Chef gesprochen hat. Wir haben aber einen jungen Texaner von GLOBGAS USA dabei, der solche Zurückhaltung nicht gewöhnt ist.

«Tja, nun», sagt er, «drüben in Houston geben wir jedes Jahr um die sechzig Millionen Dollar für Programmierung aus. Ich schätze, wir sind im Software-Geschäft.»

4. Szene. In Paris hat der Generalstreik begonnen. Er wird drei Wochen dauern und das ganze Land schlagartig lähmen. Ich stehe im Computersaal, als die Elektriker den Hauptschalter betätigen, der den Strom für diesen Stadtteil abstellt. Unser UNIVAC verfügt über seine eigene Stromversorgung und läuft im Dunkeln weiter. Seine beleuchtete Konsole sieht aus wie der Leitstand im Raumschiff Enterprise. Die Operatoren vor den hellen, zuckenden Lämpchen zeichnen sich als Silhouetten ab. Die roten und grünen Tafeln der Magnetbandschränke bilden lange Straßen bunt funkelnder Lichter wie der Strip von Las Vegas. Wir fahren die Leistung der großen Maschine zurück, als wir von den Ereignissen draußen erfahren.

Ich verfolge die Tage des Mai 1968 mit den Augen eines amerikanisierten Franzosen, der Geschichte aus dem Inneren einer Ölgesellschaft betrachtet; durch diese Filter nehmen die Vorgänge eine erstaunliche Färbung an. Presse und Regierung brandmarken immer wieder «eine Handvoll Agitatoren». Die Linke, die extreme Linke und die Führung der Gewerkschaften geraten in Panik, als sie erkennen, daß sie die Streiks nicht in der Gewalt haben. Die angenommenen Muster der Geschichte haben sich unter den etablierten Hierarchien verschoben. «Eine Handvoll Agitatoren» kann nicht schlagartig ein Land wie Frankreich drei Wochen lang lahmlegen. Eine bis dahin unerkannte Massenbewegung ist plötzlich ans Licht getreten, ausgelöst durch tiefe und unverzeichnete Strömungen des Wandels.

Ich glaube, ich weiß, wer einige der Urheber für das Aufwallen dieser Strömungen sind. Es sind nicht die bärtigen Typen, die rund um die Sorbonne mit Pflastersteinen nach Polizisten werfen. Es sind die IBM-Verkäufer in ihren adretten dreiteiligen Anzügen, knapp gefolgt von den Control Data- und den UNIVAC-Verkäufern, die in die wichtigen Industriezweige des Landes eine Technologie bringen, die rasche Veränderung bewirkt – eine Technologie fremder Art für das Tempo, in dem das alte Europa sich entwickeln und neue Ideen aufnehmen kann. Ich sehe es überall um mich herum, in der Pein französischer Führungsfiguren wie Monsieur Martin, die sich mit Datenbanken nicht zurechtfinden können und erkennen, daß das nur ein Aspekt ihrer Frustration ist. Präsident Lyndon Johnson hat vor kurzem die Exportlizenz für den großen Control Data-Computer widerrufen, den De Gaulle dazu verwenden wollte, um die französische H-Bombe zu entwickeln. Plötzlich erkennt das ganze Land, daß die Größe einer Kultur nicht an der Zahl seiner Dichter und Denker gemessen wird, die sie hervorgebracht hat, sondern an der Zahl der CDC 7600, die sie sich leisten kann. Nach diesen drei Wochen Aufruhr wird sich in Paris aber nichts verändert haben, außer, daß die alten Kopfsteinpflasterstraßen des Quartier Latin nun einen glatten Teerbelag aufweisen. Ich beginne zu erkennen, daß meine Ferien vorbei sind; ein längerer Aufenthalt in Europa wäre intellektueller Selbstmord für jemanden, der neue Informationssysteme aufbauen will. Bei einer Computertagung in Edinburgh begegne ich Bill Olle, dem Mann, den ich wegen der klaren Konzeptionen seiner INFOL-Sprache schon lange bewundere. Er baut in der System-Abteilung bei RCA einen Datenbank-Entwicklungsstab auf. Zwei Monate später wohnen meine Familie und ich in einem gemieteten Haus in New Jersey. In die nahen Wälder sind die Herbstfarben eingekehrt. Ich werde mit einer neuen Gruppe und einer neuen Maschine arbeiten, aber die Probleme bleiben die gleichen. Zugriff auf Daten. Qualität der Information.

Terry Westgate, ein Freund aus England, weist mich darauf hin, daß der erste Gebrauch des Wortes «inform» in der englischen Sprache in Shakespeares Macbeth zu finden ist:

> Mein Auge ward der Narr der andern Sinne, oder mehr als alle wert. – Ich seh dich stets, und dir an Griff und Klinge Tropfen Bluts, was erst nicht war. – Es ist nicht wirklich da: Es ist die blut'ge Arbeit, die mein Auge so in die Lehre nimmt. (Im Original: which *informs* thus to mine eyes.)
>
> (II, 1. Szene)

Wie könnten wir ein Generalwerkzeug für IN-FORMATION schaffen? Ich war skeptisch gewesen, ob es aus der Werkstatt der Akademiker kommen konnte, weil ALTAIR mich gelehrt hatte, daß die Wissenschaftler sich mehr für die Spiele interessierten, die sie trieben, als dafür, ihre Arbeitsbedingungen zu verbessern. Ebensowenig würde es aus der traditionellen Industrie kommen: GLOBGAS war des Glaubens, «nicht im Software-Geschäft» zu sein. Nun sollte ich von einem dritten Standpunkt aus kennenlernen, wie die bescheuerte Branche aussah: von dem der Computerhersteller selbst. Ich betrat das Allerheiligste.

Bei RCA nannten die führenden Leute ausgezeichnete Gründe für ihr Interesse an Computern: Der Konzern hatte eine überaus erfolgreiche Produktion an Fernsehtechnik entwickelt. Er verstand sich auf Kommunikation und hatte den Bereich künstlicher Erdsatelliten im Griff. Da das Computergeschäft eindeutig zur Kommunikation unterwegs war, konnte RCA es abfangen, den Übergang kurzschließen und eine feste Marktposition dadurch erringen, daß der Konzern seine Stärken ausspielte. Niemals ist eine so brillante Strategie so armselig umgesetzt worden.

In New Jersey arbeiteten wir hart. Wir hatten im Keller sechs SPECTRA-Computer stehen. Die Datenbank-Systemgruppe umfaßte siebzehn Leute: Programmierer aus Kalifornien, Systemfachleute aus Norwegen, aber auch aus Philadelphia, und eine heitere Sekretärin, die den ganzen Stab bemutterte. Wir bauten unser System auf, und als es an der Zeit war, es zu testen, war mir die Leitung der Erprobungsgruppe übertragen worden. Es war meine Aufgabe, die Dateien zu liefern, die das System bis an seine äußersten Grenzen beanspruchen sollten.

Jedes Datenbank-System unterstellt eine bestimmte festgelegte Struktur für die Dinge, die es enthält. Im einfachsten Fall sind diese Dinge grundlegende Listen oder Postentabellen. Andere Programme erlauben Verbindungsformen wie Baumstrukturen, Relationen oder Graphen. Ein «Baum» sieht aus wie ein genealogischer Stammbaum, wo Väter, Söhne und Enkel säuberlich miteinander verbunden sind. Eine «Relation» hat Ähnlichkeit mit einer Tabelle von Attributen. Ein «Graph» ist eine Darstellung von Verbindungen zwischen Einzelposten. Die Struktur ist sehr wichtig, weil sie dem künftigen Benutzer eine bestimmte Weltsicht auferlegt und einschränkt, was er darstellen, wovon er ausgehen kann. Sie vereinfacht die offenkundige und aufreizende Verschwommenheit der geistigen Darstellung und verwandelt sie in eine starre Reihe von Beziehungen. Hier stellte ich fest, daß die legendäre Schnelligkeit der Computer mühelos besiegt werden kann.

Computer sind schon lange in der Lage gewesen, bei numerischen

Berechnungen die Menschen zu übertreffen. Ein Werbespruch für IBM prahlte einmal mit «FÜNFHUNDERTTAUSEND MULTIPLIKATIONEN FÜR ZEHN CENT!» Als ich das las, kam mir der Gedanke, daß das eine recht leere Empfehlung war. Da ich mir nicht vorstellen konnte, wann ich jemals 500000 Multiplikationen gebrauchen könnte, war mir diese verblüffende Leistung keineswegs zehn Cent wert. Was ich als Informatiker am dringendsten brauchte, war ein Instrument zur Beeinflussung der *Struktur*. In dieser Beziehung versagten die schnellsten Computer jedoch jämmerlich. Sie waren schließlich dafür gebaut, zu rechnen, und nicht, um Information zu verarbeiten.

Als Beispiel möchte ich die Datenbank einer Gesellschaft nehmen, deren Elemente Menschenfamilien sind. Mit einer baumstrukturierten Darstellung einer Familie haben wir etwas in der Art von Abbildung 4, wo der Vater die oberste Stufe besetzt (wir gehen von der konservativen, paternalistischen Gesellschaft aus, in der Computer sich am wohlsten fühlen). Dieser Vater hat eine Ehefrau, diese wiederum *n* Kinder, wobei *n* für 0, 1, 2 etc. steht, je nach der tatsächlichen Lage. Nehmen wir nun an, daß die Kinder Haustiere haben. Larry hat vielleicht eine Katze, Linda einen Hund. Bei meinen Tests erzeugte ich Hunderte solcher Familien. Ich kompilierte Register für Kindernamen und Haustierarten. Dann spielte ich mit der Struktur dieser erfundenen Familie. Nehmen wir meinetwegen ein weiteres Haustier, einen Alligator, der nicht einem einzelnen Kind, sondern der ganzen Familie gehört. Da wir keine Stufen unbesetzt lassen konnten, verlangte das System nun ein Phantomkind, dem das neue Haustier zugehörig war. Dieses Attrappenkind brauchte aber eine Attrappenmutter. Wir begannen so mit einer Liste seltsamer Entdeckungen, die sich mit einer einzigen Gleichung wiedergeben lassen:

> IN EINER FAMILIE, WO EIN HAUSTIER NICHT EINEM BESTIMMTEN KIND GEHÖRT, IST DER EHEMANN STETS BIGAMIST.

Als sich das Gelächter gelegt hatte, verfeinerte ich die Tests, um Bäume mit fehlenden Daten zu generieren (in realen Informationssystemen gibt es immer viele Lücken), und forderte den Computer dann auf, die ganze Struktur auf den Kopf zu stellen. Nach der Umkehrung

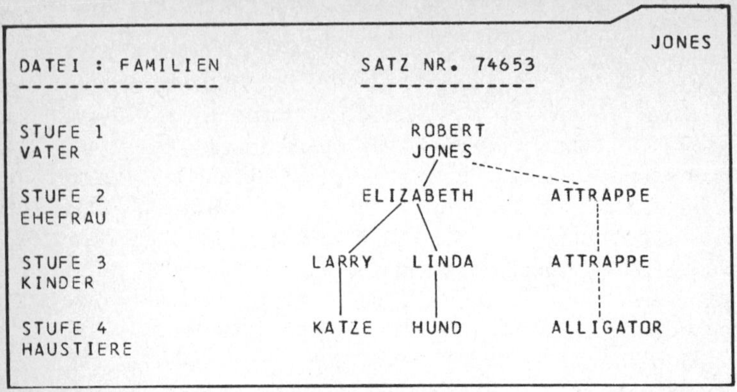

Abbildung 4: Wie Mr. Robert Jones zum Bigamisten wurde, ein Unfall, der einer wenig bekannten Eigenschaft mancher Baumstrukturen zugeschrieben werden muß.

hatte man etwa eine Datei von Kindern statt von Ehemännern. Jedes Kind besaß einen Vater, eine Mutter und Haustiere. Die Lücken waren wild in der Baumstruktur verteilt, wie ein Vorhang aus Wassertropfen an den Rändern eines Springbrunnens. Inzwischen kam der Computer knirschend zum Stillstand. Das ging so weit, daß ich die Maschine praktisch ohne Daten zum Stehen bringen konnte, einfach, indem ich sie zwang, ihren Strukturierungsprozeß auszuüben. Strukturbehandlungs-Operationen, die bei einem Menschen Sekunden gedauert hätten, erforderten zwanzig Minuten Maschinenzeit. Information wiederzugewinnen, war kein Problem; was uns den Garaus machte, war die Strukturmanipulation. Zugriff auf Daten ist ohne Sinn, wenn es an der Fähigkeit mangelt, sie umzuformen.

Dasselbe gilt für alle heutigen Informationssysteme, gleichgültig, ob sie von der Polizei, vom Staat, von Krankenhäusern oder Schulen verwendet werden. Falls jemals festgestellt wird, daß die Struktur der Daten unvollständig oder falsch ist, sind die Kosten der Umstellung ungeheuer groß – so hoch, daß die Tyrannei des Systems mit der Dateninvestition wächst. Aus diesem Grund haben wir Polizeisysteme, die zu wilden nächtlichen Schießereien führen, juristische Dokumente, die unsere Namen an drei verschiedenen Stellen fordern, und Versicherungsformulare, auf denen die Sozialversicherungsnummer des Arztes verlangt wird, der vor zwei Jahren eine Röntgenaufnahme von Johnnys Fuß gemacht hat, obwohl diese Nummer in der Datei bereits gespeichert ist. Der Computer der Versicherungsgesellschaft weist unseren Anspruch vielleicht ohnehin zurück, weil der Name von Johnnys Heimatstadt nicht genau auf dieselbe Weise falsch buchstabiert ist wie damals, als ein unbekannter Operator an einem unbekannten Ort ihn ein halbes Jahr vorher in den Computer eingegeben hat. Diese falsche Schreibweise ist ein Stück (Des)Information, das aufzudecken wir überhaupt keine Möglichkeit haben.

Aus diesem Grund auch haben wir Reservierungssysteme bei Fluggesellschaften, die nicht zulassen, daß Sie einen Teil des Fluges mit Kreditkarte bezahlen und den Rest mit einem Bankscheck, von der Maschine nicht den direkten Weg nach Chicago erfahren können, und, wenn es irgendwie geht, auf einem Flug von Maine nach Massachusetts über den Grand Canyon geschickt werden.

Wir brachten unser System schließlich recht gut zum Laufen, und ich verließ meine Stellung bei RCA ein Jahr, bevor der Konzern beschloß, sich aus dem Computergeschäft zurückzuziehen. Die Probleme traten bereits in Erscheinung, als ich meine Sachen packte. Der Marketingstab führte das Unternehmen, und der direkte Wettbewerb mit IBM machte unsere Produkte zur ständig verfolgten Zielscheibe. Ich habe schon erklärt, daß Datenbank-Systeme für ihre soziale und organisatorische Umwelt außerordentlich empfindlich sind. Die unsere war von Anfang an zum Untergang verurteilt. Trotzdem: Das Jahr bei RCA führte mich mit einigen bemerkenswerten Leuten zusammen, deren Lektionen mir im Gedächtnis blieben.

Eine Lektion, die ich wohl kaum vergessen werde, ergab sich in den RCA-Forschungslabors in Princeton, wo die meisten Entdeckungen auf dem Gebiet des Farbfernsehens gemacht worden waren. Ich wagte mich an eine Befragung von Datenbanken in englischer Sprache und anderen Anwendungen künstlicher Intelligenz beim Dialog mit Computern. Ein Mann mit bohrenden Blicken und schlohweißen

Haaren nahm mich beiseite. Wir setzten uns auf eine Bank vor dem Vortragssaal.

Er sagte: «Künstliche Intelligenz birgt einen fundamentalen Fehlschluß in sich, und in den verfallen Sie.»

«In welcher Beziehung?» fragte ich und hatte schon das Gefühl, dieses Gespräch werde nicht bei dem gewohnten höflichen Austausch von Allgemeinplätzen bleiben, die man bei den meisten beruflichen Begegnungen zu hören bekommt.

«Künstliche Intelligenz versucht die Natur nachzuahmen. Sie will sich dem annähern, was der Mensch tut.»

«Welche Inspiration gibt es sonst?»

«Die Natur zu imitieren, ist schlechte Technik. – Jahrhundertelang versuchten Erfinder dadurch zu fliegen, daß sie die Vögel nachahmten, und brachten sich nutzlos zu Tode. Wenn man etwas machen will, das fliegt, besteht der richtige Weg nicht darin, mit den Flügeln zu flattern. Man schraubt einen 400-PS-Motor an eine Scheunentür, so fliegt man. Sie können ewig die Vögel anstarren, ohne jemals hinter dieses Geheimnis zu kommen. Mutter Natur hat die Boeing 707 nie entwickelt. Und warum nicht? Weil die Natur nichts brauchte, was in 40000 Fuß Höhe mit 1100 Kilometern in der Stunde fliegt. Wie sollte ein solches Tier sich ernähren?»

«Was hat das mit künstlicher Intelligenz zu tun?»

«Einfach soviel, daß sie versuchte, sich dem Menschen anzunähern. Wenn Sie den Menschen als Modell und Prüfstein künstlicher Intelligenz nehmen, begehen Sie denselben Fehler wie die alten Erfinder, die mit ihren Flügeln flatterten. Sie begreifen nicht, daß Mutter Natur nie ein intelligentes Tier gebraucht hat und *sich deshalb nie die Mühe machte, eines zu entwickeln.*

Wenn also endlich ein intelligentes Gebilde gebaut ist, wird es sich nach Grundsätzen entwickelt haben, die sich von denen des menschlichen Verstandes unterscheiden, und seine Intelligenzstufe wird ganz gewiß nicht danach gemessen, daß es einen Schachgroßmeister schlagen oder scheinbar auf Englisch ein Gespräch führen kann.»

Während seine Augen mich durchbohrten, hatte ich eine kurze Vision davon, wie eine intelligente Maschine beschaffen sein würde. Wenn die Natur nie ein intelligentes Tier gebraucht und keines entwickelt hat, fragte ich mich immer wieder, was sind dann wir? Können wir mit unseren schwächlichen Versuchen, die Information zu verarbeiten, die wir Leben nennen, und ihre Qualität zu steigern, den Schöpfungen unserer Träume vertrauen? Sind wir vielleicht nicht mehr als der Prozeß, durch den sich eine andere Form von Intelligenz entwickelt? Und zuletzt: Welche Macht haben wir wirklich über die Technologien, die wir hervorbringen?

DIE MOTOREN DER MENSCHHEIT LAUFEN HEISS

Worin der Verfasser erläutert, warum die Technologie ein Eigenleben hat, und zeigt, daß Edison und Bell sich besser abgesprochen hätten. Er erwähnt, daß der Gebrauch von Computern außer Kontrolle geraten ist, und setzt sich dafür ein, ein neues Fach zu schaffen, eine Wissenschaft des Apokalypsenmanagements.

Computer sind interessant, weil sie uns zwingen, wichtige Fragen nach der Technik zu stellen: Welche Rolle spielt die Technik in unserer Welt? Wohin führt sie uns? Welche Optionen bleiben uns?

Eines der Argumente dieses Buches ist, daß die Technik generell außer Kontrolle geraten ist und der Computer heute lediglich das führende Beispiel einer sich fortsetzenden Reihe von künstlichen Instrumenten ist, die für unser Leben unabdingbar sind.

Die Zukunft irgendeiner Technologie zu diskutieren, ist stets eine problematische Sache. Beschreiben zu wollen, was mit den Computern geschehen wird, ist mehr als problematisch – es ist ein verzweifeltes Unterfangen.

Die Menschen hatten nie viel Glück, wenn sie versuchten, über ihre Nasenspitzen hinauszusehen. Als Christoph Kolumbus 1490 eine Reise nach Indien vorschlug, kam ein «Experte» mit sechs Gegenargumenten daher: die Reise würde zu lange dauern, der Ozean sei unendlich, von den Antipoden könne man nicht zurückkehren, außerdem gäbe es, wie schon der Heilige Augustin erklärt hätte, überhaupt keine Antipoden, auf unserer Welt seien nur drei Zonen bewohnbar, und spreche denn überhaupt etwas dafür, daß so viele Jahrhunderte nach der Schöpfung irgend jemand noch neues Land von Wert entdecken könne? Wir müssen zugeben, daß das ganze Gewicht der Gelehrtheit gegen das Vorhandensein der Amerikas und die Fähigkeit sprach, sie zu erreichen. Der Mensch war nicht in der Lage, «seine Sphäre zu verlassen».

Der Fortgang der Zeit hat unsere Fähigkeiten in dieser Beziehung nicht verbessert. In der Ausgabe vom 31. Juli 1875 befaßte sich die Zeitschrift *Harper's Weekly* mit der Möglichkeit des Fliegens durch die Luft und stellte fest: «In kurzen Abständen erschienen frappierende Berichte über die Konstruktion einer neuartigen Maschine», mit der das schwierige Problem endlich gelöst worden sei ... Solche Entdeckungen, heißt es in dem Magazin weiter, müßten mit Vorsicht aufgenommen werden, weil «die Gefahr des Aufsteigens mit einer Dampfmaschinen, Feuer oder hoch entzündlichen Stoffen zur Erzeugung einer Antriebskraft, ausreichendem Mäzenatentum im Wege stehen würden, um Unternehmen solcher Art zu fördern». Der große Wissenschaftler Simon Newcomb fügte 1903 hinzu:

«Der Nachweis, daß keine denkbare Kombination bekannter Substanzen, bekannter Formen von Maschinen und bekannter Kräfteformen in einer praktikablen Maschine vereinigt werden kann, mit welcher der Mensch lange Strecken durch die Luft zu fliegen vermag, scheint dem Verfasser so vollständig zu sein, wie es bei der Demonstration irgendeiner physikalischen Tatsache nur immer möglich ist.»

Am 10. Dezember desselben Jahres hatte die Meinungsseite der *New York Times* das Folgende zu Samuel Langleys Experimenten mit Flugmaschinen zu sagen:

«Wir hoffen, daß Professor Langley seine beachtliche Größe als Wissenschaftler nicht weiter dadurch gefährdet, daß er seine Zeit und das aufgebrachte Geld für weitere Flugmaschinen-Experimente vergeudet.»

Das wurde von der hochgeachteten Zeitung wohlgemerkt nur eine Woche vor dem erfolgreichen Flug der Gebrüder Wright in Kitty Hawk veröffentlicht. Die Technologie beschleunigte bereits so rasch, daß sie den Fachleuten aus den Händen glitt. Abwertende Prophezeiungen wurden über scheinbar so einfache Dinge wie Fernstraßen gemacht: «Der konkrete Bau von Fernstraßen für Motorwagen ist für die nahe Zukunft nicht zu sehen», hieß es 1902 in *Harper's Weekly*. Ebenso hat die Militärtechnologie viele törichte Behauptungen erlebt, wie etwa die von Admiral Clark im Jahre 1939, wonach «das Versenken eines Schiffes mit einer Bombe einfach nicht möglich ist», und der Kommentar eines anderen Admirals (im Jahre 1945!) zur Atombombe, die er bezeichnete als «die größte Torheit, die wir uns je geleistet haben ... die Bombe wird niemals losgehen, und das sage ich als Fachmann für Explosivstoffe».

Wissenschaftliche Kommissionen und Akademien scheinen noch beharrlicher zu irren als Journalisten oder unabhängige Personen, wenn es darum geht, Behauptungen über das aufzustellen, was möglich ist. Im 18. Jahrhundert erklärte die Französische Akademie der Wissenschaften rundheraus, Meteoriten könne es nicht geben: Wie könnten Steine vom Himmel fallen, wenn es am Himmel keine Steine *geben* könne? Die größten Meteoritensammlungen in den Museen Europas müßten rein durch die Erfindungsgabe der Menschen zustande gekommen sein. Die Bauern höben einfach Steine auf, die vom Blitz getroffen worden seien. Als diese Erklärung der hochgeachteten *Academie* herausgegeben wurde, beseitigten die Museumskuratoren in ganz Europa ihre Meteoritensammlungen dadurch, daß sie die nutzlosen Steine einfach auf den Abfallhaufen warfen!

Gleichermaßen aufgeklärte französische Kommissionen trieben Franz Mesmer (den Wegbereiter der Hypnose) aus dem Land, fanden Robert Fultons Dampfschiff nutzlos und visionär, wiesen Edward Jenners Pockenimpfstoff zurück und verhöhnten Benjamin Franklins Blitzableiter. Dabei besitzen die Franzosen kein Monopol für wissenschaftliche Blindheit. Amerikanische Fachleute erklärten Thomas Edisons Phonographen für Schwindel und Alexander Graham Bells Erfindung des Telefons für aufgelegten Betrug.

Edison und Bell allerdings waren gegen solche Irrtümer selbst nicht gefeit. Der erste glaubte, sein Phonograph werde in der Hauptsache dazu dienen, Mitteilungen vom Telegrafenbüro zum Empfänger zu übermitteln, und der zweite meinte, sein Telefon werde in erster Linie von Leuten benutzt werden, die aus der Ferne ein Konzert verfolgen wollten.

Man darf es als Ironie bezeichnen, daß sie den wahren Nutzen ihrer Erfindungen genau verkehrt herum sahen: Durch die Verfügbarkeit phonographischer Aufzeichnungen wurde es unsinnig, sich Konzerte am Telefon anzuhören, und die Verfügbarkeit des Telefons erleichterte es dem Telegrafenbüro, mit seinen Kunden zu sprechen!

Im Jahre 1937 zeichnete sich die *New York Times* erneut aus, als sie die Aussichten des Fernsehens unter die Lupe nahm. Sie stellte fest, daß außerhalb militärischer Anwendungsmöglichkeiten keine kommerziellen Aussichten sichtbar seien. Dabei spielte eine Rolle, daß die *Times* sich kaum vorstellen konnte, alle Mitglieder einer typischen amerikanischen Familie würden einen längeren Zeitraum gemeinsam in einem Zimmer verbringen!

Nach diesem kurzen Blick auf das Versagen unserer Gesellschaft, zu planen und in die Zukunft zu blicken, sollte es uns nicht überraschen, daß auch die Bedeutung des Computers völlig falsch eingeschätzt wurde. Als die Moore School Mitte der vierziger Jahre ENIAC baute, waren die meisten Experten sich darin einig, daß ein halbes Dutzend solcher Maschinen ganz gewiß ausreichen werde, um den Rechenbedarf der ganzen Welt zu befriedigen. Wenigstens ist es erfrischend, festzustellen, daß Computerfachleute dem Fortschritt auf ihrem Gebiet gegenüber ebenso blind sind wie die eben genannten Experten in anderen Fächern auf ihrem eigenen Gebiet. Ein Beispiel noch: Anfang der sechziger Jahre hatte der IBM-Konzern Gelegenheit, in ein bedrängtes neues Unternehmen mit unerprobter Konzeption zu investieren und die Kontrolle zu übernehmen. Man befaßte sich damit und lehnte ab. Das neue Konzept, das der Computerriese so verächtlich abfahren ließ, war das von Xerox genutzte – das Fotokopieren.

Ich glaube, die Welt nähert sich einer Wegscheide.

Trotz all unserer Versuche, unsere Werkzeuge zu beherrschen, Versuche, die sich spiegeln in Institutionen wie der «Dienststelle für Technologie-Einschätzung» des US-Kongresses, scheinen unsere Instrumente ein Eigenleben zu haben. Sie gehorchen bestimmten Gesetzen, die nirgends so gut beleuchtet werden wie im Fall des Computers, aber anwendbar sind auf alle Gebiete der Technik von der Steinzeit bis zum Raumfahrtzeitalter. Und die Technologie beschleunigt rascher, als die wildesten Prophezeiungen zu genehmigen scheinen, wenn wir uns die Fakten ansehen, die manche kritischen Betrachter zusammengetragen haben. Die Öffentlichkeit neigt dazu, diese Beschleunigung als etwas Schlechtes anzusehen. Dabei hat die technologische Innovation neben unvorhergesehenen gesellschaftlichen Kosten auch unerwartete soziale Vorteile. Als beispielsweise der Steigbügel erfunden wurde, führte diese scheinbar bescheidene Verbesserung der Reiterei zu der Herausbildung einer besonderen Form des Feudalsystems auf der Grundlage von Rittern zu Pferd. Gleichermaßen hat die Einführung von Heizkaminen in Privaträumen an Stelle des üblichen offenen Kamins in der großen Halle das Klassenbewußtsein und den Snobismus gefördert, wie ein Leser des *San Francisco Chronicle* namens Hetherington einmal in einem Brief an die Redaktion betonte (1. August 1979). Er fügte aber hinzu, die Erfindung «leistete für die Kunst der Liebe mehr als alle Lieder der Minnesänger zusammengenommen».

Als die ersten Automobile aufkamen, begrüßten fortschrittsbewußte New Yorker sie als Vorboten einer sauberen Umwelt. Und zumindest teilweise hatten sie recht: Es steht fest, daß wenige der heutigen Gegner von Smog und Umweltverschmutzung die Berge Pferdemist hinnehmen würden, die von den Gäulen auf den Straßen Manhattans hinterlassen wurden. Das Automobil hat unerwartet das Straßenpflaster sauber gemacht und die Luft verschmutzt. Außerdem ermöglichte es Suburbia, das Reich der Vororte, und veränderte überall die Gepflogenheiten junger Liebespaare von Grund auf.

Die Schnelligkeit und tiefgreifende Wirkung der technologischen Entwicklung, für «fortschrittliche» Ingenieure des 19. Jahrhunderts ein Quell des Staunens und der Freude, sind für uns erschreckend und unbegreiflich geworden. Ich entdecke aber ein hohes Maß an Hoffnung in der Tatsache, daß sie über schlichte Versuche, sie unter Kontrolle zu halten, hinauswächst. Mich ermutigt die Beobachtung, daß die technische Erfindungsgabe des Menschen keine Grenzen zu kennen scheint.

Die Strömungen, die man im Computerbereich findet, sprechen für sich. Sie stellen weniger eine Evolution als eine Explosion dar, eine Explosion, die sich überträgt in eine Fülle neuer Produkte, neuer Dienstleistungen und neuer Industriebereiche. Die erregendste Beobachtung betrifft das unaufhörliche Sinken des Computers im Preis, die gleichzeitige Zunahme an Leistung und die Miniaturisierung der Teile, die für ihn wesentlich sind. Die riesige Maschine mit der summenden Trommel, die ich in Meudon programmiert hatte, würde heute zweihundert Dollar kosten und mühelos auf das Schreibmaschinentischchen neben meinem Schreibtisch passen. Sie könnte mit

Gewißheit Bahnen von Erdsatelliten schnell genug berechnen, um auf dem laufenden zu bleiben, und würde nur sehr selten ausfallen. Bis 1895 werden Komplettcomputer in eine Aktenmappe oder sogar in die Manteltasche passen. Wegwerfcomputer sind bereits Tatsache geworden. Die Computer kommen in Scharen aus den Kellern und machen sich nützlich als Bauteile in Verbraucherprodukten wie Autos, Spielen und Haushaltsgeräten. Während die Zahl der Operationen pro Sekunde zunimmt, verringern sich die Kosten der Logik, und die Speicherkosten fallen ebenso stetig.

Diese Strömungen werden zwar gut erkannt, aber nur wenige Menschen fragen, was sie bedeuten und wie sie zur Geschichte der Technik als Ganzem in Beziehung stehen. Der Computerbereich blickt nicht über seinen eigenen Horizont hinaus. Einer, der die Bedeutung dieser Explosion untersucht hat, ist der französische Wissenschaftler François Meyer.

Professor Meyer ist ein Forscher, der sich auf Abläufe der weltweiten Entwicklung und des langfristigen Wachstums spezialisiert hat. Ausgebildet in Frankreich, arbeitete er in Chile und Deutschland, bevor er in das Institut für politische Studien in Aix-en-Provence eintrat. Als ich ihn in Paris kennenlernte, erzählte er mir von seiner Enttäuschung darüber, daß es ihm nicht gelingen wolle, seine Kollegen in Europa zur Anerkennung einiger beunruhigender Tatsachen zu bewegen. Was ihm am meisten Sorgen mache, sei, so sagte er, daß man noch immer Vorhersagen treffe, die sich auf überholte oder ungenaue Modelle des Weltwachstums stützten. Beispielsweise gab das Social Affairs Department der Vereinten Nationen 1951, 1954, 1958 und 1966 vier Untersuchungen über Vorhersagen zum Bevölkerungswachstum heraus. In allen Fällen lag man unter den realen Werten. Meyer war der Ansicht, daß die Diskrepanzen mit der technologischen Explosion zusammenhingen.

1951 rechnete die UNO damit, die Weltbevölkerung werde im Jahr 1980 zwischen 2,7 und 3,3 Milliarden Menschen umfassen. 1954 wurden die Zahlen auf realistischere 3,8 bis 3,8 Milliarden angehoben, 1958 erneut auf 3,6 bis 4,0 Milliarden. 1966 betrug die *tatsächliche*

Weltbevölkerung schon um die 3,0 Milliarden und war auf dem Weg zu 3,5 Milliarden weit fortgeschritten, aber die Experten sahen noch immer eine *Maximal*bevölkerung für 1980 von 4,4 Milliarden voraus. Die tatsächliche Zahl für 1977 lag über 4,12 Milliarden und wuchs mit einer Schnelligkeit, die über den Spitzenbereich dieser Werte hinausgehen mußte. Im März 1980 gab der Environmental Fund, der in der Innenstadt von Washington auf einem elektronischen Display den laufenden Stand der Weltbevölkerung mit 4,5 Milliarden und eine jährliche Zunahme um 90 Millionen Menschen bekannt.

Dieser schlichte Vorhersageirrtum sei, wie Meyer mir erklärte, Anlaß zu ernster Sorge. Der Grund: Die meisten Theorien über Weltentwicklung gehen von einer geometrischen Progression der Wachstumsraten aus, und die Planung aller staatlichen und industriellen Organisationen hält sich an diese Theorie. Der berühmte Club of Rome legte sie seinem Bericht *Die Grenzen des Wachstums* zugrunde. Die Feststellungen dieser Gruppe waren zwar hochdramatischer Art, ihre Schlüsse hinsichtlich der «Grenzen des Wachstums» stehen jedoch in Widerspruch zur Realität und unterschätzen sie wohl ganz erheblich. Was Meyer und mehrere seiner Kollegen festgestellt haben, ist, daß das Wachstum viel schneller abläuft als in geometrischer Progression: es ist hyperbolisch. Hier ist nun nicht der Ort für einen mathematischen Lehrgang, aber ein paar Hinweise auf die Algebra in der Oberschule werden dem Leser zeigen, warum die Folgerungen ernster Natur sind.

Eine geometrische Progression steigt zuerst langsam und beschleunigt dann enorm, weil jeder neue Wert eine mathematische *Potenz* darstellt, die auf der Zeit beruht. Obwohl diese Kurve sehr schnell ansteigt, verläuft sie glatt und ohne Unterbrechung. Durch die Wahl eines angemessenen Maßstabs kann sie stets so dargestellt werden, als sei sie zu bewältigen.

Die meisten Zukunftsprojektionen von Bevölkerung und Technologie werden so dargestellt, nichtsdestoweniger wollen die realen Werte oft nicht auf die projizierte Linie fallen. François Meyer zufolge ist die Kurve in Wahrheit eine Hyperbel. Das bedeutet, daß ab einem bestimmten Jahr die Kurve senkrecht ins Unendliche hinaufsteigt.

Trotz der Bedeutsamkeit dieser Beobachtungen für künftige Vorhersagen konnte die Gruppe, die diese Ergebnisse erzielte, in Frankreich kein ernsthaftes Publikum finden. Man mußte sie, um Forscher in anderen Ländern darauf aufmerksam zu machen, auf Englisch veröffentlichen. Da einige meiner Beobachtungen von Informationssystemen Meyers Arbeit ergänzend bestätigen, beschlossen wir, den Versuch zu unternehmen, einen gemeinsam verfaßten Artikel in den USA zu veröffentlichen. Das führte zu einem recht unterhaltsamen, aufschlußreichen Abenteuer, in dessen Verlauf wir einige ernste Denksperren entdeckten. Sie hinderten Wissenschaftler – die sogenannten Zukunftsforscher eingeschlossen – daran, der Realität ins Gesicht zu sehen, die sich in der Computertechnik darstellte.

Die Tatsache, daß die Bevölkerung schneller wächst, als die üblichen Modelle das vorhersagen, ist von vielen internationalen Experten neben Meyer erkannt worden. André Cailleux, Julian Huxley und andere haben darauf hingewiesen, daß Exponentialkurven die Daten nicht erklären. Von Foerster, ein amerikanischer Wissenschaftler an der University of Illinois in Urbana, stellte unabhängig von Meyer fest, daß der konkrete Punkt der Diskontinuität bei der Hyperbel im Jahr 2026 (bei einer Fehlerquote von fünf Jahren) liegt. Kaplan, der mit eigenen Daten arbeitete, legte ihn in das Jahrzehnt um 2020 bis 2030. Es ist wichtig, herauszufinden, ob diese Explosion nur eine neue Erscheinung oder aber eine Folge der ständigen Entwicklung der menschlichen Gattung ist. Dazu beschaffte von Foerster Daten aus dem Beginn der christlichen Zeit, der Franzose André Cailleux ging zurück bis zur älteren Steinzeit.

Im Verlauf der Geschichte ist das Wachstum der Bevölkerung in *bestimmten geographischen Gebieten* stark herabgesetzt worden. Beispielsweise nahm die Bevölkerung von Westeuropa zwischen dem Römischen Reich und dem 17. Jahrhundert sogar *ab*. Später erholte sie sich und wuchs sehr stark, während sie heute zum Nullwachstum neigt. Die Weltbevölkerung hat diese lokalen Abweichungen nicht mitgemacht, und zwar so wenig, daß die industrielle Revolution in der Kurve der Weltbevökerung nicht einmal eine Delle verursacht.

Als wir diese Beobachtungen zusammen mit einer möglichen Erklärung des Prozesses der Zeitschrift *Science*, dem offiziellen Organ der American Association for the Advancement of Science und mehreren Fachleuten vorlegten, wurde unser Manuskript einstimmig zurückgewiesen. «Wissen Sie nicht», so fragten die Autoritäten, «daß das Wachstum exponentiell sein MUSS und außerdem einer s-förmigen Kurve zu folgen HAT?»

Man bezog sich auf die wohlbekannte Tatsache, daß in einer Umwelt begrenzter Ressourcen die Bevölkerungsgröße stets in geometrischer Progression anwächst, eine hohe Stufe erreicht und sich dann bei einem Höchstwert stabilisiert. Das gilt für Bakterien im Labor und für Präriewölfe in der Wildnis. Die Faktoren, die das Wachstum jeder Tierbevölkerung zur Verlangsamung zwingen, sind zunehmende Konkurrenz, zunehmend verschlechterte Bedingungen und ein Abnehmen der Überlebensrate. Das ist in der Biologie der Fall, und da die Menschheit biologisch ist, muß es bei ihr genauso sein, nicht wahr? Aus diesem Grund MUSS das ganze menschliche System auf diesem Planeten irgendein Gleichgewicht mit den Umweltressourcen erlangen. Alle Fachleute, vom Sierra Club bis zum Club of Rome, haben diese schlichte Wahrheit wiederholt.

Dieses Konzept eines «unmittelbar bevorstehenden» Gleichgewichtszustands für die Menschheit ist unter Demographen so eingewurzelt, daß sie immer wieder die magische Zahl M entdecken, die maximale Zahl der menschlichen Bevölkerung. So teilte Pearl 1930 mit, die Bevölkerung werde sich 1950 auf rund 2,15 Milliarden einpendeln. 1954 erklärte Notestein, der Höchstwert liege bei 3,3 Milliarden, während Woytinski 1953 von 4,0 Milliarden sprach. Wie ich vorhin schon erwähnte, erreichte die Weltbevölkerung im März 1980 4,5 Milliarden und stieg immer noch raketengleich in die Höhe.

Das Problem bei der Analogie zu Bakterien- oder Präriewolfpopulationen besteht laut Meyer darin, daß es einen wichtigen Unterschied zwischen homo sapiens und anderen biologischen Gruppen gibt. Dieser Unterschied heißt *Technologie* oder vielmehr aufeinanderfolgende *Wellen* menschlicher Technologie. Genauer: Meyer und seine Kollegen stimmen darin überein, daß jede Technologie für sich allein genommen in einer s-förmigen Entwicklungskurve verläuft, eine neue Form von Technologie aber stets imstande ist, stafettenartig an eine alte anzuschließen, wenn diese ihre Gipfelhöhe erreicht hat. Demzufolge ist die Gesamttendenz (auch «Hüllkurve» genannt) dieser Kurven *zusammengenommen* hyperbolisch und nicht exponentiell und erreicht keine abgeflachte Hochstufe wie eine s-förmige Kurve.

In der gleichen Weise ist die Zahl der Personen, die durch eine bestimmte Anbaufläche ernährt werden können, rapide gewachsen, weil die Technik die Art der Beziehung zwischen Überleben und Ressourcen ständig verändert. Man nehme eine Fläche, die vor drei Millionen Jahren einen Menschen ernährte, als er Früchte sammelte und auf die Jagd gehen mußte. Nach dem Aufkommen primitiver Landwirtschaft und der Zähmung von Haustieren konnte dieselbe Fläche zehn Menschen ernähren. Als die Hacke weite Verbreitung gefunden hatte, vermochte diese Fläche 1000 Menschen zu versorgen. Nach der Erfindung des Pflugs verfünffachte sich diese Zahl. Mit den heutigen Düngemitteln und mechanisierten Arbeitsmethoden vermag das Land, das vor drei Millionen Jahren einen Menschen versorgte, jetzt 10000 Menschen zu ernähren. Es gibt auch keinen Hinweis darauf, daß wir bei den technologischen Strategien, die für das Überleben zur Verfügung stehen, einen Scheitelpunkt erreicht haben. Meyer geht davon aus, daß die Technik vielmehr die Überlebensfähigkeit der Menschheit erhöht (ein Gedanke, der auf andere Gattungen nicht anwendbar ist). Größere Menschenmassen bedeuten ihrerseits mehr geistige Potenz, mehr verfügbare Arbeitskräfte, erhöhte Kreativität, also mehr Technologie. Das ist der *Rückkopplungs*mechanismus, der das Weltwachstum beschleunigt.

Das Phänomen der Stafettentechnologien läßt sich auf mehreren entscheidenden Gebieten feststellen. Ein Beispiel: Das Maß der dem Menschen verfügbaren Energie vom Esel bis zur Rakete über die Stufen Wassermühle, Windmühle und Watts Dampfmaschine verläuft hyperbolisch (Abbildung 5). Ebenso ist es bei der Geschwindigkeit von Fahrzeugen: Jeder aufeinanderfolgende Typ von Transportmaschine (Postkutsche, Eisenbahn, Automobil, Propellerflugzeug, Düsenflugzeug, Rakete) hat seine eigene s-förmige Kurve beschrieben und seinen eigenen Plafond gefunden, während stets die nächste Technologie bereitstand, um dort weiterzumachen, wo die alte aufhörte. Die langfristige Tendenz wird durch die *Hüllkurve* aller dieser Teilkurven angezeigt (Abbildung 6).

Wenn wir zur Informationstechnologie kommen, wird das Wachstumsmuster durch die Einführung des Computers bereits verzerrt. Abbildung 7 zeigt die Zahl der Satzlettern pro Stunde, als Handarbeit

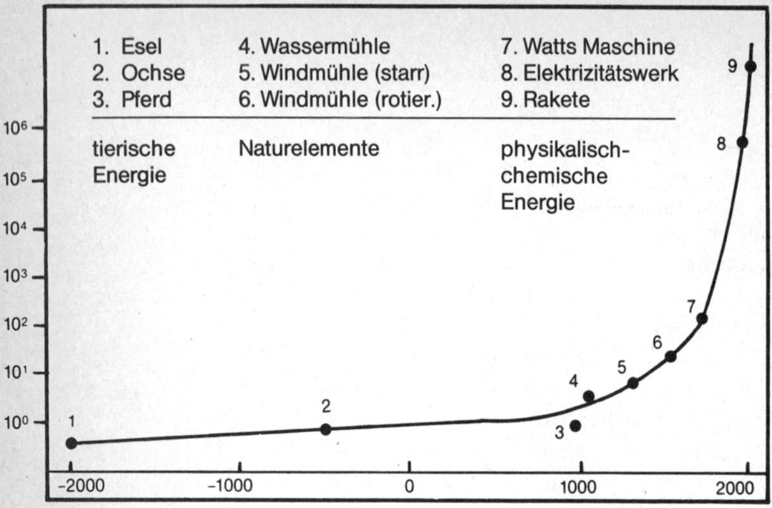

Abbildung 5: Maß der verfügbaren Energie für die Menschheit

durch mechanisches Satzverfahren, Setzmaschine, Lichtsatz und rechnergestützten Satz ersetzt wurde. Nach diesem Maßstab ist die Kurve nun fast senkrecht geworden.

Überdies gibt es einige Hinweise darauf, daß die Technik rascher fortschreitet als die biologische Evolution. Das scheint für die einzige Periode zu gelten, bei der wir präzise Daten für beide haben, nämlich die Vorgeschichte. Zeichnen wir mit einer Kurve die Entwicklung einer Steinzeit-Technik nach, in diesem Fall die Produktion von Faustkeilen, und markieren wir an derselben Kurve das Wachstum des menschlichen Schädelvolumens, so stellen wir fest, daß die zweite Kurve (die biologische) einen Plafond erreicht hat, während die erste (die technische) weitergeklettert ist. Andere Wissenschaftler waren bereits zu ähnlichen Schlußfolgerungen darüber gelangt, daß die Technik sich schneller entwickelt als die Biologie. 1975 schrieb Loren Eisely: «Unsere Technik überholt unsere Fähigkeit, unsere riesigen Stadtkomplexe zu meistern ... Wir haben eine biologische Abflachung erreicht. Wir verwenden die Technik mit einem aggressiven

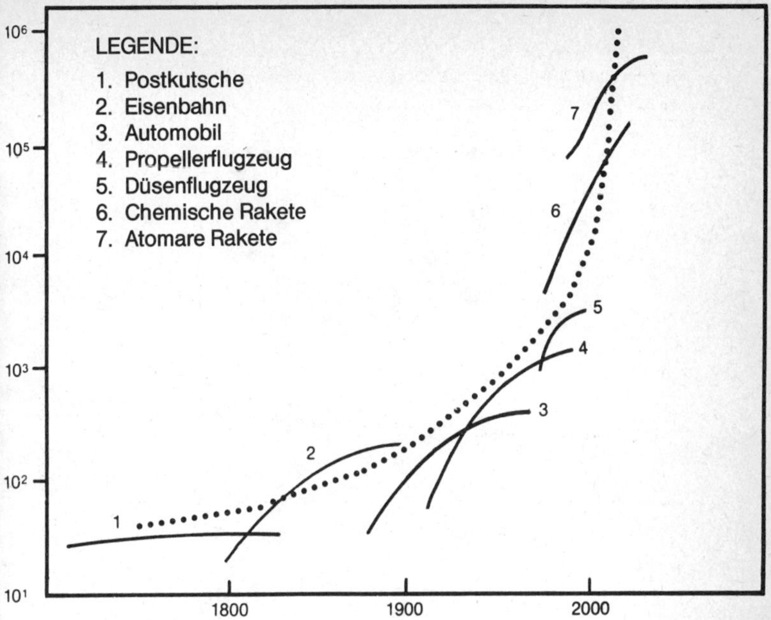

Abbildung 6: Geschwindigkeit von Fahrzeugen.

Gehirn, das sich in den vergangenen 50000 Jahren biologisch nicht verbessert hat.»

Anhand unserer eigenen Daten wiesen Meyer und ich darauf hin, daß die überaus rasche Entwicklung von computergestützten Medien eines der Großereignisse der Geschichte sein muß, eine Folge ihrer großen Auswirkung auf die Überlebensfähigkeit der menschlichen Rasse. Der Computer, so argumentierten wir, werde die Entwicklung der Spezies von Grund auf verwandeln und beschleunigen. Unser Versuch jedoch, diese scheinbar schlichte Beobachtung zu veröffentlichen, führte zu einem Aufruhr.

Zunächst wurde unsere Arbeit von der Zeitschrift *Science* entschieden abgelehnt. Ein Kritiker war bei der Lektüre des Manuskripts so wütend geworden, daß er ganze Sätze mit rotem Stift durchstrich,

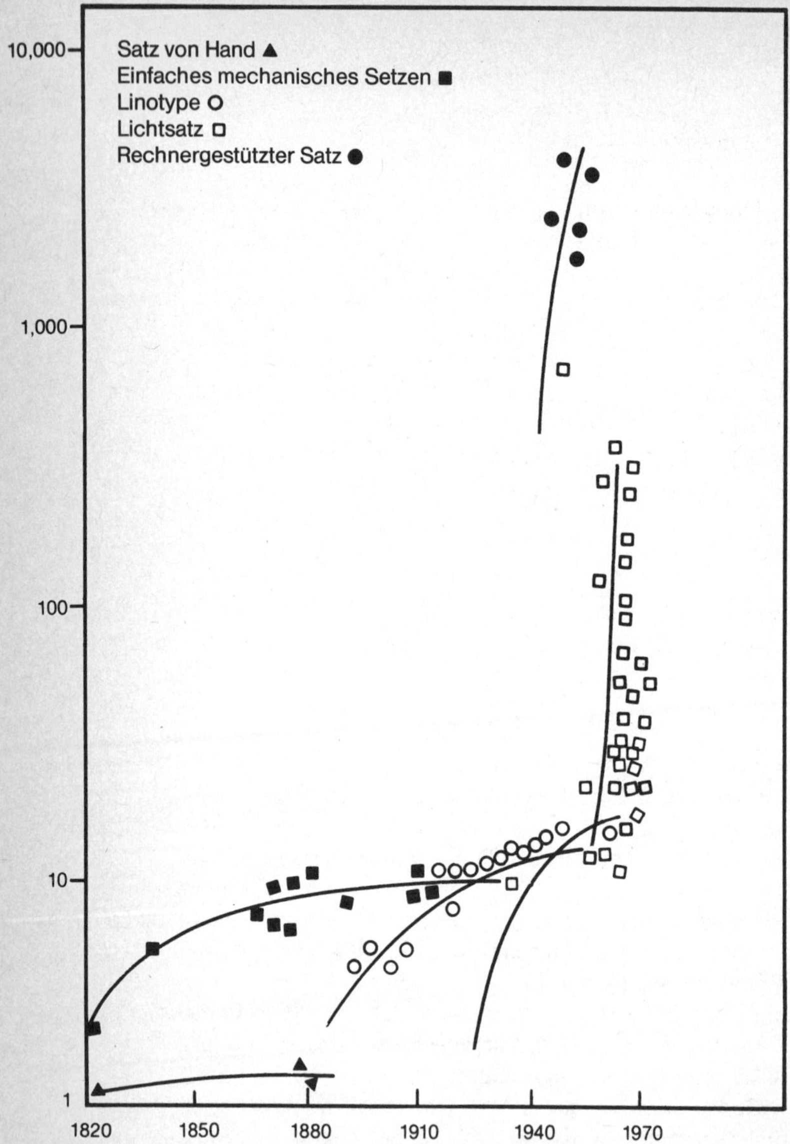

Abbildung 7: Zahl der Lettern, die pro Stunde gesetzt werden. Die Hülle der Kurve wird fast vertikal.

Randnotizen über die «offenkundige Tatsache» anfügte, daß das Wachstum eine s-förmige Kurve zu beschreiben HABE, und Rufzeichen im Text verstreute. Ein zweiter Kritiker, etwas weniger jähzornig, blieb ebenso entschieden dabei, daß unsere Attacken auf die Heiligkeit des «Großen S» von der Zeitschrift nicht angenommen werden dürften.

Ohne in unserem Manuskript die geringste Veränderung vorzunehmen, schickten wir es an eine fachlich stärker spezialisierte Zeitschrift, das *Journal of Technological Forecasting and Social Change*. Wir rechneten damit, wieder eine Absage zu erhalten. Zu unserer großen Überraschung wurde die Arbeit von den Kritikern angenommen, Leute vergleichbaren Kalibers wie bei *Science*. Diese widersprüchlichen Reaktionen auf unseren Artikel sagen viel aus über das geistige Klima, in dem Planungsbemühungen und weitreichende Entscheidungen entstehen. Wie kann derselbe Gedanke, gestützt auf bekannte Fakten und entwickelt in einem wohlfundierten Fach, von einer wissenschaftlichen Gruppe rundweg abgelehnt und von einer zweiten angenommen werden?

Als Fußnote zu seiner Zusage schrieb der Herausgeber von *Technical Forecasting*, selbstverständlich könne die Weltbevölkerung niemals auch nur theoretisch unendlich groß werden, weil die Erde selbst begrenzt sei und jede Frau nur eine endliche Zahl von Kindern bekommen könne. Diese Bemerkung ist ungewollt ironisch, da sie von einem Zukunftsforscher stammt, der aufgeschlossen genug war, eine Arbeit über hyperbolisches Wachstum zu veröffentlichen. In Wahrheit spricht manches dafür, daß keines dieser Argumente zutrifft, weil die Wissenschaft bereits bewiesen hat, daß die Überlebensfähigkeit der Menschheit nicht auf die Ressourcen der Erde beschränkt ist und Kinder nicht mehr von Frauen geboren werden müssen. Retortenbabies und Siedlungen im Weltraum sind nicht länger Ideen der Science Fiction, sondern technisch machbar.

Es ist aber nicht Meyers oder meine Absicht, zu unterstellen, die menschliche Entwicklung zwischen heute und dem Jahr 2026 werde durch die Technik bis zu dem in den Kurven angezeigten Punkt beschleunigt werden. *Jede* Vorhersage eines unendlichen Wachstums in einer endlichen Zeit ist absurd. Die thermodynamischen Eigenschaften dieses Planeten werden bald Beschränkungen auferlegen, falls

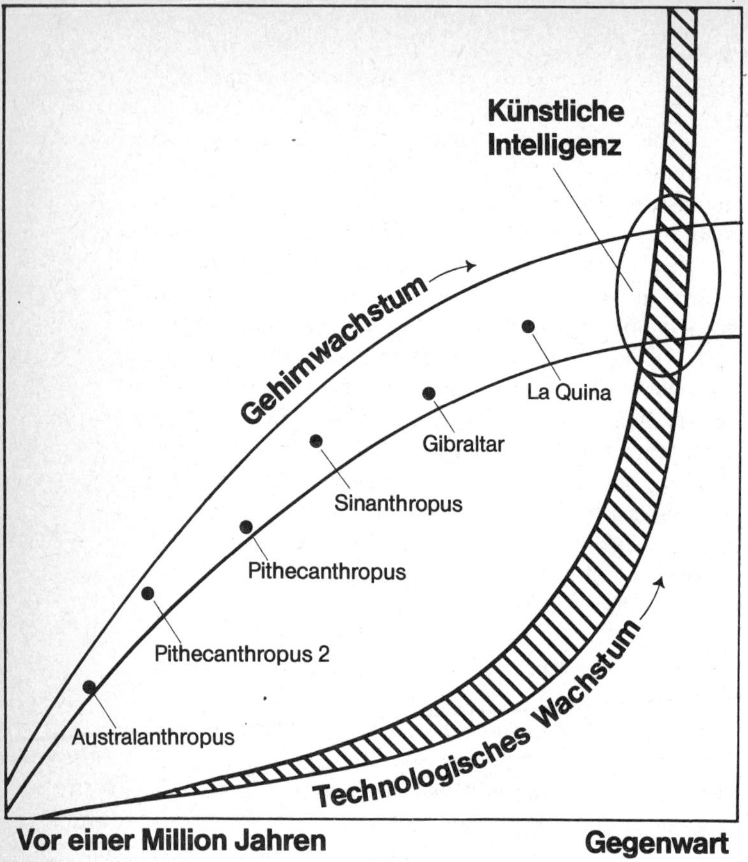

Abbildung 8: Die Technik entwickelt sich schneller als die Biologie.

nicht ein großer Prozentsatz an Energieproduktion und -verbrauch im Weltraum stattfindet.

Was bedeuten also diese Kurven? Einfach dies: Die Entwicklung des Menschen wird sich nicht unter dem Einfluß der gewöhnlichen Beschränkungen der Umwelt verlangsamen, nicht, nachdem sie seit drei Millionen Jahren in einer gleichmäßig ansteigenden Kurve verlaufen ist. Was wir für die nächste Generation voraussehen können (unsere Kinder, *nicht* unsere Enkelkinder), ist eine bedeutsame Diskontinuität, die sich durch Veränderungen in Politik und Bevölkerung ausdrücken kann, durch Emigration in den Weltraum oder vielleicht durch Wandel in Glaubenssystemen und menschlichem Sozialverhalten. Selbst wenn sie nicht die äußersten Schrecken eines Atomkrieges umfassen, *werden diese Veränderungen mit nichts Vorangegangenem vergleichbar sein*, und der Computer steht in der Mitte dieses Prozesses: Auch wenn wir alle anderen Beschleunigungsfaktoren bedenken, die hier erwähnt wurden, die Beschleunigung der Computertechnologie ragt auf krasse Weise heraus. Sie deutet daraufhin, daß die Menschheit in der Lage sein könnte, die nächste Stufe intelligenter Wesen zu *bauen*, lange bevor die Natur fähig ist, sie zu *entwickeln*.

Alle diese Dinge führen mich zu dem Gedanken, daß wir in den nächsten Jahren mehrere neue Wissenschaftsfächer brauchen werden. Das eine ist die Wissenschaft der angewandten Untersuchung von *Strukturen*, ein zweites eine Wissenschaft des Apokalypsenmanagements, die Kunst, dem Unausweichlichen so gut wie möglich auszuweichen.

In einem seiner köstlich witzigen Essays mit dem Titel «Über Fortschritt und Vorsehung» schlägt der italienische Wissenschaftler C. Marchetti eine neue Definition der Wissenschaft vor: «Die Erforschung der Außenwelt durch ein Informationssystem mittels Mutation und Selektion.» Mit *Mutation* meint er eine leichte Veränderung im Informationsmuster des Systems, mit *Selektion* einen Prozeß der Prüfung darauf, wie gut das Informationssystem der Außenwelt angepaßt ist. Dieselbe Definition erfaßt natürlich auch die Technik. Marchetti analysiert weiter die Beziehung der Wissenschaft zum mittelalterlichen Europa und der daraus hervorgegangenen Wissenseruption: «Die Folgen stehen uns vor Augen: Ein explosives Wachstum in Aktivität, Reichtum und Macht, die Technologen von der Erregung des eigenen Spiels so gepackt, daß sie keinen Augenblick Zeit finden, über Maß und Angemessenheit ihres Handelns und über die zerbrechlichen metaphysischen Prämissen nachzudenken, die alle ihre Bauwerke tragen.»[17]

Ein Kollege namens Pete verschaffte mir Gelegenheit, Tätigkeit wie Prämissen meiner Beschäftigung mit Computern ebenso zu beobachten wie einige Auswirkungen der Technologie auf vorhandene Kulturen, als er mir einen ungewöhnlichen und vollkommen harmlosen Job als Doppelagent anbot. Wir arbeiteten damals beide bei RCA. Pete war als Fachmann für Meta-Compiler der zuständige Mann für Normen. Er stakte mit wütendem Gesicht in mein Büro und bat dringend um Hilfe. Offenkundig war er böse auf die Franzosen, weil sie in ihrer Sorge um die Bewahrung der französischen Sprache jetzt darauf bestanden, daß alle internationalen Normen vollständige französische Ausdrücke und Definitionen enthalten mußten.

Seit 1946 waren die USA weit und breit die produktivsten Urheber von Computersprachen-Terminologie gewesen. Manche Nationen, wie etwa Japan, haben sich auf pragmatische Weise damit abgefunden, phonetische Annäherungen des amerikanischen Jargons in ihre Sätze einzufügen. Andere, wie Großbritannien, standen hilflos vor der ständigen Verhunzung der englischen Sprache durch Ingenieure «von drüben». Als britische und amerikanische Definitionen aufeinanderprallten, einigte man sich darauf, daß letztere gültig sein sollten, obwohl es einen denkwürdigen britischen Aufstand gab, um die Verwendung eines US-Ausdrucks zu verhindern. Der Zusammenstoß, der sich während einer Diskussion der internationalen Normen für Atomreaktoren ergab, betraf die Nottaste, die der Bedienungsmann im Katastrophenfall drücken sollte. In den USA sagte man dazu SCRAM-Button. Die Briten fanden den Namen abscheulich und wollten die Taste Emergency Power Cut-off (Notfall-Ausschaltvorrichtung) nennen. Die Amerikaner setzten sich schließlich durch, als sie nachwiesen, daß man so viel auf dem roten kleinen Knopf nicht unterbringen konnte.

Als Pete an mich herantrat, hatte die International Standards Organization (ISO) gerade die Herausgabe einer zweisprachigen Terminologienorm für *Telefonie* abgeschlossen. Da die Franzosen eisern auf exakten Übersetzungen in ihre Sprache bestanden, hatte die Arbeit vierzehn Jahre in Anspruch genommen! Die amerikanische Computerindustrie, die viel schneller gewachsen war als die Telefonindustrie, gedachte sich nicht auf eine ähnliche Behinderung einzulassen. Sie brauchte eine internationale Norm, die in den USA verwendet werden konnte, aber der internationale Ausschuß war bei den Definitionen ständig festgefahren. Am Kopfende des Tisches saß unbewegt ein französischer General. Er pflegte Vorschläge für neue Definitionen zu blockieren, weil die französische Delegation keine ausreichenden Übersetzungen hatte: sie mußte nach Hause fahren und daran arbeiten. Da die vollständige internationale Gruppe sich im Jahr nur einmal traf, ging das in der Tat äußerst langsam. Pete wünschte, daß ich der US-Delegation beitrat und mithalf, die Definitionen vorzubereiten. Wenn die internationale Sitzung stattfand, sollte ich hinter der US-Flagge sitzen und darauf warten, daß der General erklärte: «Ouier gönnen diss Definission nischt akseptieren, hweil sie sisch nischt ins Französisch übertragänn lähst.» Petes Doppelagenten-Plan zufolge war das mein Stichwort, hinter den Stars und Stripes aufzustehen und um die Erlaubnis des Vorsitzenden nachzusuchen, die Definitionen zu verlesen, die wir schon in seiner eigenen Sprache erarbeitet hatten.

Und das klappte wirklich so, mit einem sehr komischen Ergebnis. Der General war zunächst überaus wütend, kam aber langsam zur Vernunft, nahm unsere Vorschläge an und dachte angestrengt über einen Gegenangriff nach. Im folgenden Jahr saß hinter der französischen Flagge ein Amerikaner von IBM Frankreich. Sobald es Schwierigkeiten gab, baten wir beide um Entschuldigung, gingen in eine Bar auf der anderen Straßenseite und lösten das Problem bei einem Glas Bier. Es kam zu beträchtlichen Fortschritten auf dem Weg zu einer Terminologienorm, die für alle Länder akzeptabel war.

Nach diesem ersten Erlebnis mit der Arbeit von ISO war ich verblüfft darüber, daß die Menschen so uneinig sein konnten über die Definition von Ausdrücken, die jedermann schon seit Jahren verwendete. Wir erfanden nichts Neues, wir formulierten ganz einfach die Fakten in einer so simplen und prägnanten Definition wie nur möglich, so daß staatliche Aufträge, Gesetze und Angebote überall in der gleichen Form verstanden werden konnten. Das bedeutete undankbare und lange Arbeitsstunden, und wenn die Norm fertiggestellt war, gab es keine Anerkennung, niemandes Namen stand auf dem Einband, nur das machtvolle Siegel des National Bureau of Standards. Und dieses Siegel bedeutete ferner, daß ein Unternehmen sich nicht mit Erfolg um irgendeinen staatlichen Auftrag bewerben konnte, wenn es nicht die genaue Bedeutung der normierten Ausdrücke kannte und sich daran hielt. Das erlegte den rund zwanzig Spezialisten, die im Laufe der Jahre an den Hunderten von Definitionen im Normbereich mitarbeiteten, eine schwere Verantwortung auf. Es versetzte sie auch oft in eine Lage, wo es nicht um bloße technische Begriffe ging, sondern um kulturelle Anschauungsweisen und philosophische Standpunkte. Und diese Augenblicke waren belehrend, weil sie zeigten, wie die neue Technologie die vorhandenen Strukturen menschlichen Denkens sprengte.

Die erste dieser Explosionen, die ich miterlebte, betraf die Definition des Begriffes «Sprache». Bei einer Sitzung in Washington einigten wir uns provisorisch darauf, eine Sprache, eigentlich ein unschuldiges Wort, wie es damals schien, sei «Eine Folge von Zeichen, möglicherweise dargestellt als Symbole, und dazu verwendet, Information zu vermitteln».

Zur Gruppe gehörte ein italienischer Sprachforscher, und auch zwei der amerikanischen Delegierten waren Fachleute. Das Problem tauchte auf, als wir *künstliche Sprachen* (die Computer verwenden) von natürlichen Sprachen wie Englisch und Französisch zu trennen versuchten.

Wir waren uns darin einig, daß natürliche Sprachen aus menschlichem Gebrauch entstanden, während künstliche Sprachen auf Maschinen beruhten, konnten es aber nicht so definieren. Wenn die bloße Tatsache der Verordnung einer Sprache sie zu einer künstlichen machte, würde Esperanto als eine künstliche Sprache definiert werden müssen, was die Computerfrage noch mehr verwirrte. Ich legte das folgende Problem vor: Zwei Computer verschiedener Herkunft, beide ausgerüstet mit einem Kommunikationsgerät, werden in einen Raum gestellt, in dem sich kein menschliches Wesen befindet. Sie sind darauf programmiert, Kontakt mit ihrer Umwelt aufzunehmen, bei künstlicher Intelligenz ein zunehmend gängiges Merkmal. Nach einigen Vorbereitungsschritten würden wir damit rechnen, daß die Computer einige Signale austauschen, den Kontakt bestätigen und ein gemeinsames Protokoll erarbeiten, um Mitteilungen zu senden und zu empfangen. Schließlich würden sie gemeinsam eine Kommunikationsstruktur definieren, die sie beide verstünden. «Wäre diese Sprache natürlich oder künstlich?» fragte ich.

Der Sprachforscher dachte lange Zeit nach, stand auf, ging hin und her und sagte zuletzt: «Natürlich.»

Bei diesen kleinen Zwischenfällen stießen die kartesischen Europäer und die pragmatischen Amerikaner häufig zusammen, aber ihre unterschiedliche Auffassung wurde mir nie dramatischer vor Augen geführt als bei der nächsten Normenausschußsitzung. Sie fand in Berlin statt, und ich war gebeten worden, die Sitzung über Software-Terminologie zu leiten. Englische und französische Definitionen waren schon vorbereitet. Eine größere japanische Gruppe war ebenso zur Stelle wie Vertreter aus Italien, Großbritannien und Deutschland.

Sofort, als wir die erste Definition verlasen, gab es Schwierigkeiten. Die Deutschen boten eine sorgfältig durchdachte Alternative zum ursprünglichen Text. Wir schlossen einen Kompromiß. Beim zweiten Ausdruck gab es eine ähnliche Auseinandersetzung, ebenso beim dritten. Die Franzosen verteidigten inzwischen hitzig die Urdefinitionen. Ich versuchte dem Problem auf den Grund zu kommen und bat die deutsche Delegation, ihre Einwände gegen uns vorzutragen. Der Leiter ihrer Gruppe ergriff das Wort. Er sei ein großer Bewunderer und Anhänger von Wittgensteins Philosophie, sagte er. Er sei entschieden der Meinung, jede technische Definition müsse für jeden Teil eines Systems zwischen der *physischen Einheit* und der *funktionellen Einheit* unterscheiden. Zum Beispiel könne das Lenkrad eines Autos danach definiert werden, wie es gebaut und am Fahrzeug befestigt sei, oder aber in den Begriffen, was geschieht, wenn man es benutzt. Die beiden Prinzipien müßten, so erklärte er, bei jeder guten Erläuterung deutlich getrennt werden. Er verlangte, daß wir dieses Prinzip auf alle zu behandelnden Ausdrücke anwendeten. Die Franzosen hoben in verblüffter Empörung die Hände; wir hatten an diesem Tag 200 Begriffe zu behandeln. Dabei hatte der deutsche Professor in der Tat einen wichtigen Punkt getroffen. Teilweise stand ich auf seiner Seite, weil mir in Europa beigebracht worden war, daß ein Wissenschaftler das, was er tut, allgemein verstehen und einen philosophischen Rahmen dafür finden muß, bevor er sein Wissen auf einen speziellen Fall anwenden kann. Auf der anderen Seite hatte sich der größte Teil meiner praktischen Erfahrung mit Computern in den pragmatisch eingestellten Vereinigten Staaten ergeben, wo keiner sich auch nur einen Deut um philosophische Wahrheit schert, solange ein Ding läuft, und wo tieferes Verständnis künftigen Generationen überlassen wird: In Amerika folgt die Philosophie der Praxis, in Europa geht sie ihr voraus. Ich war zwischen den beiden Systemen hin- und hergerissen.

Die Frustration, die wir erlebten, war um so ärgerlicher, als die Wörter, die wir zu definieren versuchten, wohlbekannte, übliche Computerausdrücke waren: Internspeicher, Externspeicher, Adresse. Dann kam ich auf einen Test für unsere Meinungsverschiedenheiten. Ich fragte den deutschen Professor, wie er zwischen physischer Einheit und funktioneller Einheit bei der Definition «virtual memory» unterscheiden wolle – einer Methode, die es einem modernen Computer ermöglicht, eine viel größere Datenmenge zu behandeln, als er bereits in seinem reellen Speicher aufbewahrt. Von einem virtuellen Speicher wußte Wittgenstein noch nichts. Das war eine typisch amerikanische Erfindung, entstanden einfach aus der Erfahrung des Alltags, und trotzdem reichte sie hinaus über die philosophischen Strukturen, die für die anderen Tageswissenschaften ausreichend waren.

Die Sitzung wurde zur Mittagspause unterbrochen, und der deutsche Delegierte, der herzleidend war, erschien am Nachmittag nicht mehr. Ich habe nie erfahren, was Wittgenstein mit der Idee des virtuellen Speichers angefangen hätte. Was ich erfuhr, war dies: Die Computer zwingen uns in ein Zeitalter, in dem wir möglicherweise zu handeln haben, bevor wir die Folge des Handelns verstehen, und diese Lektion beunruhigt mich.

Ich erlebte diesen oberflächlichen Sieg als eine persönliche Niederlage, den Verlust eines Glaubens an Prinzipien, die zu bewundern ich gelernt hatte. Ich hatte das Gefühl, mich in einer Situation zu befinden ähnlich der eines Arbeiters, den ich kenne, in Paris bei einem Freund von mir beschäftigt, der häufig die Maschinen instandsetzt, die im Labor meines Freundes herumstehen. Als ein besonders komplizierter Apparat aus Amerika kaputtging, erbot sich der alte, als Mechaniker hocherfahrene Arbeiter, das gebrochene Teil zu reparieren oder ein neues herzustellen. Als er am nächsten Tag wiederkam, hatte er Tränen in den Augen. «Das ist das erste Mal in meinem Leben, daß ich zugeben muß, etwas nicht machen zu können. Dieses Teil, Monsieur, ist nicht von einem Menschen gemacht worden!» Das Ding, das er in der Hand hielt, war gefräst worden von einem computergesteuerten Werkzeug, wobei der Fräswinkel sich als Funktion des Fräsvorgangs hatte verändern müssen. Mehr als die Furcht davor, seine Geschicklichkeit überholt zu sehen, hatte der Arbeiter den Schrecken der Erkenntnis erlebt, daß der Mensch die vom Computer erzeugte Perfektion nicht einmal nachahmen konnte.

Die Maschinen, so dachte ich an jenem Tag in Berlin, rückten für unsere Sprache zu schnell vor und schufen zu viele neue Begriffe für die Kulturen, die sie beherbergten. Das war die Art von Beschleunigung, die zu tolerieren und in sich aufzunehmen Amerika lernen mag, die aber ältere Kulturen nur um den Preis ihrer Gesellschaftsstrukturen und Denkweisen würden mitmachen können. Was der weiße Mann den Indianern angetan hat, tat der Computer den Kulturen Europas an: Die Technik beschleunigte sich und verbrannte dabei das gesellschaftliche Fundament, auf dem sie stand.

Inmitten des ganzen düsteren, falschen Geredes über den Niedergang Amerikas ertappte ich mich bei dem ernsthaften Gedanken, daß die Vereinigten Staaten in Wahrheit an der Schwelle zu ihrem größten Sprung vorwärts standen, ermöglicht durch die einzigartige kulturelle und wirtschaftliche Struktur dieses Landes. Dieser gewaltige Sprung wird sich ergeben aus der Entstehung von Multipersonen-, Multigruppen-Kommunikationssystemen, die Computernetze möglich gemacht haben. Zu Beginn mag es schwierig sein, diesen Sprung in klassischen wirtschaftlichen Begriffen zu messen. Beispielsweise könnte zunehmender Gebrauch «elektronischer Bürgersteige» als Form der Wechselwirkung zwischen Personen in verschiedenen Teilen des Kontinents das Reisebedürfnis verringern und die Zahl der in den späten achtziger und neunziger Jahren dieses Jahrhunderts unternommenen Geschäftsreisen reduzieren, was dem Anschein nach das Bruttosozialprodukt zurückgehen lassen würde. Das Bruttosozialprodukt ist aber kein Maß nützlicher Tätigkeit. Es mißt *alles* an Tätigkeit, gut und schlecht, produktiv und schädlich. Die unsichtbaren Informationssysteme, die wir schaffen, werden heute noch unvorstellbare Fortschritte an Kreativität und Produktivität mit sich bringen.

Während Amerika von diesen Erfindungen profitieren wird, scheinen andere Länder alles zu tun, was sie können, um ihre Fähigkeit, von denselben technischen Vorteilen zu profitieren, zu untergraben. Beispielsweise hat in jedem europäischen Land das Aufkommen von Netzen die Postbehörden veranlaßt, ihre Kommunikationsmonopole durchzusetzen. Sie haben die Herrschaft über die Netze ergriffen und gegen die erste Technologie, die Europa wahrhaft vereinigen könnte, absurde nationale Schranken errichtet. Die Europäer haben ihre Zölle erhöht, um die Ausbreitung der Computernetze zu verlangsamen, bis jedes Land seine eigenen entwickeln und vermarkten konnte. Als diese Netze vorgestellt wurden, erwiesen sie sich als so umständlich und für ihre Benutzer unpraktisch, daß realistische Anwendungen in schwerwiegender Weise verzögert wurden.

In der kommunistischen Welt und ebenso auf dem Rest des Planeten machen politische Überlegungen die Aufstellung dieser Instrumente nach wie vor undenkbar (ausgenommen freilich die Maschinerie des Staates). In Polen ist es Einzelpersonen verboten, Kopiergeräte zu besitzen, geschweige denn Heimterminals. Im Mittleren Osten sind Computernetze verboten, weil viele Regierungen darauf bestehen, daß alle Daten, die aus dem Land gehen, in unverschlüsseltem Text lesbar sind. Da Netze alle Informationen, die sie verarbeiten, in Elementar«pakete» zerlegen und durch das ganze Netz schikken, ist es für solche Staaten lästig, Netzbenutzer zu belauschen. Statt sich für eine Teilbelauschung zu entscheiden, haben viele Länder beschlossen, die Technologie ganz zu verbieten oder die Klartext-Klausel einzuführen – eine Bedingung, die von fortgeschrittenen Netzen nicht ohne beträchtliche Veränderungen in ihrer Struktur erfüllt werden kann. Das Ergebnis: Die USA können ungehindert voranstürmen mit dem ersten Medium, das auf der ungeheuren Fähigkeit des Computers beruht, Information festzuhalten und logisch zu verteilen.

Bei einer Normenausschußsitzung ging Pete mit den Italienern zum Abendessen, wobei er dahinterkam, daß nur einer von ihnen ein bißchen Englisch sprach. Er wollte höflich sein und sagte: «Machina ipsam culturam non habet.» (Lateinisch für: «Der Computer hat keine eigene Kultur.») Der Englischkundige erwiderte: «Pete, an deinem Italienisch ist nichts auszusetzen, nur gebrauchst du uralte Wörter.»

Im Laufe der Jahre habe ich über diesen lateinischen Satz nachgedacht, während ich beobachtete, wie die Gesellschaftspropheten daran scheiterten, die starke Verzerrung kultureller Werte, hervorgerufen durch die Computer, in den Griff zu bekommen. Vielleicht hat die Maschine doch «eine eigene Kultur». Wenn François Meyer recht hat, können die Ereignisse, an die ich mich erinnert habe, nur eines bedeuten: Die Revolution der Netze ist nicht mehr aufzuhalten.

WISSENSCHAFTS-ARBEITER DER WELT, VEREINIGT EUCH!

Hinter den Kulissen des Hillside College lernen wir Calvin Mellow (der sich für einen Katalysator hält) und einen ganzen Trupp Gedankendiebe kennen. Methoden, die verhindern, daß die Bosse Lunte riechen, werden erläutert und anschaulich gemacht, und wir erfahren, was an dem Tag geschah, als Vision-Stanley nieste.

Beträchtliche Rätselhaftigkeit umgibt die Leute, die sich Informationsnetze ausdenken und sie entwickeln. Da diese Menschen einfach nicht die Zeit haben, über ihre Kunst zu schreiben, wollte ich versuchen, einen Teil der Rätselhaftigkeit dadurch aufzulösen, indem ich beschreibe, wie ihre Methoden lautlos von einem Computerteam zum anderen weitergegeben werden – fast genau so wie bei den mittelalterlichen Baumeistern, die, während sie mit Eifer Dome errichteten, weder ihre Namen noch ihre Methoden der Nachwelt zum Studium hinterließen. Die Dombauer waren aus freien Stücken Geheimnisträger, nach ihrer Meinung hätte jeder Ruhm, der ihnen anhing, etwas vom Ruhm ihres Gottes weggenommen. Die Systembauer haben keine solche Vision und was sie im Schatten hält, hängt wohl wenig mit Demut und Frömmigkeit zusammen. Sie bleiben unbekannt, weil ihre Methoden kompliziert, einem Laien schwer zu erklären und bei der Anpassung an neue Situationen ständigem Wandel unterworfen sind. Trotzdem haben die Systeme, die sie schaffen, einen ungeheuren Einfluß, weil in jeder Gesellschaft der Fragende die Macht in Händen hält, nicht der mit den Antworten. Wahre Macht liegt bei denen, die jene Struktur errichten, über welche die anderen nachdenken müssen, weil sie definieren, was verfügbar ist und was nicht, was aufgezeichnet und was vergessen wird. Die Geschichte meines Freundes

Eric Elzevier, der sich hinter den Kulissen Informationssysteme genau angesehen hat, könnte eine Lehre für diejenigen von uns sein, die sich in unserem Alltagsleben zunehmend auf Computerdaten stützen.

Dean Scuttle war nicht in seinem Büro, als die Bombe losging. Das Ding war primitiv zusammengebastelt, und der Druck der Explosion verbrauchte sich damit, Dachschindeln durchs Gebüsch zu schleudern. Eric Elzevier hatte sich einige Monate zuvor dem Hillside College angeschlossen, um die Leitung der dortigen Datenbank zu übernehmen. Als die Explosion stattfand, saß er bei einer Besprechung mit dem Dean und dem Leiter des Computerzentrums, einem großen Mann mit gerötetem Gesicht, der Harry Boldman hieß, aber sie waren zu weit entfernt, um etwas zu hören. Die Sitzung hatte etwas mit Politik zu tun. Nicht mit der offenbaren und klaren politischen Haltung der Studenten, die aus Wert und Verzweiflung über den Vietnamkrieg Bomben hochgehen ließen, sondern mit der viel heimtückischeren, dunklen und selbstsüchtigen Politik von Computern und Hochschulen. Die Computer waren in den sechziger Jahren zu wichtigen Machtinstrumenten geworden, und diejenigen, die dieser Macht in den Weg gerieten, mußten sich, wie Eric erleben sollte, mit den Konsequenzen abfinden.

Es ging, wie Harry Boldman unverhohlen erklärte, um Software. Bei Hillside gab es eine prominente Professorin, Dr. Mildred Safenest, die auf Grund eines Zuschusses des American Sciences Institute in Washington im Jahr eine Million Dollar Steuergeld ausgab. Sie hatte eine Mannschaft von zehn Leuten, die sich bemühten, für das College ein Datenbanksystem aufzubauen. Es ging darum, weitverbreitete Netze von Wissenschaftlern zu schaffen, die neue Ideen und Entdeckungen anregen sollten. Der Name des Projekts war PIN (Prototype Information Network – deutsch etwa: Informationsnetz-Prototyp), und es lief schon seit Jahren ohne sichtbares Ergebnis. Sogar Dr. Safenests freundschaftlichste Verbindungsleute in Washington ließen einige Sorgen erkennen. Inzwischen war Elzevier von Boldman engagiert worden, um genau das Problem zu lösen, mit dem PIN sich befaßte. Ein Zusammenstoß war unausweichlich.

Eric erzielte bald Anfangserfolge mit seinem neuen System, und das Netz von Benutzern begann sich auszubreiten. Dann traten im Leben meines Freundes Eric seltsame und geheimnisvolle Ereignisse ein. Die alte Machtstruktur machte sich geltend, und ein schweigsamer Mann namens Calvin Mellow wurde aus dem Mittelwesten geholt.

Calvin Mellow bestieg in Detroit das Flugzeug und gab der Stewardess in der Ersten Klasse seinen Mantel.

«Ich werde ihn bei diesem Flug wohl nicht brauchen.»

«Wohin müssen Sie denn, Mr. Mellow?» fragte das Mädchen, während sie sein Ticket abriß.

«Ich statte dem Hillside College einen Besuch ab. Ich bin Computerberater.»

«Na, wenn ein Mann heutzutage kein Managementfachmann ist, dann ist er eben Computerberater.»

Die Wahrheit: Calvin Mellow, ein großer Mann mit kalten, klammen Händen und grau-weißem Gesicht war besser bekannt für seine Witze bei Tisch als für sein Geschick, Katastrophen in Computersälen zu beheben. Auf manchen Gebieten besaß er jedoch ein überraschendes Maß an praktischem Wissen, weil er durch seine Reisen mit einer Vielzahl von Teams in Berührung kam und in die Lage versetzt wurde, aus den besten Gehirnen etwas herauszuquetschen.

So mochte Mellow gebeten werden, als Berater bei Sicherheitsproblemen mit Bankdateien zu fungieren, die auf Magnetbändern gespeichert waren. Er rief dann die verschiedenen Fachleute der Bank zusammen und ließ sie in seiner Gegenwart ihr eigenes Problem lösen. Er notierte sich dabei viel und dokumentierte sorgfältig jedes Konzept, das vermarktbar erschien. Die Fachleute waren junge Ingenieure, die von der Welt nicht viel gesehen hatten, voller Eifer ihre aufgewecktesten Ideen zur Sprache bringen wollten und hofften, Mellow werde ausreichend beeindruckt werden, um ihre Chefs auf sie aufmerksam zu machen. So mochte ein junger Programmierer eine neue Idee über «doppelte Inhaltsverzeichnisse» erwähnen. In der Woche darauf konnte man Mellow dann dabei erleben, wie er eine Versicherungsgesellschaft beriet, die ihr Buchhaltungsprogramm zu überprüfen hatte.

«Haben Sie an die Sicherheitsfrage gedacht?» sagte er dann beiläufig.

«Versteht sich. Und wir haben alle unsere Daten auf Band.»

Mellow blickte dann sehr erstaunt und hob die Hand mit dem Kugelschreiber.

«Wollen Sie sagen, Sie wüßten nichts von der Methode, die ich zum Dateischutz entwickelt habe? Ich nenne sie ‹doppeltes Inhaltsverzeichnis›. Das geht so . . .»

So reiste Mellow von Ort zu Ort, verblüffte seine Zuhörer, verbreitete den wertvollen Blütenstaub technischen Know-hows, befruchtete die Software-Welt, erzählte schmutzige Witze und bezog unglaubliche Beraterhonorare. Manchmal halfen seine Empfehlungen. Ebenso oft versagten sie jämmerlich. Eine gute Idee für das Bankgeschäft fördert schließlich nicht unbedingt den Betriebsablauf einer Versicherungsgesellschaft. Mellow scherte sich nicht darum; ganz gewiß hatte er nicht die Zeit, im einzelnen etwas über die Betriebsvorgänge seines Kunden zu erfahren. Er sah sich als Katalysator. Nur ein schlichter Katalysator, dachte er, während er in 33000 Fuß Höhe seine dritte Bloody Mary trank.

Im selben Augenblick hatte Eric Elzevier einen Zusammenstoß mit Harry Boldman, der ihm geduldig erklärte, das College könne nicht länger zwei Informationssysteme auf dem Campus dulden. Es gehe nicht um wissenschaftliche Kreativität, sondern um die Macht.

«Wir haben zwei Pferde und nur eine Wette laufen. Wir setzen auf PIN.»

Dean Scuttle sagte nichts, starrte auf den Boden seines Styroporbechers und nickte.

Jetzt sehe ich die Leute, die in Wahrheit die Computerforschung in der Hand haben, dachte Eric. Ich sehe sie in Aktion.

Was er sah, gefiel ihm nicht.

Damit ein Produkt auf den Markt kommen kann, muß ein guter Prototyp vorhanden sein. Von zehn Prototypen schafft es nur einer. Damit ein Prototyp in einem Industrielabor funktioniert, bedarf es eines vollständig entwickelten Forschungsmodells, das auf irgendeinem Campus läuft. Von zehn Forschungsmodellen schafft den Umstieg nur eines. Und damit man ein funktionierendes Modell bekommen kann, braucht man eine gut durchgetestete Theorie.

So sieht es also aus, dachte Elzevier. Diese Leute können die Sache am Entstehungspunkt blockieren, wo die kreativen Ideen auszuschlüpfen versuchen.

Er beschloß zu kämpfen. Er sagte ihnen die Wahrheit.

«PIN funktioniert nicht, aber mein System!»

«Sie verstehen nichts von Computerforschung», gab der Dekan achselzuckend zurück. «Die Leute, die diese Art von Projekt in Washington subventionieren, scheren sich den Teufel darum, ob PIN jemals vom Boden hochkommt.»

«Sehr bedauerlich», sagte Eric und sah abwechselnd Harry Boldman und Scuttle an. «Aber in der Wissenschaft muß man manchmal verschiedene Dinge ausprobieren und dem besten Versuch den Vortritt lassen.»

«Wo haben Sie Wissenschaft gelernt, junger Mann?» fragte der Dekan im Tonfall eines Mannes, der dieser Kindereien müde, sehr müde war. «Wenn PIN nichts auf die Beine stellte, was unsere Geldgeber sich an den Hut stecken können, wird eines schönen Tages irgendein Kongreßabgeordneter anfangen, Fragen zu stellen. Die Leute, die das Projekt tragen, haben gemauert, aber sie sind sich völlig im klaren darüber, daß jeder Lagebericht eine Eskalation der Lügen im vorigen Jahresbericht ist. Die riskieren auch ihre Hälse, wissen Sie.»

«Dann könnte Washington die Zuschüsse für dieses Projekt sperren und das Geld einem anderen geben, das mehr verspricht. Mir würde das keine Tränen entlocken», sagte Eric.

Boldman stand auf und trat ans Fenster. Der Tag war sonnig. Studenten saßen während der Vorlesungspause im Gras und schlürften Cola aus grellroten Dosen.

«Sie sind zu lange in der Industrie gewesen, Eric, das ist ihr Problem. So geht es bei uns nicht. Wir sitzen alle in einem Boot. Niemand wünscht eine Bloßstellung. Wenn Sie das versuchen, wird eine Sondersitzung einberufen, mit allen Topnamen im Geschäft, Safenest hält einen Vortrag und liefert Hunderte von Seiten Dokumentation zu PIN, mehr, als die in einer Woche verdauen können. Und sie werden sagen: Okay, Professor Safenest, vermutlich haben Sie recht. Sie werden ein kleines Statement unterschreiben, wonach Eric Elzevier eben von seinem oberflächlichen Verständnis der Komplexität des Projekts und seiner langfristigen Ziele irregeführt worden ist.»

«Bringt uns vielleicht sogar mehr Geld ein», meinte Scuttle nachdenklich, als denke er nur laut vor sich hin. Er starrte immer noch in seinen Styrobecher, und seine Stimme klang hohler als sonst.

Diese Menschen sind sonderbar, dachte Eric.

«Also bleibt uns nur eine Lösung, nicht?» sagte er. «Wir können mein System mit ihrem Forschungsvorhaben verbinden.»

«Um genau zu sein, das wäre vielleicht sogar zu machen, wenn Sie vernünftig sind, Eric. Aber vergessen Sie nicht, daß Mildred nicht bloß Angst vor einem Gesichtsverlust hat. Sie hat noch mehr Angst vor Ihnen. Also seien Sie vorsichtig.»

Boldman wirkte müde, sehr müde. Er seufzte und legte die Pfeife weg, die er eben gestopft hatte.

«Passen Sie auf, Eric. Zur Zeit sind Forschungsgelder rar, sehr rar. In solchen Zeiten möchte man meinen, die Leute stoßen Schrott ab und behalten nur die besten Ideen. Was geschieht, ist genau das Gegenteil. Fragen Sie mich nicht, warum, aber wir vertreiben die kreativen Leute, während die alten Imperien, verschanzt in ihren politischen Enklaven, alle Hilfsmittel zu erlangen vermögen, die noch zur Verfügung stehen. PIN wird weiterbestehen, keine Sorge. Allem Anschein nach gibt es eine starke staatliche Unterstützung für Netze und Datenbanken. Mir gefällt das, offen gesagt, nicht, und den Studenten auch nicht. Sie behaupten, der eigentliche Zweck des Projekts sei politische Repression.»

«Wenn man mit einem großen Datenbank-System sechzig Millionen Bücher im Griff haben kann, dann auch sechzig Millionen Menschen. Aber wie sieht es in zehn Jahren aus? Sobald man die Technik entwickelt hat ...»

«Es ist doch nichts dabei, wenn man sechzig Millionen Menschen im Griff hat, oder?» sagte Eric.

«Das hängt davon ab, wie Sie das machen, mein Freund, und welche Informationen Sie über sie speichern. Ich habe eine Empfehlung gesehen, dieselbe Technik in der soziologischen Fakultät anzuwenden, um eine Datei über Arme anzulegen. Sie würde wirtschaftliche und polizeiliche Unterlagen enthalten.»

«Hm ... Ich könnte mir ein ähnliches System zur Verbesserung von Transportsystemen vorstellen, zur Reorganisierung der Großstädte. Finden Sie nicht, daß es an der Zeit ist, auf dieser Welt besser zu planen?»

Boldman sah ihm ins Gesicht und sprach wie einer, der lange genug über das Problem nachgedacht hat und zu einer persönlichen Schlußfolgerung gelangt ist.

«Vergessen Sie nicht, was die Naturwissenschaftler sagen, daß Information Macht ist. Wenn Sie Information über jemand haben, beherrschen Sie ihn bis zu einem gewissen Grad. Was geschieht, wenn eine intelligente, kreative Person erfährt, daß sie überwacht wird, daß für einen unbekannten Zweck Informationen festgehalten werden?»

«Das weiß ich nicht. Mir würde das nicht gerade passen.»

Dean Scuttle schien Boldmans Offenheit nicht zu schätzen. Er stand abrupt auf und zeigte an, daß die Diskussion beendet war. Als er seinen leeren Kaffeebecher zerquetschte, sagte er beiläufig: «Dabei fällt mir ein. Ich habe Ihr System noch nicht in Betrieb gesehen, Eric. Können Sie es mir heute nachmittag vorführen?»

«Das läßt sich leicht machen. Ich glaube, in dem Zimmer hier gibt es eine zweite Telefonleitung, also bringe ich einfach ein tragbares Terminal mit.»

Dean Scuttle starrte das Telefon an, als sei es ihm noch nie aufgefallen, mied Erics Blick und murmelte: «Im Haus wird ein Berater sein, der sich unser Verfahren vom Standpunkt der ... Effizienz aus ansieht. Kosten-Nutzen-Verhältnis. Er schaut vielleicht ein paar Minuten herein.»

«Gern», sagte Eric, dem nichts Böses schwante. «Wir sehen uns um Drei.»

Boldman hatte das Zimmer bereits verlassen. Eine Sekretärin hielt Dean Scuttle im Korridor auf, um von der Bombe zu berichten. Zwanzig Meilen entfernt setzte Calvin Mellows Maschine weich auf.

Eric war um drei Uhr zur Stelle und überprüfte die Einstellung seines Terminals. Harry Boldman ließ sich mit einem Vorrat an Pfeifentabak nieder. Er wirkte ein wenig blaß. Calvin Mellow hatte sich vorgestellt und war bereits schwer beschäftigt. Er hatte drei Schreibblöcke vor sich liegen und zog Linien auf einem Formular, das für einen Zeitplan gedacht zu sein schien. Eric fiel der Kugelschreiber auf: Ein Mehrfarbgerät, auf Knopfdruck blau, rot, grün oder schwarz schreibend. Im Zimmer befanden sich noch zwei andere Personen:

Dean Scuttle und Milfred Safenest, die einen strengen braunen Hosenanzug trug. Alle waren verkrampft, bis auf Eric, der nicht ahnte, daß er durch ein Minenfeld geschickt wurde.

Die Vorführung, die Eric vorbereitet hatte, nahm zwanzig Minuten in Anspruch und verlief sehr gut. Er zeigte der Gruppe, wie sein System große Datenbanken aktualisierte, und beschrieb eine elegante Abfragesprache, mit der die Forschungsdateien mehrerer Fakultäten abgefragt werden konnten. Erics System erreichte alle Ziele, die zu bewältigen das College bei seinem Angebot an das Sciences Institute versprochen hatte, ohne es je halten zu können. Mildred Safenest stellte wahllos einige Fragen. Eric beantwortete sie an der Wandtafel.

Eric hatte den Eindruck, daß das Ganze sehr gut lief. Wenn er diese Leute beeindruckte, mochten sie sich bereit erklären, ihn bei PIN zu beschäftigen. Er konnte ihr Projekt wieder auf die Beine stellen. Er träumte. Vielleicht hätte er eine Chance gehabt, wenn sein System versagt oder ein paar Fehler aufgewiesen hätte. Aber seine Vorführung war perfekt, er lief ins Verderben. Sie konnten sich ihn nicht leisten.

Die Gruppe schien keine Fragen mehr zu haben. Alle blickten auf Calvin Mellow, der noch kein Wort gesagt hatte. Seine Frage kam ganz ruhig, wie ein Trimaran, der am Sonntagnachmittag zum Jachthafen hinausgleitet.

«Also, Eric, warum erklären Sie uns nicht, wie Ihr System im Detail funktioniert?»

Das war also die Falle. Die erbetene Vorführung war eine Ausrede gewesen, das ganze Gerede von Kosten-Nutzen-Effizienz leeres Gewäsch. Weil das eine Falle sein sollte, hatte Harry Boldman nicht vorher erwähnt, daß Mildred dabei sein würde. Mellow würde mitschreiben. Das konnte er. Vier gegen einen. Das besteingefädelte Ausquetschunternehmen, das Eric je gesehen hatte. Sie sahen ihn an. Er überlegte fieberhaft. Zuerst einmal Zeit gewinnen.

«Es wird Ihnen klar sein, daß das System nicht so leicht zu beschreiben ist», sagte er mit einer Handbewegung zum Terminal, um anzudeuten, daß hinter dem, was er gezeigt hatte, ein riesiges Programm stand. «Ich habe keine technischen Unterlagen mitgebracht. Das sollte nur eine Vorführung sein und eine Diskussion über meine künftige Rolle ...»

Wenn er geglaubt hatte, sich herauswinden und auf diese Weise das

Thema wechseln zu können, war er im Irrtum. Mellow blieb ihm auf den Fersen.

«Das können wir nicht besprechen, bis wir Ihre Ideen vollständig beurteilt haben. In allen Einzelheiten.»

Für den Bruchteil einer Sekunde erlebte und durchlitt Eric grauenhafte Einsamkeit. Im selben Sekundenbruchteil begriff er die Ungeheuerlichkeit des Manövers. Im selben Augenblick traf er auch die Entscheidung, den Mund zu halten und sich nicht ausquetschen zu lassen.

Die Sitzung dauerte noch einmal endlose, unfaßbare vierzig Minuten. Technisches wurde nicht besprochen. Safenest wurde verkrampfter, Scuttle blutrot im Gesicht. Boldman schien alles egal zu sein. Calvin Mellow wirkte nur belustigt.

Die abschließenden Empfehlungen des Beraters für Dean Scuttle forderten die Einstellung von Erics Projekt.

Kurze Zeit danach wurde dieser Bericht in den Führungsrängen verbreitet, mehrere Leute in Schlüsselpositionen kündigten und verließen den Campus. Eric Elzevier hatte gute Lust, ihnen zu folgen. Trotzdem beschloß er aus einem Gefühl starker Neugier heraus, zu bleiben, was er später bereuen sollte.

Dr. Safenest sandte einen Bericht nach Washington. Sie wies darauf hin, daß «es uns in der neuesten Forschungsperiode gelungen ist, die Hindernisse für die effiziente Implementierung eines modernen Datenbanksystems erfolgreich zu identifizieren.» Sie erbat eine weitere halbe Million Dollar zum Studium dieser «Hindernisse» und erhielt sie. Ihren Geldgebern blieb keine andere Wahl, als mehr Geld in das Projekt zu stecken, oder ihr Gesicht zu verlieren.

Harry Boldman machte Eric mit der Nachricht bekannt. Mit einem neuerlichen Zuschuß müsse Safenest rasch etwas vorweisen können. PIN sollte umorganisiert werden. Eric werde auf Zeit als Berater dienen, aber kein Budget und kein Personal haben. Eric wollte wissen, ob nach diesem neuen Plan die Wissenschaftler, die damit angefangen hatten, bei ihrer Arbeit sein System zu benutzen, weitermachen dürften.

«Natürlich nicht», sagte Boldman und wischte die Frage mit einer lässigen Bewegung seiner Pfeife weg. «Wenn in Washington jemand dahinterkäme, würde man vielleicht Lunte riechen und Fragen stellen. Eric, ich weise Sie an, Ihr System sofort abzubauen. Sie werden zur PIN-Gruppe versetzt, dort eine vollständige technische Beschreibung Ihrer Methoden liefern und weitere Anweisungen abwarten.» Als Boldman den angewiderten Ausdruck auf Erics Gesicht sah, legte er ihm die Hand auf die Schulter und fügte hinzu: «Wissen Sie, Mildred ist gar nicht übel. Sie versucht nur, sich ihren Lebensunterhalt zu verdienen, wie wir das alle tun.»

Eric antwortete nicht, führte Boldmans Anweisung aber aus. Er ging schnurstracks in den Computersaal, ohne die Systemprogrammierer zu beachten, die über das Loch in Scuttles Zimmerdecke Witze rissen.

Eric setzte sich an ein Terminal. Er fühlte sich ruhiger als je zuvor in seinem Leben. Er gab seine Codenummer und ein Kennwort ein und überging den besonderen Schutz, der für Programmdateien eingerichtet worden war. Man hatte ihn angewiesen, sein System abzubauen. Genau das tat er. Er löschte eine Datei nach der anderen: die Routine für die Schaffung der Datenbanken, das Programm für die Aktualisierung, die Folge von Moduln für die elegante Abfragesprache, die er entwickelt hatte. Sie verschwanden aus den Plattendateien, die Magnetsignale wurden für immer gelöscht, und als die Dateien sich verflüchtigten, hatte Eric das Gefühl, eine schwere Last sei von ihm genommen. Die Wunder der Software, dachte er. Die ganze harte Arbeit dahin und nirgends mehr eine Spur davon. Eric schloß ab, stand auf und verließ den Saal. Der ganze Prozeß hatte zehn Minuten gedauert. Mildred wird zufrieden sein, dachte er. Mein kleines System ist fort.

Eric Elzevier ging nach Hause und schickte am nächsten Tag seinen Kündigungsbrief mit der Post. Dann ging er nach Kalifornien, wo sich die besten Programmierer des Landes versammelten, angelockt von hohen Gehältern. Er fand eine Wohnung. Er zog von Kaffeehaus zu Buchhandlung, von Singles-Bar zu Pizzalokal, unterhielt sich mit allen Leuten und suchte einen neuen Job.

Ein Besucher von Santa Clara in den fünfziger Jahren hätte augenblicklich die Freude der Franziskanerpatres über die Schönheit der Gegend geteilt. Von der San Francisco Bay bis zu den reizvollen Kleinbuchten von Santa Cruz entfalten üppig bewaldete Hügel die Majestät der Sequoias und überschütten die Menschen mit dem Duft von Eukalyptus und Kiefer. Hier ist immer eine seltsam mystische Faszination empfunden worden. Liegt es an der drohenden Gegenwart der großen Bebenverwerfung, die geologisch völlig unterschiedliches Terrain Seite an Seite gestellt hat? Ist es das absonderliche Gemisch von Palmen und immergrünen Bäumen? Ist es einfach das Gefühl, daß hier die letzte Hügelkette der westlichen Welt steht und das blaue Meer, auf das sie hinausblicken, vielleicht die letzte große Herausforderung des Menschen ist, voll von unverzeichneter Geschichte und versunkenen Schätzen? All dies spiegelt sich entlang der Bay in unheimlichen Gebilden, mysteriösen Geschichten, Annalen des Verbrechens. In San Jose dehnt sich weithin der Besitz von Winchester House, dem architektonischen Zeugnis für den spiritualistischen Glauben seiner Besitzerin, der Witwe des Schußwaffenmagnaten. In Palo Alto ist der Frenchman's Tower nach wie vor ein rätselhaftes Objekt für Amateure aus der Gegend, seine Geschichte nie vollkommen aufgeklärt. In Santa Cruz scheint ein rätselhafter Ort nichts weiter zu sein als ein schiefstehendes Haus, das Gleichgewichtsgefühl und Perspektive aus den Angeln hebt, aber es erregt Besucher, die über seine Mißachtung der Naturgesetze staunen (angeregt durch gute Werbung). In Redwood City trifft wöchentlich eine Gruppe zusammen, die an Gesundbeterei glaubt, San Jose dient als internationale Zentrale für den riesigen Orden der Rosenkreuzler. Vom gefürchteten Devil's Slide bis zu den von Erdbeben geformten Hügeln, wo der Geist von Holy City noch als kuriose Erinnerung an eine wohlmeinende Mystikkommune lebendig ist, spürt man überall die Zeugen einer fremden Vergangenheit und die Erwartung einer noch fremdartigeren Zukunft.

In Palo Alto baute die Familie Stanford einen Monumentaleingang zu ihrem Besitz: zu beiden Seiten des Tors standen goldene Greife auf Steinsockeln. Der Besitz wurde später in eine Universität umgewandelt; vom ganzen Erdball kamen Gelehrte, um zu studieren und zu lehren, und sie begannen die Halbinsel durch ihre Arbeit und die Aktivität ihrer Studenten zu verwandeln.

Das Neue wurde erstmals sichtbar 1909, als der Stanford-Absolvent

Cyrus Elwell in Palo Alto die Federal Telegraph Company gründete. Neue Technologien folgten: Finanziert durch Stanford, entwickelte ein FTC-Ingenieur namens Lee de Forest die Vakuumröhre, Grundlage der Elektronikindustrie. Andere FTC-Ingenieure gründeten Unternehmen wie Magnavox und Litton Industries.

In den dreißiger Jahren riet Stanford-Professor Frederick Terman, der Ingenieurwesen lehrte, seinen Absolventen, ihre eigenen Elektronikfirmen aufzubauen und damit in Palo Alto zu bleiben. Als 1938 ein junger Mann namens Bill Hewlett einen Tonfrequenzoszillator konstruierte, half ihm Terman, zusammen mit David Packard eine Firma zu gründen. Hewlett-Packard begann mit einem Darlehen von 1000 Dollar der Crocker Bank und einer Bestellung über mehrere Oszillatoren von den Disney-Studios. Heute befindet sich die Zentrale des Unternehmens noch immer in Palo Alto; es ist zum größten Hersteller elektronischer Laborinstrumente auf der Welt geworden.

Die hübschen Obstgärten und pittoresken Holzhäuser begannen zu verschwinden, als rings um die alte Stanford-Farm Gebäude aus Beton, Glas und Stahl hochgezogen wurden. Dann taten sich Professoren von Stanford mit den Varian Brothers zusammen, um Varian Associates aufzubauen. Man schrieb das Jahr 1948, und die Entwicklung der Gegend setzte erst ein.

Es sei Termans Ideenreichtum gewesen, schreibt ein Autor in einer ausführlichen Darstellung der Region, herausgegeben von Stanford-Studenten[18], der es der Halbinsel ermöglicht habe, sich zum Weltzentrum der Hochtechnologie zu entwickeln: «Wir sind Bahnbrecher auf dem Gebiet gewesen, eine neue Art von Gemeinschaft hervorzubringen, und zwar eine, die ich ‹eine Gemeinschaft technischer Gelehrter› genannt habe. Eine solche Gemeinde besteht aus Industrien, die hochmoderne Technologien nutzen, im Verein mit einer bedeutenden Universität, die auf die schöpferischen Aktivitäten der Industrie ringsum eingeht. Dieses Schema scheint Gültigkeit für die Zukunft zu haben.»

Terman wurde Dean der Engineering School, dann Leiter der Stanford University, die 1951 einen Teil ihres Riesengeländes an Varian und Hewlett-Packard verpachtete.

Drei Jahre später gab das Board of Trustees bekannt, man werde für andere Unternehmen einen Industriepark entwickeln, und zwang dem ganzen Gebiet seine architektonischen Maßstäbe auf. Angelockt von der Schönheit der Landschaft, der wohlgeplanten Zukunft und dem idealen Klima, strömten junge Ingenieure in Scharen zur Bay Area. Zu den von Stanford stammenden Nebenprodukten gehörte nun die Shockley Transistor Company, geleitet von Bill Shockley, der 1947 gemeinsam mit zwei Kollegen den Transistor erfunden hatte. Viele wissenschaftliche Fachleute hielten den Transistor für eine nutzlose Laborkuriosität, aber einige Kapitalanleger in der Umgebung von Palo Alto verließen sich auf ihren Instinkt und wurden reich. Mehrere Ingenieure von Shockley verließen bald darauf das Unternehmen, um bei Fairchild anzufangen. Das Unternehmen wurde zu einem bedeutenden Hersteller von Halbleitern.

Die Sache ging weiter: Fairchild wurde größer, es kam zu Spannungen. Wissenschaftler schieden aus, um ihre eigenen Firmen aufzubauen: Rheem, Signetics, National Semiconductor. 1968 verließen Robert Noyce und Gordon Moore Fairchild und gründeten Intel. Lester Hogan wurde bei Fairchild dazu bestimmt, die Gesamtleitung der Halbleitertechnik zu übernehmen. Jerry Sanders, der Marketingchef, kündigte und gründete Advanced Micro-Devices. Neben diesen dynamischen Ingenieuren und Betriebswirten gab es die stummen Schauspieler, die Kapitalanleger, die Banken. Viele Finanzinstitute errichteten in dem Gebiet Zweigstellen. Die Gegend wurde bald bekannt unter dem Namen «Silicon Gulch», ein Spitzname, angeregt durch die Verbreitung der Siliciumchips, auf denen moderne Computer aufbauen ... jedenfalls so lange, bis sie durch die nächste Technologiewelle überholt sind.

Heute sind die Obstgärten alle verschwunden, verdrängt von Eigentumswohnungen mit Schwimmhallen und Schlafstädten wie Cupertino und Sunnyvale. Die Immobilienpreise sind so stark gestiegen, daß selbst die wohlhabenden Computerfirmen es sich nicht mehr leisten können, die Ingenieure umzusiedeln, die sie aus dem ganzen Land zu rekrutieren pflegten. Im Sommer hüllt häufig eine Schicht von dichtem, braunem Smog die Hügel ein. Ein besorgter Astronom vom Lick Observatory auf diesen Bergen hoch über San Jose erzählte mir, das Personal müsse die Teleskopspiegel jetzt zweimal im Jahr waschen und sie alle zwei Jahre neu mit Silber belegen; sogar in einer Höhe von 1200 Metern spürt man die drastischen Folgen der Umweltverschmutzung.

Zu der Zeit, als mein Freund Eric Elzevier eine Stellung suchte, hieß eines der modernsten Computer-Forschungsprojekte im Tal STEM. Es wurde geleitet von Dr. Stanley, der den Spitznamen Vision-Stanley trug, weil er im Grunde ein passionierter Träumer war. Stanley saß am Ende des Zweiten Weltkrieges im Sand einer pazifischen Insel. Er dachte an seine toten Freunde, während er die schwelenden Überreste dessen betrachtete, was man einmal Zivilisation genannt hatte. Warum ließen die Menschen sich auf eine so zügellose Zerstörung ein? Warum war die Technologie stets Wurzel oder Werkzeug des Krieges? Die Atombombe, das Flugzeug, das Radar – sie waren alle dazu entwickelt worden, den Hohepriestern des Mars zu dienen. Aber konnte niemand die Technologie dazu bringen, dem Guten zu dienen?

Wie Millionen betäubter Menschen 1945 überall war Stanley davon überzeugt, daß die Katastrophe, deren Zeuge er geworden, nutzlos gewesen war. Seine Ingenieurausbildung (er hatte einen Doktorgrad auf dem Gebiet Regelsysteme) sagte ihm, daß es einen Weg geben mußte, den Menschen ohne Konflikte Kommunikation zu ermöglichen. Es mußte eine Methode, einen Weg geben, durch den die Menschen ihre Nachbarn verstehen konnten, und wenn es dazu einer Maschine bedurfte, dann würde bei Gott er, Stanley, diese Maschine bauen.

Es gab andere Wissenschaftler, die Stanleys Enttäuschung teilten. In einer großartigen Inspiration hatte Vannevar Bush schon vorgeschlagen, Computer zu bauen, die persönlichen Assistenten von Wissenschaftlern, Denkern, Führern in allen wichtigen menschlichen Organisationen ähnelten. Die Maschine, die er vorschlug, sollte Memex genannt werden, für Memory Extension (Gedächtniserweiterung). Vision-Stanley machte sich das Konzept zu eigen und ging noch einen Schritt weiter. Er beschloß, eine Struktur zu entwerfen, die nichts Geringeres leisten würde, als die menschliche Denkfähigkeit zu steigern. Sofort nach der Entlassung aus dem Militär begann er nach einem Ort zu suchen, wo er bauen konnte, was er STEM nannte, die *Systematic Thought-Enhancing Machine* (deutsch etwa: Systematische Denksteigerungs-Maschine). Er fand den Ort in Kalifornien.

STEM mag den Sinn gehabt haben, der Menschheit Frieden und

Harmonie zu bringen, aber Stanley konnte nie deutlich erklären, worum es sich bei seiner Erfindung handelte und was sie leistete. Schreiben war für Stanley eine Qual. Wie viele geniale Erfinder dachte er in Bildern und Bewegungen, Strukturen und Systemen, aber nicht in Worten. Er vergeudete viel Zeit, um mit akademischen und wissenschaftlichen Gruppen zu sprechen, und kam endlich dahinter, daß die einzigen Leute, die seine Ideen für die «Steigerung des Denkens» in Betracht ziehen wollten, die Militärs waren. Sein Konzept, entstanden aus der Bemühung, die Grundlage des Krieges zu eliminieren, wurde vom Pentagon finanziert.

Was nun folgt, ist ein zusammengestückelter erfundener Bericht über Erics Abenteuer beim Projekt STEM – ein Projekt, das während seiner ganzen stürmischen Geschichte an einer Identitätskrise litt.

Das Militär verstand so wenig wie die Akademiker, wovon Stanley sprach. Aber man hatte Geld und kühne Ideen: Wenn er etwas würde liefern können, das auch nur von fern der Art von Informationsmanipulation nahekam, von der er träumte, war man sicher, das auf dem elektronischen Schlachtfeld verwerten zu können. Stanley stellte eine Mannschaft zusammen, was bei den zusammenströmenden Talenten in Santa Clara nicht schwerfiel, und schuf nach wenigen Jahren eine außergewöhnliche Maschine für die Erforschung der Datenwelt.

1969, als sie zum erstenmal öffentlich vorgeführt wurde, konnte STEM im kleinen Maßstab alle die Grundfunktionen ausführen, die heute als Hauptbausteine der Büroautomatisierung gelten. Sie verarbeitete Text, strukturierte ihn in Abschnitten und Sätzen, die mit erstaunlicher Schnelligkeit verschoben werden konnten, und vermochte die Textblöcke in größeren Gebilden zusammenzufassen oder sie in einzelne «Dateien» aufzuspalten. Stanley war an der Konsole über Mikrowelle mit seinem Stab verbunden und konnte auf einen Riesenbildschirm sowohl den Text auf seinem Computerterminal als auch den Inhalt der dreißig Meilen entfernten Computerdateien anzeigen. Seine Mitarbeiter wurden auf dem Bildschirm gezeigt, wie sie Sätze in ihren Texten redigierten, Kommata verschoben, ganze Bücher formatierten und sogar Kurven zeichneten, die sie beliebig verändern konnten. Und diese Schaubilder konnte man mit den Gesichtern der Personen überlagern, die mit Stanley Veränderungen besprachen. Die Gruppe führte sogar ein laufendes Tagebuch über alles, was sie machte.

Als Vision-Stanley seine Arbeit am Pacific Research Laboratory (PRL) begann, stand das heute so beliebte Terminal allgemein noch nicht zur Verfügung. Stanley mußte improvisieren. Er erfand einen Weg, Text auf kleinen Oszillographen anzuzeigen; dort wurde er aufgenommen von einer Fernsehkamera und im ganzen Labor wie eine Seite Zeitungsdruck auf Fernsehgeräten schwarz-weiß wiedergegeben. Das STEM-Team schuf auch eine Methode, auf bestimmte Bildschirmbereiche zu zeigen. Dem Tisch mit dem Bildschirm wurde ein Gerät angeschlossen, das wie eine Schildkröte aussah; wenn man die Schildkröte in irgendeine Richtung schob, bewegte sich auf dem Bildschirm ein Pfeil in diese Richtung, bis man die Stelle fand, wo man den Computer die Information verändern lassen wollte.

Das STEM-Team hatte nachgewiesen, daß man seiner Zeit um viele Jahre voraus war. Statt aber zu einem bedeutenden Industrieunternehmen aufzublühen, geriet man in Schwierigkeiten mit der Informationswelt und ihren Geldgebern. Die Informationsexperten waren einfach wie vor den Kopf geschlagen und eifersüchtig, weil Stanley ein Einzelgänger war: er brauchte ihre Hilfe nicht, er ging nicht einmal zu ihren Tagungen. Er behauptete stets, Bibliotheksautomatisierung sei ein hoffnungsloses Unterfangen: die Bibliothekare sollten einsehen, daß ihre Arbeit auf menschlicher Kommunikation beruhen müssse, statt auf Computerverarbeitung. Stanleys Geldgeber dagegen konnten nicht erkennen, wie das Militär STEM verwenden sollte. 1970 konzentrierte sich die Anwendung von Computern im Bibliothekswesen auf die Verarbeitung von Buchbestellungen und das Sortieren und Kompilieren komplizierter Register. Stanley hätte aus seinem Vorsprung Kapital schlagen können, wenn er mit STEM etwas Praktisches angefangen, wenn er Mitarbeiter eingestellt hätte, die das Produkt hätten verkaufen können. Aber Stanley war solchen Leuten gegenüber argwöhnisch. Statt dessen umgab er sich lieber mit Ingenieuren seiner eigenen Art. STEM wurde zu einer felsigen Insel im turbulenten Strom der Computertechnologie, und die Vision mußte sich auf Kompromisse einlassen, wenn sie überleben wollte.

Die Vernachlässigung, die STEM erlebte, wäre nur eine Anekdote, kurz erzählt und rasch vergessen, ginge es nur um den Fall einer kleinen Gruppe von Technikern, die für ihr berufliches Auskommen sorgen wollte. Diese Techniker hatten aber schon den Mikrokosmos einer künftigen Welt geschaffen und vorgeführt, sie hatten wahrhaftig die kommende Umwelt vorausgesehen. Die Krisen, die sie durchmachten, waren prototypisch. Eric beobachtete sie als solche und begriff, daß ihre Kompromisse eine netzverplante Gesellschaft vorauszeichneten, die der Rest der Bevölkerung erst zehn oder zwanzig Jahre später nachvollziehen sollte. Die Geschichte von STEM sollte als ernsthafte Warnung vor der Art von Gemeinschaft dienen, die wir bewußt bis zu den späten achtziger Jahren schaffen.

Was war so tiefgründig an STEM? Auf dem Papier sieht es ganz einfach aus: Ein Computerprogramm für Dokumentationsvorbereitung, wo Menschen ihre Ideen archivieren und mit Hilfe eines laufenden Journals gemeinsam daran teilhaben konnten. Nach meiner Ansicht ist das in Wirklichkeit der wichtigste Punkt. STEM besaß das Potential, eine Gemeinschaft zu schaffen, die an vielen verschiedenen Orten tätig sein und trotzdem an einem gemeinsamen schöpferischen Prozeß teilhaben konnte. Dieser Gedanke ist revolutionär in einer Welt, wo der morgendliche Berufsverkehr noch immer das Leben von Millionen Menschen in allen Großstädten der Erde bestimmt, und wo man einen Großteil des Daseins damit verbringt, über einen Schreibtisch auf einen anderen Schreibtisch zu blicken und durch eine Glastür auf andere Glastüren ...

Stanleys Vision betraf augenblicklichen Austausch über Drähte des Wissens, einen Informationssee, zu dem sich jeder niederbücken und in vollen Zügen trinken konnte. Aber vielleicht wollte er jene andere Wahrheit nicht erkennen: Daß die Technologie dem Verständnis der Menschen weit voraus war, daß die Menschheit nicht mit den sozialen und psychologischen Umwandlungen zurechtkam, die durch die elektronische Verkettung Tausender Menschen entstehen mußten. Wie die meisten Ingenieure unterschätzte Stanley die Anpassungsfähigkeit, den Faktor Mensch. Und die menschlichen Faktoren rückten an und nahmen Rache.

Als Eric 1972 in das Projekt STEM eintrat, hatte er einige Industrieerfahrung mit Computern hinter sich. Vision-Stanley suchte nach Leuten, die echte Informationsnetze aufgebaut hatten, und war von der Wirtschaftswelt mit einigen blauen Flecken bedacht worden, eine

Welt, die er zugleich fasziniert und verächtlich betrachtete. Schließlich hatte er sich selbst eine künstliche Wirtschaftswelt aufgebaut, immun gegen die äußeren Stürme, und sein Projekt mit Leuten versorgt, die handverlesen und so geformt waren, daß sie seinen Träumen entsprachen.

Im Paradies ging aber nicht alles glatt. Der Chefingenieur hatte gekündigt, auch die meisten der ursprünglichen Systemprogrammierer waren gegangen. Sie waren ersetzt worden durch Leute aus den stürmischen sechziger Jahren: Studenten mit einer starken Neigung zur Gegenkultur, mit entschiedenen Ansichten über ein Establishment, das sie für völlig abgewirtschaftet hielten. Sie waren echte Kinder ihrer Eltern: In der schnellebigen Welt von Silicon Gulch, wo Selbstmord und Scheidung unter den gebildeten, wohlhabenden Angestellten mittleren Alters der Elektronikindustrie erschreckend häufig waren, stiegen die Jungen aus, lernten das Programmieren und verliebten sich in die Technik und ihre Computer. Das war der einzige Powertrip, den es gab, es sei denn, man begeisterte sich dafür, Army-Hubschrauber zu steuern und ein M16-Sturmgewehr durch den asiatischen Dschungel zu schleppen.

PRL stellte Dutzende dieser jungen Leute als Programmierer und Sekretärinnen ein, weil sie sich mit den niedrigen Gehältern begnügten, die nötig waren, um die Kosten zu drücken. Sie blickten voll Ehrfurcht zu Stanley auf, denn er konnte ihnen einen Blick in eine andere Zukunft ebenso bieten wie in der alten Welt des Establishments bestehen. Sogar Marihuana und LSD schienen dazuzugehören: Der Traum von einer Informationswelt, dem STEM sich widmete, setzte die Erforschung des Unbewußten fort, mit der die Drogenkultur offenbar begonnen hatte. Auch hier glaubte Eric die Vorschau auf eine Gesellschaft zu erkennen, in der die chemische Steuerung bestimmter Stimmungen parallel verlaufen würde zur Supertechnologie der Informationsmanipulation. Aber bei PRL gab es noch eine andere Strömung, die das Projekt stark in die andere Richtung drängte. Subventionen blieben aus, und das Projekt konnte außerhalb des Militärs keinen anderen Geldgeber finden. Auf den Plan trat ein neuer Sponsor, den ich MEGA nennen will, und das Projekt kippte zurück in die Arme des Establishments.

MEGA, die Military Equipment and Gear Agency (deutsch etwa: Amt für militärische Ausrüstung und Gerät), war Ende der fünfziger

Jahre geschaffen worden, um rasch auf die russische Bedrohung im Weltraum zu antworten. Auf den Erfolg von Sputnik I hin überging es den staatlichen Bürokratismus, um den Start des eigenen amerikanischen Raumfahrzeugs zu beschleunigen. Bald wandte sich das Amt noch anderen Bereichen als dem Weltraum zu und verhedderte sich dabei immer stärker im bürokratischen Drahtverhau. Bis man sich mit Computern befaßte, steckte MEGA bis zum Hals in demselben Bürokratenwust, gegen den man eigentlich angetreten war. Man nehme eine von Erics Reisegenehmigungen 1974, als seine Aktenbezeichnung folgendermaßen lautete:

9861611.2411 0627 A5X09 0622 0632 0642 0652 T50219 AFG 124

Er hatte keine Ahnung, was irgendeine dieser Ziffern bedeutete, argwöhnte jedoch, daß durch die bloße Verwechslung von 5 mit 7 ein ermüdeter Beamter anstelle eines Computerfachmanns aus Kalifornien einen Sherman-Panzer oder eine Tonne Gummiringe bestellt hätte. Es war diese Welt, in die Stanley sein Projekt hineinführen mußte; er glich dem Kapitän eines Segelschiffes mit einer Besatzung sorgloser Wochenendsegler, der in die Sommermanöver der Siebten Flotte hineingeraten war.

Die Military Equipment and Gear Agency hatte eben damit begonnen, eine bizarre neue Schöpfung aufzubauen: das erste Computernetz, das einen ganzen Kontinent überspannte. MEGANET war ein revolutionärer Entwurf, der Computer verschiedenster Herstellung miteinander verband, ein kühner Vorstoß, der Computerzentren und Universitäten im ganzen Land bald dazu zwingen sollte, besondere Interface(Schnittstellen)-Maschinen aufzustellen. Man würde Telefonleitungen legen müssen, um die eigenen Computer an das sich ausbreitende Netz anzuschließen, oder auf den Zufluß von Dollars aus Washington verzichten, sich damit abzufinden haben, daß man überholt war, und für immer Frieden geben müssen. Die meisten entschieden sich für die Teilnahme.

Das Ziel mag wissenschaftlich und wirtschaftlich vernünftig gewesen sein, aber die erste Auswirkung war psychologischer Art. Zum erstenmal war eine Tür in der Bürokratie mit Gewalt aufgestoßen worden, eine neue Art von Gemeinschaft begann zu entstehen. Es war jene Gemeinschaft, deren Kommen Stanley gespürt hatte, aber auf ihre plötzlichen Konsequenzen war er nicht vorbereitet. MEGA beschloß, die Finanzierung von STEM dann (und nur dann) fortzusetzen, wenn Stanley sich bereiterklärte, seinen Computer zu wechseln, seine Programme zu modernisieren und die Maschine an MEGANET anzuschließen, deren Protokollen sie zu gehorchen haben würde. Da viele der Sonderfunktionen von STEM nicht auf den neuen Computer übertragen werden konnten, verlor STEM durch den Zugang zu dem riesigen Netz, das vom Pentagon errichtet wurde, an Leistungsfähigkeit mit einem Male das, was sie an geographischer Ausbreitung gewann. Die MEGA-Leute erfuhren die Einzelheiten dessen, was nun geschah, nie: Sie waren nicht dabei, um es mitzuerleben, und interessierten sich ohnehin nur für technische Ergebnisse. Die gesellschaftliche Seite bekümmerte ihre Superingenieure nicht. Aber Eric lebte mit dem Projekt und sah den wichtigsten – nämlich menschlichen – Teil des MEGA-Experiments von innen. Und erneut kam ihm zum Bewußtsein, daß jedes Informationsnetz ein soziales System ist.

Lenin hatte seinen Kadern den Auftrag gegeben, das Land zu elektrifizieren. Das Pentagon beschloß seine Computerisierung. Seine Forschungsarbeit auf dem Gebiet der Miniaturisierung hatte bereits Taschenrechner ebenso ermöglicht wie Funkterminals, die drahtlos Verbindung mit Tausende von Meilen entfernten Computern aufnehmen konnten. Seine Aufträge sollten nun die Ausbreitung der Verdrahteten Nation vorantreiben. Die Leute bei STEM wurden jedoch erneut von ihrer Identitätskrise geschüttelt. Weshalb sollten sie Anweisungen von den Herren des Krieges in Washington entgegennehmen, wenn sie als Individuen gegen die Wehrpflicht in Kalifornien kämpften, gegen den Krieg in Vietnam demonstrierten und ernsthaft daran dachten, den PRL-Computer in die Wälder von Mendocino zu verlagern, um eine Programmiererkommune zu gründen?

Die Konfrontation wurde deutlich an einem Nachmittag, als die Gruppe, vom Konflikt zerrissen, alle Terminals in die Ecken rollte und mitten im großen Saal einen Teppich ausbreitete. Es war Zeit für ein echtes Brainstorming. Die Programmierer in ihren Bluejeans und bunten Hemden zogen ihre Sandalen aus und setzten sich im Kreis zusammen. Eine Flasche Wein und ein paar Joints machten die Runde, eine ernsthafte Encounter-Sitzung begann. Die Tür zum Treppenhaus ging unerwartet auf, und herein kam wer? Der Direktor von PRL in Person, in seinem grauen Anzug mit Streifenkrawatte, gefolgt von mehreren hohen Offizieren aus dem Pentagon. Sie waren auf einem offiziellen Rundgang, um die Verwendung von Steuergeldern zu überprüfen, über die sie zu befinden hatten.

«Und hier unser STEM-Projekt ...» begann der Direktor, ohne auch nur hinzusehen. Dann schaute er und sah und roch, und als er begriff, was der unverwechselbare Geruch war, erfand er rasch eine Ausrede und entfernte sich hastig. Projekt STEM hatte sich eine neue Krise zugelegt.

Über Vision-Stanley muß man eines sagen: Er war fähig, sich über alle diese Probleme hinwegzusetzen. Er warf die Störenfriede hinaus und ersetzte sie durch neue Leute, denen er seine Vision einimpfen konnte. Er machte niemals klar, worin diese Vision bestand, aber es gelang ihm stets, seine Zuhörer zu hypnotisieren. Eric verstand die Vision: Stanley sah auf seine prophetische Weise den Tag kommen, an dem die Computer nicht mehr nur von ein paar begünstigten Wissenschaftlern benutzt werden, sondern sehr vielen Menschen zur Verfügung stehen würden. Er sah voraus, daß ganze Gemeinschaften durch sie zusammenarbeiten würden, und begriff die Auswirkung der Computer schon 1947. Eric hatte einen anderen Weg eingeschlagen und war zu einer ähnlichen Erkenntnis sehr viel später gelangt. Was ihn erregte, war die Außerkraftsetzung von Zeit und Raum und die schlichte Präzision des Keyboards.

Eric bekam nie Gelegenheit, dies Vision-Stanley alles zu erklären, weil der Boß nicht die Zeit hatte, irgend jemandem lange zuzuhören. Er mußte sich zu oft damit abgeben, gegen Amtsschimmel und Bürokraten zu kämpfen. Außerdem war er schon zu einem neuen Abenteuer aufgebrochen. Er las ein Buch des Managementexperten Peter Drucker, der von «Wissensarbeitern» als der neuen internationalen Elite sprach. Stets bereit, die Terminologie umzustellen, wenn andere ihn in die Ecke gedrängt zu haben glaubten, machte sich Stanley diese Konzeption zu eigen und die Wissensarbeiter zu seinen neuen Helden, seinem großen Forum, seinem auserwählten Volk. Wissensarbeiter, ausgestattet mit STEM-Terminals und auf diese Weise mit Denkförderern, die nie versagten, würden endlich in der Lage sein, alle schweren Probleme der Menschheit zu lösen. Bei General Motors würden die Wissensarbeiter STEM dazu verwenden, ihre Hausmitteilungen und ihre Datenbanken einzugeben. Bei American Airlines würden Wissensarbeiter ihre Inventurlisten eintippen und Anforderungen von Teilenummern entsprechen. Bei General Electric und Corning Glass, in der ganzen Konzernwirtschaft Amerikas, würde STEM es den Spezialisten ermöglichen, Märkte und Finanzbewegungen zu verfolgen. Bald würde jeder Manager umgeben sein von einem Bataillon Informationsexperten, jeder ausgebildet in den endlosen Feinheiten von STEM. Für den Eigengebrauch der Manager würde das System freilich viel zu komplex sein.

Von jetzt an, so verkündete Stanley, betreibe man *Büroautomatisierung*. Und das war amtlich.

Die STEM-Beschäftigten, die generell verspätet zur Arbeit erschienen und manchmal halb angeturnt auftauchten, nahmen diese Nachricht mit Gleichmut hin. Wenn Uncle Sam Computerwissenschaft und Denkförderung nicht mehr fördern wollte, sondern das große Geld für Büroautomatisation bereitstellte, war Büroautomatisation offenkundig das, was man machen sollte. Es gab wieder eine der großen Sitzungen, viele wunderbare Gefühle wurden gemeinsam empfunden, und alles umarmte sich, beflügelt von Emotionen, einem Übermaß an Wein und den Träumen einer Zukunft in Harmonie und Frieden. Sekretärinnen, die keine Büstenhalter trugen, weinten ungehemmt an den Schultern von Systemprogrammierern mit Hemden, auf denen am Rücken hübsche, rosarote Falter eingestickt waren. Eine rührende Szene der Unschuld und wissenschaftlichen Reinheit, die Stanley mit gütiger Väterlichkeit betrachtete, bevor er die Tür zu seinem Eckbüro zumachte und ungestört seine alten Dateien durchmusterte.

Im Projekt gab es ein paar Leute, die an diesem Tag weder weinten noch Freudentänze aufführten. Sie meinten nicht, daß STEM für das automatisierte Büro vorbereitet sei. Sie fanden auch nicht, daß Wissensarbeiter, unterstellt, solche Wesen gab es in der Tat, auf STEM vorbereitet waren. Zum einen handelte es sich bei STEM um ein außerordentlich komplexes System; damit man es verwenden konnte, mußte man Hunderte von Befehlen auswendig lernen, was Jahre dauerte. Weit davon entfernt, sein System vereinfachen zu wollen, hatte Stanley genau das Gegenteil angeregt. Die Produktivität eines Ingenieurs wurde nach der Zahl der Befehle bemessen, die er der Sprache anfügte; am Ende würde sie mehr Wörter enthalten müssen als die englische Sprache. Im Denken des Erfinders war STEM ja schließlich dazu bestimmt, mehrdeutige und mühsam zu gebrauchende Formen des Englischen durch Neukonstruktionen zu ersetzen, die keine Irrtümer mehr zuließen. Auf Englisch kann man sagen: «You wouldn't recognize little Johnny. He has grown another foot.» («Sie würden den kleinen Johnny gar nicht mehr erkennen. Er ist noch einen Fuß gewachsen.») Solche Mehrdeutigkeiten konnte Stanley nicht dulden. Eines Tages, als er das Eric zum hundertstenmal erklärte, glaubte mein Freund zu erkennen, was vorging: Ein Ingenieur, mit der gängigen Sprache ganz und gar unzufrieden, suchte nach Maschinen, die es ihm gestatten würden, sich eine eigene zu schaffen. Er hatte seine Idealwelt in der Büroautomatisierung gefunden, einem Gebiet, auf dem Ingenieure wie er den Informationsfluß zwischen menschlichen Wesen bestimmten konnten. Da Information Macht ist, würden dieselben Ingenieure, die Informationsstrukturen im Büro der Zukunft gestalteten, insgeheim auch die Büroangestellten und durch sie das ganze Wirtschaftsgefüge steuern. Das würde geschehen im Namen von Produktivität und Kosten-Nutzen-Effizienz, zwei Begriffe, in einem industriellen Rahmen leicht zu messen, in der Welt des Büros jedoch völlig undefiniert – und noch undeutlicher, wenn es um Wissensarbeiter ging.

Die Belegschaft stand der Fähigkeit von STEM, einen Beitrag für die Bürowelt zu leisten, skeptisch gegenüber, ohne Rücksicht darauf, wie die Motivationen ihrer Erbauer beschaffen sein mochten. Sie konnten nicht einmal ein Projekt mit 30 Angehörigen betreiben, und die Blumenkinder, die spontan und unverfälscht genug waren, um die dunkle und verworrene Welt ihrer Eltern zurückzuweisen, bauten nun einfach eine eigene dunkle und verworrene Welt auf. Ein Mädchen, das sich dem Projekt anschließen wollte, erschien zum Einstellungsgespräch in Rock und Bluse. Nachdem sie sich die Levis, Holzperlenketten und Lederjacken ringsum angesehen hatte, gestand sie in gespielter Sorge: «Wie kann ich hier anfangen? Ich habe ja nichts anzuziehen!»

Sie hatten drei Schreibmaschinen, alle in schlechtem Zustand. Das Telefon wurde unregelmäßig bedient, Mitteilungen gingen häufig verloren, Fotokopien konnte man überhaupt keine machen lassen.

Nichtsdestoweniger hielten sie sich für ein Modell künftiger Gemeinschaften. Weshalb sollten sie sich den reaktionären Vorstellungen der normalen Geschäftswelt anpassen, die ohnehin auf dem Aussterbeetat war? Ihre hochmodernen Computertheorien würden die alte Bürowelt in die Mülltonnen der Geschichte stoßen.

STEM durchlief eine gewaltige Phase von Umorganisation und sozialen Experimenten. Die Sekretärinnen kamen zu dem Schluß, sie sollten nicht auf niedrige Dienste wie Maschinenschreiben und Telefondienst festgelegt werden, die zu deutlich die rangniedere Position der Frauen in der Wirtschaft anzeigten. Die männlichen Programmierer erklärten sich im Namen der Wissensrevolution einverstanden und stürzten von ihren Terminals fort zu jedem schrillenden Telefonapparat. Die Folge war ein Chaos an zwei Fronten: Die Telefonverbindungen gerieten hoffnungslos durcheinander, die Computerprogramme in solche Verwirrung, daß diese nicht mehr zu beheben war. Das Projekt ließ an Produktivität immer mehr nach. Der Systemchef mußte eines Tages sogar eine wütende Hausmitteilung loslassen, um die Wissensarbeiter daran zu erinnern, daß sogar in einem Labor, wo die Zukunft mit großem Z gezeugt und hochgepäppelt wurde, ein paar Grunderfordernisse erfüllt werden mußten. Elzevier schätzte diese Mitteilung hoch ein und bewahrte sie sorgfältig auf (Abbildung 9), weil sie ein Juwel des Realismus in der unechten Darstellung der Büroautomatisation ist. So oft er in ‹Fortune› oder ‹Datamation› liest, daß ein neues, elektronisches Gerät eingeführt wird, das die Produktivität des Sekretariats steigern wird, zieht er diese Hausmitteilung heraus und liest sie noch einmal durch. Sie führe ihn auf den Boden der Tatsachen zurück, behauptet er. Sie verleihe dem großen STEM-Traum Perspektive, weil sie die nützliche Funktion der Erfahrung erfülle.

Vision-Stanley mag es schwergefallen sein, die Identitätskrise seines Projekts zu überwinden, aber MEGA in Washington kämpfte mit demselben Problem: Man hatte Schwierigkeiten, vor dem Kongreß die anhaltende Beteiligung an der Computerforschung zu rechtfertigen. Bei einer Jahres-Haushaltsprüfung zitierte ein Verteidigungs-

```
31. MAERZ  3:08:53,1294


DATUM: 31. MAERZ      308
VON: GURU
BETRIFFT: NIE MEHR!
CC: XXX

--------

DAS IST DIESE WOCHE DAS DRITTE MAL, DASS ICH MITTEN IN DER NACHT
REINKOMMEN MUSS, UM WEGEN EINES ZUSAMMENBRUCHS DAS SYSTEM WIEDER
IN ORDNUNG ZU BRINGEN. MINDESTENS ZWEIMAL LAG ES DARAN, DASS KEINE
DISKSEITEN MEHR ZUR VERFUEGUNG STANDEN!!! DIE KATALOGPROZEDUR HAT
MAN WEITERLAUFEN LASSEN, SO DASS SIE ALLES VERBRAUCHTE. AB SOFORT
DARF DIE KATALOGPROZEDUR NICHT MITTEN IN DER NACHT UNBEAUFSICHTIGT
LAUFEN, ES SEI DENN, JEMAND ( NICHT ICH! ) IST BEREIT, DEM
UNAUSWEICHLICHEN RUF FOLGE ZU LEISTEN, WENN WIR AUF DER PLATTE
KEINEN PLATZ MEHR HABEN. ICH GEBE ZUR KENNTNIS, DASS ICH FUER SOLCHE
AUFGABEN IN ZUKUNFT NICHT ZUR VERFUEGUNG STEHE. IHR LAUFT TAG FUER
TAG MIT DEM KOPF IM ARSCH RUM UND BILDET EUCH EIN, WIR HAETTEN EIN
VIRTUELLES PLATTENSYSTEM. ICH SAGE EUCH, WIR HABEN KEINES, UND ICH
HABE ES EINFACH SATT, DASS HARRY, JOE UND ICH DIE FOLGEN DIESER
SCHREIENDEN DUMMHEIT TRAGEN MUESSEN. JOE LAEUFT DEN GROSSEN TEIL DES
TAGES HERUM, BITTET UND BETTELT UND BEDROHT DIE LEUTE BUCHSTAEBLICH,
DAMIT SIE AUFRAEUMEN UND EIN PAAR DATEISEITEN LIEFERN. WIR REDEN DIE
GANZE ZEIT VON D E N K F O E R D E R U N G. DAS IST ALLES KAESE!! DIESES
SYSTEM LAEUFT, WEIL EIN PAAR LEUTE DAUERND RUMRENNEN, HINTER DEN
ANDEREN AUFRAEUMEN UND DEN W I S S E N S A R B E I T E R N DIE AERSCHE
ABWISCHEN ( DIE NICHT MAL WISSEN, DASS SIE BLOSS KACKEN )......XXX
```

Abbildung 9: Hausmitteilung von Guru.

Unterausschuß MEGA zum Rapport, um zu fragen, was, zum Teufel, das Pentagon mit Büroautomation zu schaffen habe, wenn schon IBM und Xerox Multi-Millionendollar-Projekte zum selben Zweck laufen hätten. Schlagartig war es verpönt, im MEGANET von Büroautomation zu reden. Großprojekte wurden in Aufträge im Zusammenhang mit den Verteidigungsanstrengungen zurückgeführt, und die PRL-Gruppe saß auf dem Trockenen. Die Wissenschaftler hielten immer noch große Reden über Wissensarbeiter und hörten sich immer mehr an wie streunende Hunde, die den Mond anheulen. Aber Washington hörte nicht mehr darauf. Stanley schwebte in Gefahr, sein finanzielles Fundament zu verlieren. Schlichte Spannungen wurden zum offenen Konflikt, und das Projekt nahm noch seltsamere Züge an.

Vision-Stanley mußte etwas unternehmen, um seine erschlaffende Führungskraft wiederzugewinnen. Eine neue Mode überschwemmte Kalifornien, und Silicon Gulch machte keine Ausnahme. Eine neue Bewegung war aufgekommen, die Polaritätstherapie, Rolfing, Esalen und sogar Psychoheilung verdrängte. Stanley stürzte sich darauf, weil das die passende Lösung seines Problems zu sein schien. Diejenigen, die von Gruppe zu Gruppe wanderten, auf der Suche nach der kosmischen Wahrheit, die Veteranen der großen Drogenexplosion von 1968, die Sucher, die ewig neue Bewegungen fanden und sich ihnen anschlossen, nur um immer wieder neue zu entdecken, wurden von diesem absoluten Ende allen Suchens ganz gepackt: Sie hatten endlich das wahre Licht entdeckt. Vision-Stanley war unter ihnen. Er schickte sein gesamtes Personal zu EST.

Nach Erics Ansicht paßten Vision-Stanley und die Weltanschauung von John Paul Rosenberg alias Werner Erhard gut zusammen. Stanleys Arbeit war darauf ausgerichtet gewesen, den Menschen eine Maschine zu liefern, durch die sie miteinander in Kommunikation treten konnten, und eine Sprache, die keine Mehrdeutigkeit duldete. Erhard erlangte Kontrolle über die Tausende, die an seinen Seminaren teilnahmen, durch eine rein psychologische Technik und einen einzigen Zentralpunkt: sein eigenes Wort. Stanley war ganz Intuition und mißtraute dem Dialog, aber er war ein Meister darin, die Informationskanäle zu steuern. Erhard lenkte alles durch einen einzigen Kanal und konnte gut mit Worten umgehen. Dieser ehemalige Verkäufer der Schule des «positiven Denkens» hatte die Bewegungen des Neuzeitlichen Bewußtseins sorgfältig studiert, von den heißen Bädern bei Esalen bis zu den Gruppenübungen der Denkdynamik. Er verpackte alles in ein intensives Erlebnis, gab sogar eine Prise Zen und Scientology dazu und wurde über Nacht ein Erfolg.

Die EST-Trainer nahmen zwei- oder dreihundert Leute auf einmal (weil es viel leichter ist, eine Gruppe von dieser Größe zu beherrschen, als eine kleinere), sperrten die Türen ab, unterbanden so gewaltsam den Zugang zu Telefon, Süßigkeitenautomat und Toiletten, und verweigerten ihren Schülern die materialistischen Genüsse, auf die sie stets gezählt hatten. Dann begannen sie damit, ihre Abwehr zu zermürben, und zwar mit Hilfe bekannter Techniken, die die Uneingeweihten verblüfften und aus dem Konzept brachten. Sie nützten ihre Versagergefühle aus. Sie zwangen sie, sich an die demütigendsten Erfahrungen ihres Lebens zu erinnen und sie mit der Gruppe zu «teilen». Sie zerlegten sie seelisch und setzten sie wie zerbrochene Puppen wieder zusammen.

Die Berichte über Erhards Sitzungen hatten interessante Auswirkungen auf die STEM-Gruppe, die sich im Verlauf ungefähr eines Monats herausschälte. Zuerst kam der leise Vorschlag, der heimliche Druck, sich für die Seminare einschreiben zu lassen.

Bei PRL geschah nie etwas ohne langatmige Diskussion. Stanley selbst nahm an den STEM-Sitzungen selten teil. Sie wurden geleitet von seinen Assistenten, die im Schneidersitz am Boden hockten, Kartoffelchips aßen, Cola tranken und freigebig rülpsten. Das war ihre Art, ihre Identität auszudrücken und der ganzen Welt klarzumachen, daß sie zwar vom Verteidigungsministerium Millionen Dollar annehmen mochten, um ihre Forschungen zu betreiben, in Wahrheit aber clevere Opportunisten waren. Es wäre falsch, sie mit den Lakaien der Kriegsherren zu verwechseln, die an lasergelenkten Bomben arbeiteten und erkennbar waren an ihren Krawatten, geputzten Schuhen und normalem Verhalten bei Tisch. Das STEM-Projekt war anders, und sie gedachten es dadurch zu beweisen, daß sie sich bei EST einschrieben, eine Methode, über die sie sehr wenig wußten. Das große Geheimnis schwebte über ihnen und war ihre einzige Gelegenheit, ihre persönlichen Konflikte ebenso zu lösen wie die der Gruppe.

Ein Dutzend Mitarbeiter gab sofort nach. Sie waren bereit. Sie hatten im stillen danach gerufen, ihr ganzes Ich begrüßte das, ihr Inneres leistete keinen Widerstand. Sie waren zumeist studierte Leute, die die Schuld für das gegenwärtige Scheitern von STEM auf sich nahmen. Da Stanley nicht irren konnte, mußten sie selbst seines großen Plans unwürdig sein, mußten sie selbst vor dem grandiosen Auftrag versagt haben, den er ihnen gegeben hatte. Sie kamen nicht auf den Gedanken, daß das Projekt im Sumpf der eigenen psychologischen Konfusion festsaß, daß es die Verbindung zum Hauptstrom der Computerforschung verlor.

Die erste Welle von Gläubigen sprang kopfüber in EST hinein wie eine Gruppe von verirrten Wanderern in der Wüste, die Erlösung im

Wasser eines erfrischenden, geheimnisvollen Flusses sucht. Als sie am Montag ins Büro zurückkamen, waren sie kaum wiederzuerkennen. Sie hatten nicht einfach eine schlichte Änderung der Ansichten durchgemacht; es war eine Verwandlung. Sie strahlten, sie schwebten, sie flogen. An diesem Tag wurde nichts gearbeitet; sie badeten stundenlang in der Überschwenglichkeit ihrer geistigen Verjüngung, und die anderen hörten sich ihre Geschichten an, abgefaßt in einer seltsamen neuen Sprache, die sich dem Rest der Gruppe deutlich entzog und ihn ausschloß. Wenn man mit einem Angehörigen der ersten Welle dienstlich zu sprechen begann, wurde man unterbrochen von einem anderen Mitglied, das herbeistürzte und mitmischte. Die beiden hingen dann ihren Erinnerungen über die tiefen, wunderbaren Geheimnisse des vergangenen Wochenendes nach. Eric reagierte darauf so, daß er sich auf Zehenspitzen entfernte, wie ein profaner Tourist, der bei der Suche nach dem Seitenausgang des Doms auf eine Versammlung von Erzbischöfen gestoßen ist, die in lateinischer Sprache die Transsubstantiation der Seele besprechen.

Die Proselytenmacher der ersten Welle deuteten noch andere Geheimnisse an. Sie wußten jetzt, wie man ewig glücklich sein konnte. Sie hatten sich in anderweltlichen Glanz gekleidet. Sie würden nie mehr verspätet zu Sitzungen kommen, sie würden ewig gesund sein. Sie hatten einen übermenschlichen Status erreicht und zum letztenmal geniest.

Die Erste Welle setzte die Gruppe so unter Druck, daß sich von STEM ein zweiter Splitter löste. Für Eric, der von außerhalb zusah, war EST zu einer nassen Decke der Anpassung geworden, geworfen über einen Haufen netter Einzelpersonen, die Stanleys freundlichen Traum zu leben versuchten. Der STEM-Gedanke war jetzt umstrukturiert, um sogar noch größere und unzugänglichere Ziele zu umfassen: Universales Glück, dauerhaftes klares Denken. Scientologen wenden Jahre und viele tausend Dollar dafür auf, um «klar» zu werden; EST schaffte das für nur 250 Dollar in wenigen Tagen. Die Zweite Welle entstand.

Die Zweite Welle war intensiver und aufrichtiger. PRL-Chargen waren in die Ränge vieler Firmen von Silicon Gulch gegangen, um einen ernsthafteren Kader von Managern zu rekrutieren, die, wie sie annahmen, ihre Glaubwürdigkeit in Washington wiederherstellen würden. Diese Manager besaßen solide Ingenieurdiplome und Produktionserfahrung. Stanley gab ihnen aber keine Befugnisse und keine Mittel, ihre Erfahrung zu nutzen, vielleicht deshalb, weil er die Möglichkeit in Betracht zog, einer von ihnen könnte nach der Macht greifen. Die Folge: Ein völlig verwirrtes Middle Management mittleren Alters, Leute, die ihre Posten auf der Suche nach einem Mehr aufgegeben hatten, weil sie glaubten, das Leben müsse mehr bieten, als bei IBM oder Varian eine Laufbahn zu durchlaufen. Sie hatten versucht, ihre Kreativität bei dieser jungen Idealistengruppe in der Freude der Forschung wiederzufinden, und glaubten an das, was sie für Stanleys Ziel hielten. Mehr noch, sie wußten, daß sie es in Wirklichkeit verwandeln konnten. Und trotzdem scheiterten sie: Das Projekt war ins Leere gelaufen, sie verbrachten ihre Zeit mit qualvollen Sitzungen, bei denen nie eine Entscheidung getroffen wurde. Sie sahen sich in einer diabolisch konstruierten Falle, in der sie keinen Raum zum Arbeiten fanden. Das Personal spottete über ihre Änderungsvorschläge und warf ihnen dann vor, sie brächten nichts auf die Beine. Da die Vision nicht falsch sein konnte, mußte mit *ihnen* etwas faul sein, mit diesen alten Dinosauriern, der Ausschußware des Computer-Wunderlands. Wenn sie schon so klug waren, warum blieben sie dann nicht bei Varian und bezogen große, fette Gehälter? Warum waren sie bei PRL und versuchten jünger auszusehen, als sie waren, wie geile alte Böcke, die eine Kommune im Wald besuchen, damit sie einem jungen Ding, das der freien Liebe anhängt, an den Hintern greifen können?

Das Scheitern lag in der Luft, verborgen, und die Manager waren dafür anfällig. Manche von ihnen durchliefen eine Übergangszeit, gekennzeichnet durch Scheidungen und auseinanderbrechende Familien. Silicon Gulch ist in ständigem psychologischem Aufruhr, weil die Computertechnologie in solch raschem Wandel ist, daß sie Wissen rasch veralten läßt und, wie wir gesehen haben, die Menschen zu einem Tempo zwingt, mit dem menschliche Emotionen nicht mehr Schritt halten können. Die Zweite Welle konnte ihren Besuch bei EST nicht mehr lange aufschieben. Die jüngeren Mitglieder der Gruppe hielten den Lohn von brüderlicher Aufnahme und Versöhnung vor die Nase, die offenen Arme einer liebenden Gruppe, wenn sie die schwere Prüfung auf sich nahmen.

Sie taten es. Am folgenden Montag kamen die grauhaarigen Manager mit dem verstohlenen Strahlen von Männern ins Büro, die ihre innere Wahrheit gefunden haben, Männer, die nie wieder verspätet zu Sitzungen erscheinen, etwas anderes als klar denken oder sich erkälten würden. Sogar die Möglichkeit einer tropfenden Nase war aus ihrem Leben für immer verbannt.

Für diejenigen, die EST noch nicht genommen hatten (man sagte: «Ich nehme EST», als meine man: «Ich nehme 500 Milligramm Penicillin»), wurde der Druck fast unerträglich. Eine Zeitlang herrschte pausenloses Bombardement durch Gruppenmitglieder, die durch die Mysterien gegangen waren und nun mit ihrem Einsatz am Ausgang des Spiels beteiligt waren. Die ganze Welt mußte EST durchmachen, um gerettet zu werden, erklärte man Eric, zumindest aber das ganze STEM-Projekt. Wenn auch nur ein paar schwarze Schafe wie er sich weigerten, dort hinzugehen, genüge das, um alles zunichte zu machen. Es gab auch noch einen anderen Grund, einen verborgenen: Sie hatten die Demütigung durchgemacht, die Entblößung, die öffentliche Geißelung ihrer Seelen, die seelische *Sezierung*. Für ihre Erniedrigung hatten sie unsichtbare Abzeichen des Genies erhalten. Nun mußten die anderen es auch tun, oder soziale Zurückweisung hinnehmen. Das war die allem zugrundeliegende Regel jeder Initiation, jeden Gruppengeheimnisses. Trotz ihrer Teilnahme am führenden Projekt des Landes auf dem Gebiet der Vernetzung war das Personal bei PRL für diesen psychologischen Druck ebenso verwundbar wie jede andere Gruppe.

Erics Position im Team war von sonderbarer Art. Er kam, wie die Manager der Zweiten Welle, aus der Industrie, aber er war jünger als die Manager und unter seinen Kollegen, den auf der Höhe der Zeit befindlichen Programmierern, für seine Computerarbeit bekannt. Sie wußten nicht, was sie mit ihm anfangen sollten. Er machte deutlich, daß EST nichts für ihn war, obgleich es ihn nicht im geringsten störte, wenn sie zu den Seminaren gingen. Eric gab zu, nicht perfekt zu sein; nicht immer denke er klar. Er erkälte sich und erscheine gelegentlich zu spät zu Sitzungen, aber er habe seine eigenen Maßstäbe und wolle seine Unzulänglichkeiten ohne EST bewältigen, recht vielen Dank.

Erste und Zweite Welle sahen sich nach anderen Opfern um. Sie glaubten, die Aufgabe werde jetzt erst recht leicht, weil sie die überwältigende Mehrheit geworden waren. Sie bildeten einen Wall um Stanley, der heuern und feuern konnte. Sie erwarteten keinen organisierten Widerstand und fanden keinen. Statt dessen stießen sie auf Individuen, die auf den eigenen Beinen stehen konnten und sie schlicht aufforderten, sich zum Teufel zu scheren. Für Eric war das eine Offenbarung. Er entdeckte die Stärke und Widerstandskraft mancher Teamangehöriger, von deren Energie er nichts geahnt hatte, und war EST sogar dankbar dafür, daß sie sich dadurch offenbart hatte. Sie waren keine schlechte Gruppe.

Da war Cliff, für das Netz verantwortlich, ihre einzige professionelle Verbindung zur MEGA-Gemeinschaft, ihrer Brücke nach Washington. Wenn er ging, würde die Finanzierung des Projekts wohl mit ihm gehen. Er besaß ein gründliches Wissen über die Protokolle, die den Zugriff zum Computer offenhielten, und wäre der ideale Kandidat für EST gewesen. Bedauerlicherweise hatte er schon seine eigene spirituelle Disziplin gewählt: Er befaßte sich gründlich mit den Mystikern und hätte, wie er erklärte, nicht die Absicht, einem Haufen armseliger Materialisten zuzuhören, die für 250 Dollar nach Abkürzungen zur Erleuchtung suchten (bald danach stieg das Honorar).

Dann Guru, ein breiter, bärtiger Typ, der schon eine starke Neigung zur Insubordination durch die Abfassung der berühmten, oben zitierten «Hausmitteilung an Wissensarbeiter» verraten hatte. Er widerstand EST, was für die Hippies eine große Überraschung war, weil er lange Haare hatte, die richtige Kleidung trug, im Büro eine Gitarre aufbewahrte und ordinär daherredete. Gewiß, man konnte ihn feuern, aber er war in der Gruppe der einzige, der sich mit dem Betriebssystem des Computers auskannte. Falls die Software nicht regelmäßig auf den neuesten Stand gebracht werden sollte, würde es zusammenbrechen und STEM versagen. Man schickte eine Delegation in Gurus Büro, um ihn sanft unter Druck zu setzen. Schließlich bezahle PRL das halbe Honorar für EST, und wenn er knapp bei Kasse sei, lasse sich vielleicht auch da etwas machen.

Guru erklärte ihnen, er hätte eine hübsche, wohlgeformte Freundin in den Bergen und «samstags Besseres zu tun, als einem Haufen von Beutelschneidern zuzuhören». Wenn sie in irgendeinem muffigen Saal vor zweihundert Volltrotteln in die Hosen zu pinkeln wünschten, wolle er sie aber nicht aufhalten. Diese spezielle Art von Herrschaft bringe ihm nichts, sagte er. «Ich hab das ausprobiert und keinen Gefallen dran gefunden.» Er strich seine schulterlangen schwarzen Haare aus dem Gesicht und drehte sich zu seinem Terminal um.

John war der nächste, der den dargebotenen Kelch von EST-Bitterkeit und -Freude zurückwies. Auch er trug, wie es Mode war, die Haare lang, und war der einzige übriggebliebene Programmierer aus der Mannschaft, aus deren Feder die laufende Fassung von STEM stammte, so daß man ihn nicht hinauswerfen konnte. Er kam auf seinem Motorrad bei PRL an, wann es ihm beliebte, machte seine Arbeit und fuhr heim. An den Wochenenden zimmerte er Möbelstücke. Sein wahres Ziel im Leben war, Möbelschreiner zu werden. Er lächelte, als er zu EST eingeladen wurde, und sagte auf seine leise Art, er müsse erst einen Louis Quinze-Stuhl fertigmachen, bevor er sich mit solchen Dingen befassen könne.

Dann gab es noch Wilma. Sie hatte das Büro neben Eric. Sie war eine kräftige, fröhliche Person, die meistens Purpurrot trug, und er wußte, warum sie gerade diese Farbe gewählt hatte, und weshalb sie an bestimmten Tagen bestimmte Steine trug. Sie kannte sich ein bißchen in der Astrologie aus. Sie hatte ihm anvertraut, wo auf dem Boden ihres Bürozimmers die Hexagramme lagen; ihre Regale waren gut bestückt mit den okkulten Büchern von Manly Hall und Dion Fortune. Wenn der Computer zusammenbrach oder Stanley eine seiner verhaßten Launen hatte, ging Eric in Wilmas Büro. Sie gab ihm Kräutertee und vertraute ihm ihre Gedanken über das Tarotspiel und den Heiligen Gral an. Wilma hatte sogar einen Plan, eines Tages obskure kabbalistische Berechnungen durch STEM laufen zu lassen.

Wilma hatte sich viele Jahre mit den esoterischen Wissenschaften befaßt und betrachtete den jungen Erhard als einen jener Spätzünder, die vom wahren Sinn der Eingeweihtheit nichts begriffen hatten.

Die Dritte Welle blieb völlig aus, und die Apostel von EST sahen ein, daß sie ihre Zeit vergeudeten. Die Konflikte im Projekt verstärkten sich mit der Zeit noch, der Glanz der EST-Erfahrung verblaßte schließlich. MEGA drohte, die Finanzierung einzustellen. Die Leute fingen wieder an, zu spät zur Arbeit zu kommen. Und eines Tages, mitten in einer Betriebsbesprechung, begann Stanley zu niesen.

Das EST-Experiment war sehr nützlich gewesen, auch wenn es nicht die Ergebnisse zeigte, die Stanley sich erhofft hatte. Es hatte die tief verborgenen Fehler im Projekt aufgedeckt. Es nützte jenen ein bißchen, die in die Seminare gingen, weil der Gedanke, «Verantwortung für ihr Leben zu übernehmen», wohl einer war, mit dem sie sich vorher nie befaßt hatten. Außerdem nützte es den Leuten, die nicht teilnehmen wollten, weil es ihnen die zusätzliche Kraft der Erkenntnis verlieh, daß sie notfalls allein ungeheurem Druck der Gruppe, sich anzupassen, standhalten und ihre eigenen Maßstäbe aufrechterhalten konnten – ein Druck, den die digitale Gesellschaft bald auf uns alle ausüben wird.

In dieser Beziehung mag das Projekt STEM die Vorankündigung von Dingen gewesen sein, die bevorstehen, Prototyp einer Welt, wo fortgeschrittene Computertechnologie sich mit fortgeschrittener Wissenschaft der Gedankenkontrolle verbinden wird, um erwünschtes Verhalten durchzusetzen. Vielleicht können wir nicht vermeiden, eine solche Phase zu durchlaufen, bevor wir eine höhere Stufe menschlicher Freiheit erreichen. Für Eric bestand die Lektion darin, daß ein paar begabte Menschen erfolgreich darauf beharren konnten, ihre persönliche Freiheit zu bewahren.

Die Folgen waren vorauszusehen. Diejenigen, die EST *nicht* genommen hatten, begannen sich, ausgestattet mit ihrer neuen Kraft, neu umzusehen. Eric weiß, daß er sich zu fragen begann, was er hier mache; dann kündigte er, nachdem er nicht einmal ein ganzes Jahr beim Projekt mitarbeitet hatte. Cliff, Guru, Wilma und John schieden ebenfalls aus; was von STEM übriggeblieben war, trieb noch eine Weile dahin, dann gelang es PRL-Managern, das Projekt an ein Unternehmen zu verkaufen, das nach einem System zur Dokumentationsvorbereitung suchte. Dazu war es in der Tat geschrumpft, zu nicht mehr als einem Textautomaten, wie man sie jetzt in den Redaktionen jeder größeren Zeitung findet. Wieder einmal hatte die Computertechnologie ihre eigenen Kinder verschlungen.

Es fällt schwer, Stanleys Vision wirklich anzuerkennen, denn die menschliche Gleichung hat die Technologie verdunkelt, und die neuen Computer haben inzwischen viel von der Arbeit seiner Gruppe obsolet werden lassen. Auch ihre reale Wirkung war indirekter Art – die Befruchtung der vielen Planer und Programmierer, die im Laufe der Jahre das STEM-Labor besuchten und andere Stellungen übernahmen, um viele Jahre später dankbar zu erkennen, was sie von diesem Mann gelernt hatten. Silicon Gulch ist voll solcher Geschichten, und irgendwo bei Santa Clara träumt Stanley wohl weiter und denkt an eine Zeit, in der Computer Krieg, Armut und die Vieldeutigkeiten der menschlichen Sprache beseitigt haben.

Seine Programmierer meinten es in Wahrheit nicht ernst, als sie vom Bau einer menschlichen Kommunikationsmaschine sprachen. Sie konnten direkte Kommunikation nicht ertragen und vermieden, wenn das ging, sogar gewöhnlichen Dialog. Der kleine Terror der «anderen Person», der in uns allen irgendwo in einem dunklen Winkel lauert, schien sie ganz erfaßt zu haben. Für sie war Kommunikation an sich schieres Entsetzen, und STEM die Antwort darauf, eine Maschine, die man zwischen sich und die Welt der anderen stellen konnte. «Kann ich dich auf diese Weise erreichen?» Sie drückten ein paar Knöpfe und beobachteten die kleinen Lämpchen. «Oder auf diese Art? Wie kann ich sicher sein, daß deine Worte mir nicht schaden?» Die wahre Absicht von STEM war die, eine Abschirmung für ihre Herren zu errichten, sie vor einer schrecklichen Welt zu schützen, die sie ängstigte. STEM würde sich alles über ihre Benutzer merken, ein genaues Profil von ihnen aufbewahren, einem Systemingenieur den Weg zu den Gedanken anderer bieten. Das Wissen um diesen Weg war Macht, und aus diesem Grund mußte STEM sehr kompliziert und für den gelegentlichen Benutzer unerforschlich sein. Stehen ähnliche Motivationen hinter der Büroautomatisation? Ist die soziale Notwendigkeit, die von den Maschinen erfüllt wird, in Wahrheit eine der Trennung, der Absonderung, der verstärkten Kontrolle?

Niemand hat den Mut, die Wahrheit auszusprechen. Wenn man es genau nimmt, wenn die Maschinen auf ihre allzu vereinfachende Weise die menschlichen Mißverständnisse aufzulösen versucht haben, unter denen wir alle leiden, werden die Menschen zu älteren Methoden zurückkehren, sich wechselseitig mit ihren Gedanken zu befassen. Sie werden ihre Handlungen nicht den inneren Abläufen einer STEM überlassen, gesteuert von einer Programmierarmee. Statt dessen werden sie die Schutzschilde ihrer Software beiseitestellen und – so sehe ich in meinem Traum das jedenfalls – ihre Köpfe über die Plastikwölbung ihrer Terminals erheben und geduldig lernen, einander wieder direkt in die Augen zu blicken.

VERNEBELUNGSLEHRE: DIE WISSENSCHAFT, EINFACHE DINGE KOMPLIZIERT ERSCHEINEN ZU LASSEN

Kann es sein, daß Computerfachleute versuchen, ihre Privilegien dadurch zu sichern, daß sie sich hinter ihrem eigenen Jargon verstecken? Wir sehen, wie der Vater von Jonathan Livingstone Seagull rücksichtslos aus einer Fernschachpartie geworfen wird, und warum die Computerindustrie von Staubsaugern viel lernen könnte. Der Verfasser, der dies alles beobachtet, beschließt, Begründer der VERNEBELUNGSLEHRE zu werden, der Wissenschaft, einfache Dinge kompliziert erscheinen zu lassen.

Richard Bach, der Autor von *Jonathan Livingstone Seagull*, saß an einem stillen Abend an seinem Computerterminal und versuchte Schach zu spielen. Er war in Florida, sein Gegner, ein Computer des Massachusetts Institute of Technology, zugänglich gemacht durch das ARPANET-System, befand sich in Massachusetts. Mitten im Angriff bekam Bach auf seiner Papierrolle plötzlich die folgenden Zeilen geliefert:

> MITTEILUNG VON ABC
> ABC @ AI 04:21:48 DO A $A 1,1,999 (SPACE).
> DIE LETZTEN BEIDEN ZÜGE BEDEUTEN EINE AUSLASSUNG IN DEN VORGABEPARAMETERN.

Verblüfft gab Bach zurück:
WIE DAS?

Von den Leuten beim MIT erhielt er folgende Information:
«LINK VON ABC tja, er hat einen Modus, genannt ‹aktiver Modus›, in dem er einen anderen Parametersatz verwendet und eine andere Art von Suchvorgang anstellt. In diesen Modus geht er über, sobald die Zahl der Sekunden pro Zug, die vor der Zeitkontrolle verbleibt, kleiner ist als die dritte Zahl in der letzten $A-Einstellung. Bei der Vorgabeparameter-Einstellung sind das aber 70 Sekunden. 2 Züge vorher hatte er zum erstenmal mehr als 70 Sekunden pro Zug für jeden Zug übrig bis zur Zeitkontrolle bei Zug 40 (der Vorgabe), so daß er in den aktiven Modus überging. Die Parameter sind aber nicht für den aktiven Modus aufgestellt, so daß er in Wirklichkeit einen Suchvorgang durchführte, der nur ein Spiel vorausschaut (beim eigenen Zug, aber nicht auf irgendeine Antwort des Gegners). Deshalb hat er so wenig Zeit für die beiden letzten Züge gebraucht (31 und 32). Der empfohlene $A-Befehl hindert ihn, überhaupt einen aktiven Suchvorgang zu beginnen (das heißt, so lange ihm stets weniger als 999 Sekunden pro Zug bleiben).»

Richard Bach, nicht mehr verwundert, aber von dieser Antwort völlig entgeistert, antwortete schlicht:
ICH DACHTE, ER WILL FRECH WERDEN ...

Und er schickte mir das Blatt, weil er wußte, daß mich die eigenartigen Methoden interessierten, mit denen Computerwissenschaftler gewöhnliche Menschen verwirren, die in der Regel keine ARPANET-Codenummer in ihrer Brieftasche tragen. An den Rand schrieb er folgende Bemerkung: «Jacques – das passierte, bevor sie dahinterkamen, daß ich Privatmann bin, und mich aus dem Schachwahlprogramm von MIT warfen.»

Dieser kurze Wortwechsel veranschaulicht den unfaßbaren Snobismus um den Zugriff auf Computer. Bewacht von der Angeberei der Hohepriester, der Heiligkeit von Kennwörtern und vertraulichen Telefonnummern, hält das ARPANET sich für den besonders exklusiven Tummelplatz einiger weniger Genies. Die Meinung wäre noch entschuldbar, wenn man erfährt, daß seine Benutzer entweder für hohe Geheimhaltungsstufen freigegeben oder Professoren an führenden Universitäten oder beides sind. Unentschuldbar wird sie aber dann, wenn man erkennt, daß der Rest der Computerfachleute sich desselben Hochmuts schuldig macht.

Die derzeitigen Komplikationen der menschlichen Wechselwirkung mit Computern können oft nicht auf echte wissenschaftliche oder technische Schwierigkeiten, sondern auf schlechte Konstruktion und Fehlbeurteilung der Motivationen und Arbeitsmethoden von Computerbenutzern zurückgeführt werden. Wenn Computerexperten die Wahl haben, es entweder dem Benutzer oder der Maschine einfach zu machen, stellen sie sich auf die Seite der Maschine. Mir scheint, daß bessere Konstruktion, ernsthafte Auswertung und schlicht gesunder Menschenverstand auf Computersysteme angewendet werden müssen, bevor diese Hindernisse weggeräumt werden können und die Vorteile des Computergebrauchs vor einem begeisterten Publikum erblühen. Wir haben noch einen sehr, sehr weiten Weg vor uns.

Was ich hier sage, ist meinen Puristenkollegen in der Computerwissenschaft verhaßt. Vision-Stanley wünschte, daß niemand außer Experten sein STEM benützte, und stellte sich vor, daß Tausende von Spezialisten jahrelang ausgebildet würden, um sich die zahllosen Variationen seiner Kommandosprache einzuprägen. Aber was ich meine, wird für die Leute immer deutlicher, die mit der undankbaren Aufgabe betraut sind, Büroautomatisierung zu realisieren, neuen Textverarbeitungssystemen die Bahn zu bereiten oder dem Bankchef zu erklären, warum sein Computer Mrs. Higgins eben zweitausend Kostenerstattungsschecks über je zehn Cent statt einen Scheck über zweihundert Dollar geschickt hat. Und es wird jedem Angestellten klar, der zwischen der Systemgruppe des Unternehmens und den normalen Leuten im Hause steht und ihnen die Alltagskrisen im Computersaal erklären muß.

In den letzten paar Jahren sind meine Kollegen und ich in dieser wenig beneidenswerten Lage gewesen, als wir das erste Computerkonferenzsystem zur Verwendung in einem Computernetz erforscht, entwickelt und vermarktet haben. Dabei hatten wir Gelegenheit, die

Wechselbeziehungen unter Tausenden von Benutzern (die keine Computerspezialisten waren) und einem wahren Zoo von Softwaresystemen zu beobachten. Viele der Teilnehmer an unseren «Konferenzen» hatten noch nie in ihrem Leben ein Terminal bedient, und es war unsere Aufgabe, sie in allem zu unterweisen, vom Einstellen der Schalter an ihren Maschinen bis zu der Anmelde-Prozedur, die ihnen Zugriff zu den verschiedenen Netzen verschaffen sollte. Diese Arbeit hat uns die Augen geöffnet. Es lohnt, zu einem Zeitpunkt darauf einzugehen, zu dem die Verbreitung dieser Technik für die Aktivitäten des amerikanischen Geschäftsmannes grundlegend wird und Spezialisten über die Einführung solcher Informationsdienste in amerikanischen Privatwohnungen auf breiter Basis nachdenken.

Die Idee der Computerkonferenz geht zurück auf die Berlinkrise von 1951, in vieler Hinsicht Prototyp für den klassischen Management-Notstandsfall. Alle NATO-Länder waren beteiligt und mußten konsultiert werden, aber es blieb keine Zeit, alle führenden Leute zu einem zentralen Ort zu fliegen; eine telefonische Fernkonferenz (in siebzehn Sprachen!) wäre ein unmögliches Unterfangen gewesen. Das State Department verfügte über Fernschreibverbindungen zu jedem dieser Länder, und wie man mir sagte, wurde ein Versuch unternommen, die Kabel dieser siebzehn Fernschreiber zusammenzuspleißen und gewissermaßen ein primitives Informationsnetz zu schaffen. Die Folge war ein Chaos, da jedes auf einem der Fernschreiber getippte Zeichen auf allen anderen wiederholt wurde (wenn ich richtig verstanden habe). Ein paar kluge Leute auf dem Verteidigungssektor überlegten sich: Wenn sie nur einen Computer in die Mitte dieses Netzes setzen könnten, würden sie Speicher, Logik und Strukturierungsfähigkeit des Computers gewiß dazu nutzen können, den Strom der Nachrichten und Daten durch die verschiedenen Länder zu organisieren.

Ein solcher Vorschlag ließ sich leichter machen als ausführen. Zur Zeit der Berlinkrise gab es keine Computernetze, keine Teilnehmersysteme (die einen Computer befähigen, mehrere Benutzer gleichzeitig zu bedienen) und keine geeigneten Terminals. Das Institute for

Defense Analyses jedoch, eine Denkfabrik für den Verteidigungssektor, begann mit einem gründlichen Programm das ganze Problem der Telekonferenz zu untersuchen. Bei Rand und im Office of Emergency Preparedness (deutsch etwa: Amt für Notfallvorbereitungen) in Washington, D. C., begannen Ende der sechziger Jahre andere Gruppen zu experimentieren.

Für eine Gruppe von Personen an verschiedenen Orten und mit einem gemeinsamen Informationsbedürfnis ist Computerkonferenztechnik eine neue Art technischer Verknüpfung, durch welche diese Gruppe entweder gleichzeitig (wie bei einer telefonischen Konferenzschaltung) oder zu verschiedenen Zeiten zusammenwirken kann (wie bei einem modernsten Fernmeldezentrum mit unbegrenzter Speicherkapazität). Diese technische Verbindung besteht aus Terminals, einem örtlichen Anruf bei einem Computer, der den ganzen Ablauf steuert, und einem Programm, das den Benutzern die Fähigkeit verleiht, ihre Information dauerhaft aufzuzeichnen.

Das erste Computerkonferenz-System, das «aus dem Labor herauskam», war das System PLANET, so genannt, um die Idee eines *Pla*nungs*net*zes zu vermitteln. Man braucht aber kein Planer zu sein, um Computerkonferenzen zu nutzen. PLANET ist inzwischen überholt durch ein anderes System namens NOTEPAD (Notizblock), entwickelt zum Zweck, den fortbestehenden Koordinationsbedürfnissen großer Organisationen zu entsprechen. Beispielsweise kann NOTEPAD gleichzeitig von Schriftstellern in New York und Hollywood benutzt werden, die eine Situationskomödie entwickeln oder ein Filmdrehbuch umschreiben, von Börsenspezialisten in Chicago, London und Brüssel, die wichtige finanzielle Transaktionen verfolgen, und von einer weit auseinandergerissenen Gruppe von Erdöl-Geologen, die Bohrdaten in Alaska und Singapur vergleichen. Eine Kirche kann eine Notlieferung von Medikamenten und Nahrung in ein Katastrophengebiet koordinieren, ein Psychologe, der zu Hause in seinem Arbeitszimmer sitzt, auf Fragen eingehen, die während des Tages von seinen Assistenten oder sogar von seinen Patienten gestellt worden sind.

Der Schlüssel dafür, Systeme wie NOTEPAD effektiv zu nutzen, lag nicht nur in der Modernität der Computeroperationen, sondern ebenso in der Einfachheit und Mühelosigkeit des Benutzerdialogs, ein Gedanke, der von Spezialisten nur unzulänglich begriffen wird; man hört sie oft einwenden, sie brauchten hohe Subventionsgelder, um die Probleme der Benutzer-Schnittstelle zu untersuchen. Nach meiner Meinung tarnt ein solcher Einwand ihre überflüssige Komplizierung des Computergebrauchs. Er verleiht Würde lediglich einem Zustand der Verwirrung, der von Programmierern hervorgerufen wurde und von ihnen beseitigt werden sollte. Wenn etwas weiterer Erforschung bedarf, dann nicht der Benutzer als Fortsatz der Maschine, sondern die Sozialstruktur, die jedes Informationssystem umgibt, gehe es nun um eine Folge von Regeln, eine Bibliothek oder eine Computer-Datenbank. Diese Sozialstruktur ist es, von der die Beziehung zwischen Benutzer und System diktiert wird.

Wir können beginnen mit der Frage: «Warum benutzen die Leute keine Computer?» Wir benutzen natürlich Computer, aber wir sind eine ganz kleine Minderheit. Der Mann von der Straße fühlt sich von Computern eingeschüchtert, erschreckt oder abgestoßen, und auch viele Unternehmer betrachten diese Technologie mit Feindseligkeit. Die Gründe sind ganz deutlich und einfach. Die Sorgen beginnen schon bei dem, was der Benutzer als erstes zu sehen bekommt, nämlich beim Terminal. Sie nehmen zu, wenn unser Benutzer versucht, in das Netz oder in den Computer selbst einzusteigen, um seine Arbeit zu machen. Und sie schießen ins Kraut, wenn er tatsächlich versucht, ein Programm zu fahren. Alle Phasen der Technik werden nach wie vor in unnötiger Weise durch die Hohepriester kompliziert, die sie beherrschen.

Abbildung 10 zeigt ein übliches Terminal. Das ist die Art von Gerät, die unser Projekt an Unternehmen, Schulen, Forschungsinstitute und staatliche Dienststellen im ganzen Land geliefert hat, um *normalen Menschen* (im Gegensatz zu Programmierern) Zugang zu einem Computer zu ermöglichen.

Sobald einem Benutzer die Kiste mit dem Terminal zugestellt wird, erhalten wir in der Regel einen Telefonanruf, der sich ungefähr so anhört:

Hallo, hier Schwester Theresa von der Afrikanischen Hilfsmission. Ist dort Projekt NOTEPAD?

Ja, Schwester Theresa, was können wir für Sie tun?

Abbildung 10

Tja, wir haben eben das Paket erhalten.

Ausgezeichnet! Enthält das Paket ein Computerterminal?

Na ja, da ist so ein ... Ding ... Soll ich das verwenden, um unsere täglichen Berichte an die Missionsoberen zu schicken?

Ja, so ist es, Schwester Theresa. Sie werden sehen, es ist ganz einfach. Darf ich Sie bitten, das Gerät aus der Verpackung zu nehmen? Es hat einen Handgriff.

Aua! Das Ding hat ja scharfe Kanten. Wie macht man das auf?

Sie müssen die vier Befestigungsklammern hochklappen. Haben Sie das gemacht? Jetzt können Sie das Kabel nehmen und es anschließen.

Warum wird das Kabel nicht innen zusammengerollt wie bei jedem ordentlichen Staubsauger?

Das weiß ich nicht, Schwester. Die Computerindustrie wird die Staubsaugertechnik noch nicht eingeholt haben, nehme ich an. Sehen Sie den Schalter, auf dem EIN/AUS steht?

Es bleibt lange Zeit still, dann sagt die ruhige Stimme am anderen Ende der Leitung:

Nee.

Hm, ja, das wird heutzutage wohl nicht mehr beschriftet. Das ist der kleine Schalter hinten an der Rückseite.

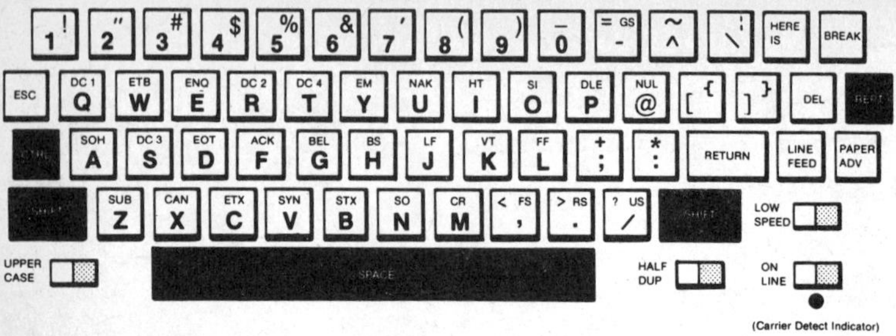

Abbildung 11: Übliches Computerterminal.

Augenblick . . . Da ist einer, auf dem steht ‹Halb› und einer mit ‹Parität› und einer mit ‹Modem›, und auf einem steht gar nichts.
Probieren Sie den, auf dem gar nichts steht.
Ah, das war er, eben ist das kleine grüne Licht angegangen.
So, und sehen Sie die Taste, auf der ‹Return› steht?
Die Tasten kann ich nicht so gut sehen, die spiegeln so . . . Ach, Sie meinen die längliche Taste zwischen NUL und LINE FEED?
Richtig, Schwester. Die Taste brauchen Sie. Also, bevor wir anfangen, ist Papier im Terminal?
Papier? Ich sehe kein Papier . . .

An dieser Stelle stehen Sie vor der beneidenswerten Herausforderung, ihr zu erklären, wie man eine Rolle unangenehm schlüpfriges, wärmeempfindliches Papier durch einen winzigen Schlitz am Sockel der Innenvertiefung des Terminals fädelt, während man gleichzeitig bemüht ist, zu verhindern, daß das Papier sich unter dem Plastikdeckel aufrollt.

Sehen wir uns jetzt einmal das Keyboard der wunderschönen Maschine genauer an, die Schwester Theresa eben bekommen hat. Abbildung 11 zeigt sie.

Jeder normale Mensch, der sich diese Anordnung von Tasten ansieht, wird sehr beeindruckt sein von all den seltsamen Ausdrücken, die auf dem Gerät stehen. Schwester Theresa zum Beispiel könnte annehmen, daß sie durch Druck auf die Taste SHIFT bei gleichzeitiger Betätigung des Buchstaben E das Terminal veranlassen kann, ein «ENQ» zu bringen, da eben dieser Ausdruck oben auf der Taste E steht. So gehen viele unserer Benutzer durch das Dasein, ohne je einen Großbuchstaben zu wagen, aus Angst, irgendeine seltsame Kombination von Aktionen oder einen unkontrollierbaren Prozeß auszulösen.

Selbstverständlich wissen außergewöhnliche Persönlichkeiten (wie Programmierer und Computeringenieure) besser Bescheid. Wir wissen, daß SHIFT plus E bei diesem Gerät ein gewöhnliches großes E schreibt und man, um ENQ zu erhalten, CTRL plus E drücken muß. Es ist Wissen dieser Art, das uns so aus der Masse heraushebt. Ich muß gestehen, daß ich keine Ahnung habe, wie die Umstände beschaffen sein müßten, die mich veranlassen könnten, «ENQ!» zu sagen, und muß erst noch einen Computerexperten kennenlernen, der das weiß. Bei meinen Vorträgen bitte ich an dieser Stelle regelmäßig um Unterstützung und fordere das Publikum auf, mögliche Bedeutungen für ENQ vorzuschlagen. Die nachfolgenden Bilder veranschaulichen einige Sinnbedeutungen, die von einem Querschnitt normaler Amerikaner vorgeschlagen worden sind. Ein Ingenieur hastete mir im Anschluß an einen Vortrag in Dallas nach, um mir mitzuteilen, er erinnere sich an einen IBM-Befehl für ein Dateisystem, der das Programm anwies «Enter the queue» (In die Warteschlange eintreten) und zu ENQ abgekürzt war. Ähnlich fiel Steven Spielberg der Ausdruck ETB oben auf der Taste W auf, und er erklärte mir im Vertrauen, das heiße in Wirklichkeit «Extra-Terrestrial Binary» (E. T.-Binär).

Trotz der Verwirrung, die sie erzeugen, bieten diese sonderbar klingenden Codebezeichnungen auf dem Keyboard wenige Probleme von Dauer. Viel schlimmer ist, daß man wegen der unpraktischen Form und Lage der Tasten, der unterschiedlichen Verzögerung, bis die Buchstaben geschrieben werden, und anderen Eigenschaften, die das Niederdrücken von mehr als einer Taste auf einmal verhindern, nicht blind maschineschreiben kann. Die spiegelnden Tasten und der Widerschein der Deckenbeleuchtung auf der Kunststoffbeschichtung des Papiers tun ihr übriges. Dazu kommt der Druckkopf, der oft den Blick des Benutzers auf die zuletzt getippten Zeichen verstellt. Und selbst die entschlossensten Forscher der Büroautomatisierung werden oft entmutigt durch die einschüchternde Reihe von Funktionstasten wie

Elefanten
geben niemals
auf

Elephants
Never
Quit

Bilde
heimische
Vierbeiner aus

Educate
Native
Quadrupeds

Beseitige
überflüssige
Mengen

Eliminate
Needless
Quantities

Abbildung 12: Was ENQ bedeuten könnte.

INT, BRK oder DP, deren Bezeichnungen nur in entfernter Beziehung zu dem stehen, was geschieht, wenn man sie drückt.

Es ist gewiß wahr, daß die Technologie rasch verbessert wird, aber es fällt schwer, große Fortschritte in der Begeisterung des Benutzers dafür vorauszusehen, solange das Terminal, das wir ihm liefern, ein derart kompliziertes Unding ist.

Werfen wir jetzt einen Blick in das Wohnzimmer, wo Mr. und Mrs. Durchschnittsuser nach dem Abendessen im Begriff stehen, sich ihrem Lieblings-Computernetz anzuschließen, wie sie das seit zwei Jahren jeden Tag getan haben. Obwohl das Netz somit beinahe 800 Begegnungen mit diesem liebenswürdigen Ehepaar mittleren Jahrgangs verzeichnet hat, verfügt es offenbar über keine Möglichkeit, sich zu merken, wer sie sind, so daß sie unter dem Codenamen «HR 6657» auftreten müssen. Das ist Nervenkitzel für Mrs. Durchschnittsuser, die für Spionagefilme viel übrig hat, aber Mr. User kann sich das Kennwort nie merken. Die folgende Abbildung zeigt, was in dem Zeitraum stattfindet, nachdem sie das «Tröööt» in ihrem Telefonhörer vernehmen, und bis das Terminal die Meldung «WELCOME» ausdruckt.

```
CR
CR
TELENET
415 DKl
Terminal = Tl 25 CR
@C 617 20c CR
61 20C5 CONNECTED
BBN-TENEX 1.34.5, BBN-SYSTEM-EXEC 1.54.12
```

```
@LOG CR
(USER) HR6557 CR
PASSWORD XXXXXXXX CR
ACCOUNT # CR
JOB 23 ON TTY151 19-JUL-XX 19:15
PREVIOUS LOGIN: 18-Jul-XX 19:03
@ RUN PROGRAM CR

WELCOME!
```

Ich habe diese Operation bei vier verschiedenen kommerziellen Netzen ausprobiert, die anscheinend trotz dieser Prozeduren (in der Branche bekannt als «Anmeldesequenz») im Geschäft bleiben. Es wäre ungerecht, militärische oder akademische Systeme wie ARPANET als Beispiele anzuführen, weil ihre Benutzer keine Wahl haben; sie stellen einen unfreiwilligen Markt dar.

Bei diesen Tests der vier Netze habe ich drei «Vernebelungs»-Parameter festgestellt, die ich wie folgt definiere:

A) Die Zahl der Zeilen, die auf dem Terminal erscheinen, bevor Mr. und Mrs. Durchschnittsuser etwas für sie Sinnvolles sehen;
B) die Zahl der Tasten, die der Benutzer drücken muß; und
C) die Zahl der vom System geschriebenen Zeichen, die *keine Relevanz* für ihre Interessen haben.

Selbst beim flinksten Netz (INFONET) ergab sich, daß mit 29 gedrückten Tasten nichts bewirkt wurde. Hätten Sie Lust, jedesmal 29 Ziffern zu wählen, wenn Sie Ihren Schatz anrufen wollen? Solcher Dinge wegen sind Telefongesellschaften pleite gegangen, aber Computernetze können sich das leisten. Bei einem anderen Netz mit dem Namen TELENET braucht es nicht weniger als 48 gedrückte Tasten, damit nichts geschieht; dafür wird man aber mit einer Flut von Meldungen überschüttet, von «415 DKl» bis «JOB 23 ON TTY151», was für den Benutzer alles keinen Sinn oder praktischen Wert hat.

Nachdem Mr. und Mrs. Durchschnittsuser nun die Anmeldung erfolgreich hinter sich gebracht haben, können sie ihr Lieblingsprogramm fahren. Sie sind aufgestiegen zur Wunderwelt der Computer, wo alles passieren kann. Sie könnten beispielsweise eine Botschaft erhalten wie ‹DRUM FULL› (Trommel voll), woraufhin das Terminal überhaupt nicht mehr mitspielt. Mr. User, der nicht einmal wußte, daß er eine Trommel hatte, ist außerordentlich beeindruckt.

Ich entsinne mich, einige Monate nach einer Telekonferenz, bei der wir uns «kennengelernt» hatten, in Europa einem medizinischen Wissenschaftler vorgestellt worden zu sein. Er war ein gelassener Brite, dessen erste Worte an mich, in einem freundlichen, aber vorwurfsvollen Ton gehalten, lauteten:

«Hören Sie, zu Ihrer Meldung ‹HOST DIED›. Wär das denn nicht freundlicher, zu sagen ‹HOST PASSED AWAY›? (HOST ist die zentrale Rechenanlage. Statt HOST TOT hätte der Engländer lieber gehört HOST VERSCHIEDEN.)»

In der Tat kommen Computer im Tod einer Nachahmung des Menschen am nächsten. Die Erscheinungen, die ihre letzten Sekunden begleiten, sind ebenso traurig, gefühlsbewegt und vom Chaos bestimmt wie die bei ihren menschlichen Herren. In ihrer Trauer mögen Mr. und Mrs. Durchschnittsuser wohl daran verzweifeln, ihren Computer je wieder gesund vorzufinden, wie das bei meinem Freund Bob Johansen der Fall war, als er unter dem Ausdrucken vieler fremdartiger Zeichen ein Programm verlor (Abbildung 13). Da er zum Telekonferenz-Bereich aus der Religionssoziologie gekommen war, ging er einfach davon aus, das System spreche in Zungen. Als er jedoch versuchte, den Kontakt wiederherzustellen, wurde ihm mitgeteilt, der «Host» reagiere nicht mehr.

Programmentwickler wie ich haben selten viel Einfluß auf das Erscheinen solcher Antworten, die aus den tieferen Prozessen des Computers selbst hervorgehen, und es würde einer großen Anstrengung auf Seiten des Herstellers bedürfen, die Dinge anders zu gestalten. Das Folkloristische, was sich um die kleinen Eigenheiten und Absonderlichkeiten jedes Systems rankt, ist verblüffend vielfältig. Jedes Netz hat seine eigenen Methoden, dich zurückzuweisen, in merkwürdige Fallen zu locken oder dir ohne Entschuldigung oder Erklärung einfach wegzusterben. Obwohl solche Schrullen für die Jungs und Mädels im Computersaal spaßig sein können, haben sie auf Leute, die eine Aufgabe bewältigen wollen, eine vernichtende Wirkung. Wenn diese Aufgabe Gruppenzusammenarbeit betrifft und gemeinsame Bemühungen von Leuten, die in der ganzen westlichen Welt verstreut sind, wie das bei unseren Konferenzschaltungen oft der Fall ist, können die Folgen den großen Frust auslösen. Ich kann nicht erkennen,

```
(TO FORUM)
- "0LY"?S?/:ZI1CAMYSHV80/S81&9SJ38

HELLO 322 *:  2
@L 69

LATEST NEWS: 5 NOV
 HOST NOT RESPONDING
```

Abbildung 13: Berühmte letzte Worte eines sterbenden Computers.

daß die Büroautomatisation sich in Großunternehmen wirklich ausbreiten wird, bis solche menschlichen Faktoren von den Netzgesellschaften sorgfältig untersucht worden sind. Und ich sehe ganz gewiß keine ernsthafte Entwicklung beim Heimgebrauch von Computern, bis sowohl Terminals als auch Kommunikationsverbindungen benutzerfreundlicher und zuverlässiger geworden sind.

Noch frustrierender vielleicht ist die unglückliche Neigung von Programmierern, dem Benutzer mitzuteilen, seine Befehle seien UNZULÄSSIG, UNGÜLTIG oder sogar UNGEHÖRIG, wenn das System das Eingetippte nicht erkennt. Ein Beispiel: Sie wollen, daß der Computer eine Datei ausdruckt, die MEMO heißt. Sie setzen sich an Ihr Terminal und schreiben den Befehl: PRINT MEMO.

Kein Glück. Dieser Computer erwartet von Ihnen, daß Sie eingeben: LIST MEMO oder irgend etwas Ähnliches. Glauben Sie, der Computer entschuldigt sich, weil er Ihren Befehl nicht versteht? Keine Spur, er fängt an, Sie zu beleidigen, und zwar in seiner eigenen sonderbaren Sprache:

IMPROPER REQUEST. FILE ACCESS ABORTED.
REFER TO VALID COMMANDS.

Computerprogrammierer entscheiden über unsere Köpfe hinweg, was «gehörig», «gültig» und «zulässig» ist.

Ich glaube, ein wichtiges Gesetz entdeckt zu haben. Ich nenne es DAS PRINZIP DER ERHALTUNG DER VERNEBELUNG. Man kann es so formulieren:

Wird in einem Teil eines Systems eine unnötige Komplikation entfernt, taucht sie im allgemeinen in einem anderen Teil wieder auf.

Dieses Prinzip ist so allgemeingültig, daß es nicht nur für Computer-, sondern auch für menschliche Systeme gilt. Man findet nur wenige staatliche Behörden, militärische Organisationen, Bürokratien oder Verwaltungen, in denen das Prinzip der Erhaltung der Vernebelung nicht auffällig am Werk ist.

Wenn es eine Wissenschaft der Benutzerteilnahme gäbe, würde der Vernebelungs-Imperativ ihr erstes Gesetz darstellen. Der Vernebelungs-Imperativ besagt:

Sobald es zwei Methoden gibt, eine gestellte Aufgabe mit Hilfe eines Computers zu bewältigen, wobei die erste von einem unerfahrenen Benutzer leicht zu erlernen und zu verstehen ist, die zweite aber ohne Unterstützung durch einen oder mehrere Experten völlig verwirrend und nutzlos, wird der Systemplaner stets die zweite wählen.

Es mag dem Leser schwerfallen, an die Gültigkeit dieser Regel zu glauben, oder sich vorzustellen, wie weit ihr Einfluß reicht. Aus diesem Grund muß sie durch ein paar peinvolle Beispiele anschaulich gemacht werden.

Beim TELENET-Computernetz gibt es eine kurze, aber interessante Meldung, die ab und zu an Benutzer gegeben wird. Sie lautet: SUBPROCESS UNAVAILABLE (Unterprozeß nicht verfügbar). Der verwirrte Benutzer schlägt in seinem Handbuch unter «Erklärung der Fehlermeldungen» nach und liest:

Der spezifische Hostprozeß als Teil der Adresse ist nicht verfügbar.

Man beachte, daß die sogenannte Erklärung unnötigerweise zwei neue Quellen der Verwirrung eingeführt hat: den Ausdruck «Host» und das Wort «Adresse». Von der ursprünglichen Dunkelheit der Meldung ist nichts aufgehellt worden, und dem armen Benutzer bleibt nichts anderes übrig, als sich mit einem Systemfachmann zusammenzutun. Der Fachmann kennt den wahren Sinn der Meldung: Der Computer funktioniert einfach nicht! Aus solchem Wissen entspringt Expertentum!

Die von Programmierern angewendeten Methoden, Computerbenutzer zu verwirren, sind Teil des Faches, das ich VERNEBELUNGSLEHRE nenne, die Wissenschaft, anderen Menschen etwas zu verheimlichen.

IBM macht in der Regel auf dem Gebiet Computer alles besser als die anderen; das gilt auch für die Vernebelungslehre. Einen Gipfel erreicht sie mit dem Systemabschlußcode 213 bei der IBM 370. Wenn Ihr Programm mit der Meldung aufhört «Completion Code 213-04», müssen Sie im entsprechenden Handbuch unter der Überschrift «IEC132I» nachschlagen. Der Systemexperte, der eines der wenigen existierenden Handbuchexemplare besitzt, liest Ihnen dann den erweiterten Text der Erklärung vor: «Das Format IDSCB für den Datensatz konnte auf dem ersten durch den DD-Befehl angegebenen Datenträger (oder dem durch die Datenträger-Sequenznummer bezeichneten Datenträger) nicht gefunden werden, oder beim Lesen des F-1 DSCB zum Aufruf des Datensatzes ist ein I/O-Fehler aufgetreten.»

Die Meldung bedeutet schlicht: Datensatz nicht vorhanden. Warum hat der Computer das also nicht gleich gesagt? Die Schwierigkeit wurde in Wahrheit nicht vom Computer selbst hervorgerufen, weil die verständliche Version dieser Meldung kaum mehr Platz gebraucht hätte als COMPLETION CODE 213-04. Der Maschine selbst kann es nicht gleichgültiger sein, welchen Wortlaut die Meldung hat. Sie kann eine sinnvolle Meldung in Englisch genauso drukken wie eine verwirrende, von Jargon strotzende Meldung derselben Länge. Es ist der Programmierer, der die Meldung bewußt kompliziert hat.

Beschränkt sich dergleichen Beweismaterial für Vernebelung auf den Computerbereich? Keine Spur! Zu finden ist es überall dort, wo eine Gemeinschaft von Spezialisten ein Vorrecht zu schützen versucht. So empfahl im 13. Jahrhundert ein Wundarzt namens Arnold von Villanova seinen Kollegen, sie sollten die sprachliche Distanz zu ihren Patienten wahren, vor allem dann, wenn die Diagnose größte Schwierigkeiten mache. Er schrieb: «Sagt, der Patient leide an einer

Stauung der Leber, und verwendet vor allem das Wort ‹Stauung›, weil sie nicht verstehen, was das heißt, und es sehr hilft, wenn die Leute einen Ausdruck nicht verstehen.»

Michael Crichton, der sich mit der heutigen medizinischen Literatur befaßt hat, kommt zu dem Schluß, daß die zeitgenössischen Ärzte diesen Rat immer noch befolgen. Sie versuchen «den Leser mit einer blendenden Darbietung von Kenntnissen und wissenschaftlichem Scharfsinn zu verblüffen und hinters Licht zu führen». Er bemerkt weiter, daß die meisten Ärzte Schrifttum außerhalb ihrer Fachgebiete nicht mehr beachten, weil sie es nicht verstehen können.

Auch die Juristen halten sich an die Vernebelungsrichtschnur. Als ich mein Haus erwarb, stand in dem Vertrag:

«Dieser Kaufvertrag gilt für, ist wirksam zu Gunsten von und bindet alle Vertragsparteien, ihre Erben, Legatare, Nachlaßverwalter, Testamentsvollstrecker, Rechtsnachfolger und Zessionare.»

Sogar Fotografen vernebeln, und Kameras sind gute Beispiele für einfache Geräte, die unnötig kompliziert wurden. Man nehme diesen Auszug aus der Bedienungsanleitung meiner bescheidenen Kamera: «Beim Flashmaticsystem wird, nachdem Sie die Leitzahl eingegeben haben, die richtige Belichtung automatisch bei der Scharfeinstellung berechnet. Kein mühsames Ausrechnen mehr, um den richtigen F/Stop-Wert zu finden. Drehen Sie die Markierung am F/Stop-Ring an den Mittelstrich. Die richtige Leitzahl erhalten Sie, wenn Sie die F/Stop-Zahl mit der Entfernung multiplizieren. Wird beispielsweise ASA 80-Film verwendet, stellen Sie auf ASA 80 ein und prüfen die richtige F/Stop-Zahl bei einer Entfernung von 3 Metern ...»

Eine Gewohnheit der Software-Planung ist die, je nach dem Programmteil, den Sie gerade in Arbeit haben, derselben Operation verschiedene Namen zu geben. Auch hier nützt eine bessere Ausbildung des Benutzers oder ein größeres Nachschlagewerk nichts. Was gebraucht wird, ist eine völlige Überholung der Benutzer-Schnittstelle.

Wenn es eine Wissenschaft der Benutzerteilnahme gäbe, würde ihr zweites Gesetz «Der Weitwinkel-Fehlschluß» heißen. Wenn ein verärgerter Benutzer zum Planer geht und sagt: «Ihr System leistet die

Sonderfunktion nicht, die ich brauche», ist der Planer innerlich zutiefst getroffen. Um die Gunst seines Kunden wiederzugewinnen – und sein Selbstgefühl wiederzuerlangen – wird der Planer vermutlich antworten: «Das kann ich im Nu beheben. Ich füge für Sie einfach noch einen Befehl ein.»

Später kann man eben diesen Mann dann bei Tagungen, Besprechungen und Seminaren sehen, wie er die Vorteile seines Systems preist, dessen Leistung gemessen werden kann an der hohen Zahl von Befehlen, die es auszuführen vermag. Ich halte das in der Regel für einen Fehlschluß, und die Benutzer sollten ihn als solchen erkennen. Einen ähnlichen Fehlschluß gibt es in der Astronomie; er hängt mit der Größe des Teleskops zusammen. Die meisten Neulinge und viele Astronomiestudenten glauben, mit einem großen Teleskop sehe man vom Himmel mehr als mit einem kleinen. Das Gegenteil ist richtig. Den Durchmesser eines Teleskops zu erhöhen, mag mehr Licht sammeln, aber der Blickwinkel wird eingeengt.

Der Vergleich mit Softwareplanung liegt nahe. Die Anfangsversionen unseres Computerkonferenz-Systems enthielten Dutzende von Befehlen und damit viel scheinbare Leistung, aber nur wenige Benutzer konnten sich die ganze Struktur merken. Es war meine Aufgabe, nach Wegen zu suchen, die Liste von Befehlen zu beschneiden und die Sprache zu verschlanken. Das ist eine Kunst. Sie hat mit Bildhauerei mehr zu tun als mit allem anderen. Man fängt an mit einem großen Marmorblock und meißelt ihn weg zu einer Form, die der Benutzer erkennen und verwerten kann. Und was für Programmierer gilt, ist ebenso anwendbar auf Bibliothekare, die des Glaubens sind, sie erweiterten die Leistung eines Registers, wenn sie mehr Schlüsselwörter und Ausdrücke einfügen. Das Ergebnis ist oft lachhaft. Die Eitelkeit veranlaßte mich eines Tages dazu, im Namensregister eines neu erschienenen Buches nachzusehen, ob ich erwähnt war. Ich fand meinen Namen in der Tat, aufgeführt zwischen *Vagina* und *Van Allen-Gürtel*. Das war ein demütigendes Erlebnis. Es hat mich von meiner früheren Begierde geheilt, meinen Namen im Druck zu sehen.

Als Beispiel für Vernebelungslehre in Aktion trägt die Nachschlageabteilung jeder großen Bibliothek ohne weiteres den Preis davon. Die ganze Frage, den Prozeß des Auffindens zu fördern, statt seine Nebenwirkungen nachzuäffen, liegt tief begraben unter Dutzenden von Dokumentationssystemen, die unser Berufszweig als Puffer zwischen den Daten und den Menschen aufstellt, die Zugang dazu brauchen.

Es besteht ein Bedürfnis an einigen Grundregeln der Vereinfachung im Programmieren, aber Versuche, Computerprofis das begreiflich zu machen, haben oft zu Enttäuschungen geführt. Diese Enttäuschung steigert sich, je mehr Menschen Computer benutzen und sie in ihre Wohnungen stellen. Die Experten gehen aber in der Regel davon aus, daß man auch aus Unwissenheit spricht, wenn man eine verzweifelte Frage stellt. Bestenfalls schicken sie einen mit einem Vortrag über Informationssysteme und einem Handbuch von 300 Seiten fort. Diese Einstellung fand ich veranschaulicht durch ein Gespräch zwischen Thad Wilson, einem Mitarbeiter unseres Forschungsprojekts, und dem Herstellungsleiter einer führenden Computernetzfirma:

«Viele unserer Benutzer verstehen nicht, warum das Netz manchmal anhält und sagt: ‹BITTE ANMELDEN.› Wie sollen sie das begreifen? Sie sind doch schon angemeldet!» sagte Wilson.

Der Manager nahm das Gehabe einer bedeutsamen Persönlichkeit an, gestört von einem Sechsjährigen, der seine Rechenaufgabe nicht bewältigt.

«Sie müssen sich noch einmal anmelden, weil ein Fehler eingetreten ist. Es kann am Knoten liegen, am Überwacher, am Host oder an der Netz-Hardware.»

Damit lehnte er sich in seinem Sessel zurück, überzeugt davon, Unklarheit genug geschaffen zu haben, so daß der Störenfried sich entfernen würde. Thad, der seit fünfzehn Jahren mit Computern umging, ließ sich nicht so leicht verwirren.

«Warum sagen Sie den Benutzern nicht einfach, Sie bedauern, daß eine vorübergehende Unterbrechung eingetreten sei?»

«Sie haben keine Ahnung, wie lange wir brauchen, um so etwas zu ändern!» sagte der Manager, nun mit dem Rücken zur Wand. «Wir sind schon lange im Geschäft. Warum liefern Sie Ihren Benutzern nicht genauere Anweisungen?»

«Das halte ich nicht für eine gute Idee», sagte Thad. «Sie sollten lieber Ihr System ändern.»

Diese Diskussion veranschaulicht einen traurigen Punkt. Wenn wir beim Gebrauch von Computern auf Probleme stoßen, *können wir entweder das System ändern oder die Leute, die es benutzen. Und das macht mir Sorge: Die Computerindustrie hat jetzt genug Macht, um damit anzufangen, daß sie die Leute ändert.* Dieser Computernetz-Manager ist schon verändert und arbeitet angestrengt daran, andere zu verändern und sie so wie sich selbst an das anzupassen, von dem er weiß, daß es ein Fehler in seinem System ist.

Das Thema der 13. Computer Society International Conference, im Sommer 1976 in Washington abgehalten, lautete «Computer zu Millionen für Millionen». Einer der Redner, der Generaldirektor von Motorola Semiconductor Products, sagte, in den kommenden Jahren müsse die Öffentlichkeit die Gelegenheit erhalten, in direkte Interaktion mit den Maschinen zu treten. Laut *Computerworld*[19] fügte der Redner hinzu:

«Wenn die Öffentlichkeit im Alltagsleben Computer verwenden soll, muß den Konsumenten das ‹Systemdenken› beigebracht werden. Die Industrie trägt die Verantwortung dafür, diese Art von Ausbildung zu fördern.»

Die Computerindustrie wird zweifellos beherrscht von hochbegabten Ingenieuren. Sie sind aber Menschen, die sich nach einer Theorie der Gehirnfunktionen stark auf die logischen Fähigkeiten der linken Hirnhälfte stützen, die mit linearem Denken einhergehen. Ihr Ziel ist Optimierung, ihre Weltmodelle sind mechanistisch. Und sie bauen Systeme für ihresgleichen, wobei sie die Bedürfnisse der übrigen Bevölkerung ignorieren, wo manche der schöpferischsten Individuen im Gegensatz dazu Rechtshirn-Typen sind, die sich auf Intuition, ästhetische Erkenntnis und sogar irrationale Entscheidungen verlassen. Vision-Stanley ist ein Beispiel für den letztgenannten Typ, bemüht, einen logischen Weg zur Wirklichkeit wiederzufinden, indem er eine Maschine bauen wollte, die andere Menschen so lange in ihrem Speicher festhalten würde, daß er in Beziehungen zu ihnen treten konnte. Im Gegensatz dazu scheinen jene, die der Öffentlichkeit «Systemdenken» beibringen wollen, Fanatiker des Rationalen zu sein, aufgebrochen zu einem Kreuzzug, aus unserer Welt das Böse nicht-lineare Denken zu vertreiben. Für sie ist jede Abstraktion absurd und unbeherrschbar.

Meiner Ansicht nach sind die Technologen diejenigen, die sich ändern sollten, wenn sie für die menschliche Zukunft einen Beitrag leisten wollen. Die Leute, die ihre Schöpfungen gebrauchen, sind ihnen oft voraus. Wenn der Benutzer PRINT MEMO eingibt und der Computer diese einfache Bitte nicht verstehen kann, hat das eindeutig der Programmierer zu vertreten und nicht der Benutzer. Wenn der Computer die Bitte nicht zu verarbeiten vermag, sollte er sich entschuldigen. Dessen braucht er sich nicht zu schämen. Sogar den Menschen passiert es, daß sie andere Menschen nicht verstehen.

Eine Regel bei der Software-Planung, die sich leicht befolgen läßt, ist die, einfach zu erkennen, an welchem Punkt die Wahl zwischen Mensch und Maschine getroffen werden muß; wann ein Computersystem zu ergänzen ist, um ein bestimmtes Ergebnis zu erzielen, und wann man es dem sozialen Kontext des Benutzers zu überlassen hat, dieses Ziel zu erreichen. Häufig gelangt der Planer an einen Punkt, wo der Benutzer ein bestimmtes Merkmal benötigt, beispielsweise die Fähigkeit, einen im Computer gespeicherten Text teilweise zu löschen. Der Planer hat nun die Wahl: Er kann ein Programm entwikkeln, das diese Funktion ausführt, oder es dem Benutzer überlassen, das selbst zu tun. Die normale Neigung des Programmierers ist natürlich die, blind loszustürmen und so viele Funktionen wie nur möglich zu schaffen, was seinem Programm größere Leistungsfähigkeit verleiht. Ich halte das für einen schwerwiegenden Fehler. In vielen Fällen könnte dieselbe Funktion dadurch erzielt werden, daß man für einen der Menschen innerhalb der Gruppe eine neue *Rolle* schafft, eine Rolle, die diese Entscheidungen umfassen würde. Beim Beispiel Textlöschen ist es entschieden ein Fehler, allen Angehörigen einer Gruppe gleiche Macht darüber zu geben, zurückzugehen und die Aufzeichnung dessen zu verändern, was vorher gesagt worden ist, entweder von anderen oder von ihnen selbst. Diese Macht sollte beschränkt werden, also muß es einen Schiedsmann innerhalb der Gruppe geben, der bei der Anwendung dieser Dinge hilft. In manchen Fällen sollte der Computer ganz aus der Sache herausgelassen werden. Programmierer verschreiben sich aber oft der Ichsucht. Es fällt ihnen schwer, sich zu zügeln, wenn es darum geht, die ganze Macht auszuspielen, die ihnen die Maschine verleiht. Sie haben Mühe, Systeme zu entwickeln, die sich den einzelnen Benutzern anpassen.

Die Erkenntnis, daß es das *System* war, das sich der sozialen Umwelt des Benutzers anpassen mußte, entstand Ende der sechziger Jahte bei Wallace Sinaiko und Tom Belden. Sie gaben ihrer Unzufriedenheit mit schlecht geplanten Systemen eines Tages Ausdruck, als sie zum Universal Building in Washington gingen, wo sie ihre Autos geparkt hatten. Die Entdeckung erhielt den Namen UNIVERSAL GARAGE-PRINZIP.

Das Universal Garage-Prinzip stellt fest, daß ein wirksames Kommunikationssystem so geplant werden muß, daß der Status des Benutzers Berücksichtigung findet. Je höher der Status, desto stärker muß das System sich dem Benutzer anpassen.

Obwohl dieses Prinzip vor vielen Jahren formuliert wurde, hat es noch keinen tiefgreifenden Einfluß auf die Leute gehabt, die große Computersysteme konstruieren. Die Folgen sind oft komischer Art, aber mit der Zunahme der Macht dieser Systeme, die so weit geht, daß sie sogar die weltweiten militärischen Netze betrifft, die angeblich für unsere Sicherheit sorgen, können diese Folgen katastrophal sein.

Die gesellschaftliche Realität von Computern und die Anekdoten, die sich um ihren Gebrauch ranken, illustrieren die riesige Distanz zwischen den von der Computerbranche tatsächlich gelieferten Dienstleistungen und den Bedürfnissen der Benutzer, die zu bedienen sie vorgibt. Bei manchen Computerkonferenzen, die wir mit PLANET abhielten und an denen Richard Bach teilnahm, hatten wir Gelegenheit, diese Diskrepanz zu erkennen.

Als Bach eine Weile ungewöhnlich stumm blieb, riefen wir ihn übers Telefon an und erfuhren, daß sein Terminal defekt war. Wir versuchten erfolglos Netz- und Terminalfirmen zur Hilfe zu bewegen. Als eine Woche später die Verbindung endlich wieder hergestellt war, machte er uns mit Einzelheiten bekannt:

> «Private Mitteilung von BACH 1-Jul-75 7:18 PM Dieses System mit dem ungeheuren Potential für Kommunikation, Bildung, Un-

terhaltung und intellektuellen Atomaraustausch steht unter Druck in einem Gas von größerer Trägheit als reiner Stickstoff. Bis jetzt habe ich nicht einmal jemanden gefunden, der mir für dieses Ding eine Rolle Papier verkauft (bin aber jetzt vielleicht auf einer Spur). Die Leute in der Zentrale sagen: ‹Rufen Sie bei der Niederlassung an›, ohne zu wissen, daß ihre Niederlassungen hier alle geschlossen sind oder aus Anrufbeantwortern bestehen. Vor zwei Wochen hat man mir versprochen, zwei Rollen zu schicken, die nicht eingetroffen sind ... Ich habe mir zwei von dem Mechaniker ausgeborgt, der sie aber wieder braucht, falls die meinen jemals kommen ... Aus irgendeinem Grund darf er sie nicht verkaufen.»

Die Beispiele, die ich erwähnt habe, entstammen alle dem wirklichen Leben. Gewiß sind sie derzeit nur einer sehr kleinen Gruppe passiert, aber im Lauf des nächsten Jahrzehnts wird diese Technik, folgt sie Meyers' hyperbolischer Explosion, sich überall ausbreiten. Die Kompliziertheiten des Computergebrauchs sind von Spezialisten bewußt geschaffen worden, in vielen Fällen, um ihre Privilegien zu wahren. Eine massive Anstrengung, die unnötig komplizierten Steuersprachen zu vereinfachen, würde Kreativität und Zeit Tausender Menschen freisetzen und einen Markt für viele neue Computer-Dienstleistungen eröffnen. Sie würde aber auch die ungeheuren Mengen an folkloristischem Gefasel und Computersaal-Rezepten beseitigen, die als Wissen hingestellt werden und für die Programmiererelite Sicherheit der Arbeitsplätze garantieren.

Der Vernebelungs-Imperativ ist eine clevere Vermarktungsstrategie. Jemand, der die Beziehung zwischen dem Benutzer und den großen Systemen zu verstehen versucht, die bald auf den Plan treten werden, muß zunächst begreifen, daß die Situation nicht von der Technologie selbst diktiert wird, sondern von sozialen, psychologischen und wirtschaftlichen Hemmnissen. Inzwischen kann ich nur William Blake zustimmen, der in *Jerusalem* schrieb:

Ich muß ein System erschaffen
oder versklavt sein durch das eines andern!

CHIP TANGO UND DIE MITTERNACHTS-PARTISANEN

Der Verfasser recherchiert Computerverbrechen und begegnet einem jungen Mann, der über Computernetze mit Marihuana handelt. Er erläutert, wie man per Telefon Sexpartner findet, ohne Gebühren zu bezahlen. Er entdeckt einen Mathematiklehrer, der vom Staat als Artilleriegranate eingestuft wird. Er droht damit, eine revolutionäre Technik zu enthüllen, die ihre Energie aus Geranien bezieht.

Die Sonne geht über MEGANET, dem größten Computernetz der Welt, niemals unter.

Telefonschnelleitungen verbinden die Maschinen von Norwegen bis Japan in einem gewaltigen Experiment, das in den sechziger Jahren begann. Es ist immer noch in Gang – übrigens sehr zum Verdruß der Kongreßabgeordneten, die Gelder für einen, wie sie dachten, bescheidenen Forschungsversuch bewilligt hatten. Der Versuch begann mit einer Handvoll Computer und dem Zusammenschluß der größten Universitäten des Landes und aller führenden Einrichtungen moderner Computerforschung. Sogar einige Kollegen in London und ein paar Nachrichtendienste haben Zugang zu MEGANET.

Chip Tango benutzt dieses Netz, um damit Marihuana zu verkaufen.

Ich traf Chip im Computernetz. Ich arbeitete spät abends an meinem Heimterminal in Kalifornien, als auf meinem Bildschirm die Meldung aufleuchtete:

> @ ANSCHLUSS AUS HAWAII – SIND SIE DER MANN, DER SICH FÜR TELEKONFERENZEN INTERESSIERT?

Ich akzeptierte die Verbindung und beantwortete seine Frage mit einer eigenen:

@ GEBEN SIE DAS IN HAWAII EIN?

Die Erwiderung kam rasch:

@ NEIN – ICH BIN IN KALIFORNIEN

Und der verrückte Dialog mit meinem unsichtbaren Partner nahm seinen Fortgang:

@ WARUM KOMMT HAWAII, WENN SIE EINGEBEN?
@ MIR LEIHT DA EINER SEINE ID.
@ WIE SIND SIE AN DIESEN COMPUTER GEKOMMEN?
@ ICH FAND EINE MITGLIEDSKARTE UND RECHNETE MIR DAS KENNWORT AUS. EINES ABENDS WURDE ICH ERWISCHT, UND DER OPERATOR SAGTE, DAS GEHT WEGEN MEINEM ALTER IN ORDNUNG. ICH PROGRAMMIERE SEIT VIER JAHREN.
@ WIE ALT SIND SIE JETZT?
@ FÜNFZEHN. ALSO, WAS GIBT ES NEUES UND AUFREGENDES BEI KONFERENZSCHALTUNGEN?

Augenblick mal, dachte ich. Dieses Netz verbindet die wichtigsten Computeranlagen im Land. Ganze Dateien geheimer Dokumente werden durch die Transferprotokolle im Netz bewegt.

Es ist ein Uhr morgens, und ich träume nicht. Ich spreche mit einem Typen in Kalifornien, der über Konferenzschaltungen diskutieren will und behauptet, er sei fünfzehn Jahre alt. Was geht da vor?

Am nächsten Tag, nachdem ich im Labor einige Erkundigungen eingezogen hatte, war ich einer Teilantwort nahegekommen. Ich hatte herausgefunden, daß es eine Gruppe gab, genannt die Mitternachtspartisanen, die nach Dunkelwerden im Verfolg ihrer privaten Interessen die «Paketvermittlung» anzapfte. Es war schwer zu sagen, ob sie wirklich Computerzeit stahlen, während sie vom Computer zu Computer sprangen, eine neue Art von Gemeinschaft, ein Farbtupfer in der Soziologie der Netze, von der Sozialforschung nie erwähnt. Nach wenigen Tagen tauschte ich regelmäßig Meinungen mit Chip und einigen anderen aus. Ich kam zu der Überzeugung, daß die Mitternachtspartisanen ein Vorgeschmack des Kommenden waren.

Teenager, die über die 50-Kilobit-Leitungen von MEGANET Bestellungen über Marihuana annehmen, verraten mehr über die Zukunft als alle Abschlußberichte, Seminare über Managementtechnik und gelehrte Symposien, veröffentlicht unter der Ägide hochgeachteter Berufsorganisationen wie IEEE, ACM, ICC, ICCC, ICA und IFIP.* Denn Chip Tango und seine Freunde sind Menschen, die sich in der digitalen Gesellschaft schon eingerichtet und sie nach ihren Bedürfnissen zurechtgebogen haben.

Grauhaarige Vertreter des Middle Managements in ganz Amerika denken zögernd über Einführungsbände für Datenverarbeitung nach und nehmen an Diebold-Seminaren teil. Chip Tango, mittlerweile 19 Jahre alt, kann jeden bekannten Computer programmieren und deprogrammieren und hat keinerlei Angst vor der Diskontinuität, die Meyer prophezeit und die Götter der Technologie auf uns herabbeschwören.

Als wir uns endlich persönlich kennenlernten, Chip und ich, und in Woodside Hotdogs essen gingen, lachten wir über die akademischen Sorgen, Computer-Nebenprodukte wie die Mitternachtspartisanen unter Kontrolle zu bekommen. Ich lernte Chip als menschliches Wesen kennen: Ich bezweifle, ob er je ein anderes Buch gelesen hat als die Handbücher für seine verschiedenen Maschinen. Er holt sich Information aus der Luft. Seine Lauscher stellen sich im Wind von Silicon Gulch auf, wenn er in seinem alten Chevrolet El Camino Real hinunterfährt. Er hat ein unheimliches Gespür für Kennwörter, indirektes Adressieren und Netze. Er scheint genau voraussagen zu können, wann ein bestimmter Bauteil vor dem Versagen steht und einen großen Computer durch einen sonst unzugänglichen Weg für direktes Eindringen verwundbar macht.

Chip Tango hat seine eigene Sprache. Er redet nie davon «einen

* IEEE: Institute of Electrical and Electronic Engineers
ACM: Association for Computing Machinery
ICC: International Computer Conference
ICCC: International Computer Communication Conference
ICA: International Communication Association
IFIP: International Federation of Information Processing

Computer zu benutzen» oder «ein Programm zu fahren». Diese Ausdrücke überläßt er den Ingenieuren der alten Schule. Stattdessen sagt er, er «hängt sein Bewußtsein» an einen bestimmten Prozeß. Er flattert wie ein Schmetterling im Netz herum, findet hier einen Anschluß, dort eine offene Steckdose. Er schlängelt sich zwischen Registern dahin und hinterläßt keine Spur oder doch fast keine. Und er schließt höflich jede Datei, die er bei seinen Schmökerausflügen konsultiert.

Computerkriminalität ist in den letzten fünf Jahren zu einem hochbeliebten Thema für Journalisten geworden, und zwar aus gutem Grund. Sie ist geheimnisumwittert, voll von technischer Faszination und ausgefallenen Ideen, und ihre Opfer sind in der Regel Großunternehmen, was dem Mann von der Straße stellvertretende Rache an den gesichtslosen Institutionen mit ihren Riesencomputern erlaubt. Die wahren Ausmaße der Computerkriminalität dagegen sind unbekannt, und man muß ein Gespräch mit jemandem wie Chip führen, um einzusehen, wie wehrlos unsere Gesellschaft als Folge unseres Versuchs geworden ist, jede Facette unseres Lebens durch Computer zu kontrollieren. Chip Tango ist kein Krimineller. Er benutzt Computernetze einfach so, wie andere Leute öffentliche Straßen oder Gehwege benutzen. Er stiehlt nichts und bezieht sehr wenig Einkommen aus seinen ungewöhnlichen Kenntnissen, aber er wendet sie dazu an, die Technik bis auf ihre Grenzen auszuloten. Die Leichtigkeit jedoch, mit der er Zugang zu scheinbar gesicherten Informationsbanken gewinnt, zeigt die unglaubliche Verwundbarkeit der Systeme, von denen die westliche Welt in Gang gehalten wird.

Im Februar 1969 zerstörten Studenten in Montreal bei Demonstrationen zwei Computer. Die Demonstrationen führten zu einem Zusammenstoß mit der Polizei, die gerufen wurde, um ein Gebäude zu räumen, das die Studenten besetzt hatten, um gegen den angeblichen Rassismus in der biologischen Fakultät zu protestieren. In Wahrheit ging es um tieferreichende und komplexere Fragen: Die Demonstranten nahmen Äxte mit und zerstörten zwei Computer im Wert von 1,6 Millionen Dollar völlig, verstreuten Unterlagen der Universität und warfen Magnetbänder zum Fenster hinaus. Der Computer könnte ein Symbol unzugänglich gewordener Autorität gewesen sein, der Krawall ein primitiver und verzweifelter Schritt, auf sich aufmerksam zu machen ... Das ist jetzt mehr als zehn Jahre her. Viele junge Menschen sind inzwischen im Umgang mit Computern erfahrener und haben feinere Methoden gefunden, seine Macht zu unterlaufen. Die Kontrolle über Computer liegt in ihrer Software. Die Vernetzung scheint das einzige revolutionäre Spiel zu sein, das noch möglich ist.

Am 20. August 1977 wurde ein junger Mann an seinem Terminal in der agrarwirtschaftlichen Fakultät der Universität Alberta verhaftet. Einen Monat lang hatte er die Arbeit von mehreren tausend Benutzern des neun Millionen Dollar teuren Computersystems der Hochschule gestört; er hatte wiederholte Zusammenbrüche des Betriebssystems hervorgerufen und vereinzelt ganze Dateien gelöscht, die vom Personal des Computerzentrums eben erst in den Speicher eingelesen worden waren. Der 19jährige wurde wegen mutwilliger Sachbeschädigung und Diebstahls von Telekommunikationsgeräten verurteilt, erhielt aber nur eine Bewährungsstrafe, weil er bei der ganzen Sache keinen finanziellen Vorteil erzielt hatte. Der Fall war die erste Bestrafung wegen Computerbetrug in Kanada[20]. Vor noch nicht so langer Zeit stahl ein kalifornischer Computerfachmann namens Stanley Rifkin der Security Pacific-Bank mit einem einfachen Telefonanruf zehn Millionen Dollar, Beispiel für eine Art krimineller Betätigung, die laut Donn Parker vom Stanford Research Institute weit verbreitet ist. «Der Täter braucht nicht mehr am Tatort zu sein», schreibt er. «Wenn er Zugang zu einem Telefon in der Äußeren Mongolei hat, kann er theoretisch auf der Stelle eine Computerstraftat in Toronto begehen.»

Bei den Versuchen, mit Computern Banken Geld zu stehlen, ging es unter anderem um die Manipulierung interner Kontensysteme, und es gab sogar einen einfallsreichen Plan, ein bestimmtes Konto (das dem Täter gehörte) mit den nach Währungskonvertierungen übrigbleibenden Rundungsbeträgen zu erkennen. Bei diesem zweiten Plan sorgte der Täter dafür, daß beim Umtausch einer bestimmten Summe Yen in 12657,672398 US-Dollar das Bankprogramm dem Konto des Kunden 12657,67 US-Dollar überwies, während er sich die 0,002398 US-Dollar gutschrieb, die bei der Umrechnungsarbeit wegfielen. Dieser Art von Straftat auf die Spur zu kommen, dauert sehr lange, weil dem Bankkunden nichts gestohlen worden ist und nur das interne Prüfprogramm der Bank den Fehler entdecken kann. In den großen internationalen Banknetzen, die Computer für elektronische Geldbewegungen verwenden, strömen jeden Tag Hunderte Millionen Dollar durch Softwaresysteme, die für ähnliche Manipulationen verwundbar sind. So könnte jemand die Anlieferung der Daten *verzögern*, während dieser Riesenbetrag durch das Netz fließt und die Zinsen einstecken, ohne in Wirklichkeit etwas zu stehlen. Manche Fachleute machen sich Sorgen darüber, daß es zu solchen Eingriffen kommt, bevor komplette Sicherheitssysteme eingeführt sind, und daß die Gesetzgeber mit dem Erlaß von Sicherheitsvorschriften reagieren werden, bevor sie die ebenso wichtige Frage der Privatsphäre geregelt haben.

Obwohl die meisten Computerstraftaten der siebziger Jahre nie angezeigt wurden[21], waren die Täter in der Regel relativ leicht zu fassen. Verluste blieben ungemeldet, weil Firmen sie als peinlich empfanden und Angst davor hatten, daß ihre Versicherungspolicen abgeändert oder storniert werden könnten. In seinem Buch *Crime by Computer* (Computerkriminalität) schildert Donn Parker, daß der Täter typischerweise ein intellektuell neugieriger Mensch ist, der gerne auf Herausforderungen eingeht. Parker erwähnt ferner, daß diese Person sich immer mehr verstrickt und in der Regel erleichtert ist, erwischt und von den komplizierten Planungen befreit zu werden, die sie sich hatte einfallen lassen, um ihre Spur zu verwischen. Ein Mann in Nordkalifornien schuf eine nur auf dem Papier stehende Firma, die einer echten entsprach, bis auf einen 10prozentigen Zuschlag auf die Kosten, den er in die Tasche steckte. Dieser Computerkriminelle brach schließlich unter der Last des Papierkriegs zusammen, der erforderlich war, um seine erfundene Firma aufrechtzuerhalten. Er nahm einen Anwalt, zeigte sich selbst an, stellte fest, daß ihm niemand seine guten Absichten glaubte, und saß ein paar Jahre im Gefängnis.

Ich vermute, der Computerkriminelle des nächsten Jahrzehnts wird von anderem Zuschnitt sein. Er wird stiller sein und von Computerwissenschaft mehr verstehen als seine Vorgänger der siebziger Jahre. Er könnte sogar ein Fachmann auf dem Gebiet von Computerschutz und -sicherheit sein. Und es wäre durchaus möglich, daß er vom Staat ausgebildet worden ist.

Computersicherheit wird zum großen Geschäft. Tausende von Exekutivbehörden stellen Sicherheitsmaßnahmen und Gegenmaßnahmen auf; was noch bedeutsamer ist: Datenbanken, die Einzelbürger betreffen, explodieren buchstäblich bei Dutzenden Behörden auf Länder- und Bundesebene. Während neue Gesetze erlassen werden, um die Bürger vor Zugriff und Weitergabe von Daten ohne Befugnis zu schützen, muß man vielseitige Sicherheitssysteme erfinden, um diese Gesetze durchzusetzen, und Vorkehrungen treffen, um diese Sicherheitssysteme in Notfällen außer Kraft zu setzen. Der Enthüllungsjournalist Jack Anderson hat mitgeteilt, daß American Telephone and Telegraph einmal die Ferngesprächaufzeichnungen eines Angestellten beschlagnahmte und die normalen Vorschriften umging, die eine gerichtliche Verfügung dafür fordern.

Polizeibehörden und staatliche Nachrichtenbeschaffungsdienste schicken im Jahr Hunderte von Menschen auf Ausbildungskurse in Sicherheitsfragen, bei denen auch der Umgang mit Computerdateien und das Überwinden fremder Sicherheitssysteme behandelt werden. Und außerhalb des Staates gibt es private Organisationen mit Zugang zu großen Datenmengen, gewonnen aus einer Vielzahl offizieller und inoffizieller Quellen (Daten, über die keine Körperschaft in den Ländern oder im Bund Vorschriften erlassen darf). Eine solche Gruppe ist der Interstate Organized Crime Index (IOCI), ein Ableger des *privaten* Law Enforcement Intelligence Unit (LEIU), das 1956 gegründet wurde, um Informationen über das organisierte Verbrechen zu sammeln. 1978 war die Rede von 255 Mitgliedsorganisationen in 46 Bundesstaaten und Kanada. Andere halbprivate Informationsbeschaffungsdienste wie Research West und Information Digest operieren in einem rechtlichen Vakuum ähnlicher Art; mit der enormen Zunahme ihrer Datenbanksysteme wird das Problem, unbefugten Zugang zu ihren Dateien zu unterbinden, zum Alptraum werden. Die Regelung bei den großen Systemen der Bundesverwaltung ist selbst schon eine überaus komplizierte Frage (der Kongreß debattiert beispielsweise seit mehreren Jahren darüber, ob das FBI für das National Crime Information Center zuständig werden soll oder nicht), aber die parallel dazu bestehenden Gruppen entgehen sogar dieser Kontrolle, weil sie keine Bundesbehörden sind. Sie sind ebensowenig der Überwachung durch Länder oder Gemeinden unterworfen, weil sie als übergreifende Netze arbeiten; im übrigen stellen sie in der Regel Informations- und Sicherheitsfachleute ein, die aus dem Staatsdienst kommen.

Mit der Zunahme des Werts der Information in solchen Dateien erlangen die möglichen Vorteile bei einem Durchdringen des Systems Bedeutung. Gleichgültig, ob die Attacke Daten auf finanziellem, strafrechtlichem oder nachrichtendienstlichem Gebiet gilt, es wird zunehmend wahrscheinlicher, daß die Täter Profis sein werden und nicht mehr nur begabte junge Männer wie Chip Tango, die nach einer Herausforderung suchen.

Im Oktober 1976 wurde John T. Draper von Mountain View, Kalifornien, alias Captain Crunch, zum ersten «Phone Phreak» (Telefonschreck), der ins Gefängnis kam. Als das FBI seine Wohnung durchsuchte, fand man ein Computerterminal und ein NCIC-Benutzerhandbuch. Dieser junge Mann aus Silicon Gulch hatte damit begonnen, alle Methoden zur Anzapfung einer Telefonleitung zu lernen. Den Mitternachtspartisanen zufolge sind Kommunikationsexperten beim Militär in solchen Methoden geschult und üben regelmäßig das Abhören ziviler Telefonleitungen. Dieses Wissen verbreitete sich rasch. Sobald ein Phone Phreak an einen der internen Codes gelangt ist, kann er sich als Fernsprechtechniker ausgeben, Prüfleitungen nutzen und sich von der Vermittlung überall zuschalten lassen, wo es ihm beliebt.

Die Phone Phreaks entdeckten Telefon-Konferenzschaltungen lange vor Bell Laboratories, wo man sich immer noch überlegt, wie man das in die Geschäftswelt einführen soll. Sie hatten in einem Schaltkasten in Vancouver eine unbenutzte Telex-Fernleitung entdeckt. Nach den Worten von Captain Crunch: «Wir gingen über Bluebox nach Vancouver, gaben über Summer 604 (den Vorwahlcode), dann 2111, und sprachen mit Hunderten von Leuten. Die kanadische Regierung schnappte über, als sie das las. Ich glaube, danach wurde ich von der Bundespolizei angezapft.»

Die Franzosen hatten im Zweiten Weltkrieg ein ähnliches Netz aufgebaut, um die Geheimaktivitäten der Resistance zu unterstützen. Französische Telefonarbeiter hatten einige Fernleitungen für die Benutzung durch den Untergrund reserviert. Diese illegale Tätigkeit ging nach dem Krieg weiter und wurde bald bei den Studenten populär. Von diesen heroischen Anfängen wuchs die Methode zu einem kleineren gesellschaftlichen Phänomen heran und wird heute routinemäßig von Leuten auf der Suche nach Sexpartnern genutzt. Sobald die französischen Post- und Telefonbehörden eine Nummer aus dem Verkehr ziehen, wird eine andere bekannt. Amateure von *Le Reseau*

(Das Netz) treffen sich regelmäßig in einem Pariser Café, um über die Kunst der gebührenfreien Konferenzschaltung zu diskutieren und Informationen über verfügbare Leitungen, gesperrte Nummern oder nicht zugeteilte Telefonschaltungen auszutauschen.

Vom Anzapfen einer Telefon-Fernleitung bis zum Eindringen in Computernetze ist nur ein kleiner Schritt, und das zunehmende Vertrauen auf große Informationssysteme in unserer gesamten Gesellschaft erzeugt ganz gewiß die Anregung für solche Unternehmungen. Computerfachzeitschriften befassen sich natürlich sorgenvoll mit der Frage, und auch die Wissenschaftler haben sich selbstverständlich eine Reihe von Möglichkeiten ausgedacht, ihre Systeme zu schützen. Aber auch hier stellt sich wieder die Frage, ob das Heilmittel nicht schlimmer ist als die Krankheit, und ob wir von einer Technik weggeschwemmt werden könnten, die außer Kontrolle geraten ist.

Der erste ernsthafte Versuch, Zugriff zu geschäftlichen Computersystemen zu begrenzen, wurde Mitte der siebziger Jahre vom Bureau of Standards unternommen, als dortige Wissenschaftler den DES vorlegten, den Data Encryption Standard. Diese Methode bestand aus der Verwendung eines «Schlüssels», gewöhnlich einer Zahl mit vielen Ziffern, angewendet auf alle Daten, die von Computerterminals empfangen oder gesendet wurden. Bei Verwendung von Siliciumchips kann die DES-Technik heute in jedes Terminal integriert werden. Natürlich ist am Computerende der Telefonleitung ein ähnliches Gerät erforderlich, um die Daten bei der Ankunft zu entschlüsseln. Die Chips können in sehr großer Zahl hergestellt werden und sind schon für weniger als 15 Dollar auf dem Markt, wobei der Preis immer weiter sinkt.

Durch DES wird es beinahe sinnlos, die Leitung anzuzapfen, über die der Terminalbenutzer Informationen sendet. Der Lauscher würde nur Unverständliches gewinnen. Ein solches Gerät macht, was illegalen Zugriff betrifft, schon einmal Ernst, aber kann es eine entschlossene Anstrengung verhindern, das Sicherheitssystem zu sprengen? Das hängt ganz von der Länge des Schlüssels ab, der für die Chiffrierung verwendet wird; Kritiker des Verfahrens haben darauf hingewiesen, daß große Unternehmen und staatliche Behörden, deren Computeranlagen schnell genug sind, die Information trotzdem entziffern könnten, weil der vom Staat vorgeschlagene Schlüssel nicht lang genug ist. Diese Kritiker haben empfohlen, die Länge des DES-Schlüssels zu verdoppeln, um die Kosten der Entschlüsselung unerträglich hoch werden zu lassen, aber die staatliche Seite hat sich dagegen gewehrt. Manche Wissenschaftler meinen, das Bureau of Standards hätte bewußt eine Schlüssellänge von solchem Umfang gewählt, daß Collegestudenten und die meisten Industriespione abgeschreckt werden, aber kurz genug, daß die Herren in Washington weiterhin anderer Leute Post lesen können[22,23].

Als Professor George Davida von der Universität Wisconsin ein Patent für eine verbesserte Methode zum Schutz der Computersicherheit beantragte, erhielt er vom US-Handelsministerium einen drei Seiten langen Brief. Darin stand, er könne mit zwei Jahren Gefängnis und hunderttausend Dollar Geldbuße bestraft werden, wenn er bei jemand anderem als Beauftragten der US-Regierung schriftlich oder mündlich über seine Erfindung etwas verlauten lasse.[24]

Inzwischen hatten Wissenschaftler am MIT und in Stanford eine sehr interessante Katze aus einem äußerst komplizierten Sack gelassen. 1975 schlugen zwei Mathematiker der Stanford University, Dithfield Fiffie und Martin Hellman, eine neue Methode zur Verschlüsselung vor, die auf der Theorie der «Falltür»-Funktionen eines neuen mathematischen Zweigs beruhte. Später erweiterte ein junger Professor für Computerwissenschaft bei MIT, Ronald Rivest, ihre Idee zu einem spezifischen Codesystem, für das er ein Patent beantragte. Das Falltür-Konzept war revolutionär, ein Wendepunkt nicht nur auf dem Gebiet der Computersicherheit, sondern auf dem ganzen Gebiet der Kryptographie (Geheimschriften). Es versprach nicht weniger als den nicht entschlüsselbaren Code. Außerdem führte es zu einigen Komplikationen im Leben dieser bahnbrechenden Wissenschaftler.

Computerhersteller haben vor der Öffentlichkeit die Sicherheitsfrage größtenteils ignoriert oder heruntergespielt. Eine Umfrage, die ich 1979 über die Datenbank-Sicherheit eines bestimmten Systems unternahm, begegnete verständnislosen Blicken der Experten und dem herablassenden Bescheid, alle Dateien seien «gesichert durch Schlüsselworte und Systemsperren». Als ich fragte, was das bedeute, ergab sich, daß die Systemsperren einfach eine zweite Stufe von Kennwörtern darstellten, die sich der Benutzer merken mußte. Als ich mich erkundigte, welcher Schutz gegen schädliche Software bestehe, geschrieben von Systemprogrammierern, die vielleicht wußten, wie man das Betriebssystem unter Kontrolle bringt (und damit das Sicherheitsverfahren gänzlich umgeht), stieß die Frage nur auf betretenes Schweigen. Viele große Organisationen hatten damit begonnen, das Gesetz in die eigenen Hände zu nehmen und Computersicherheitsmethoden auszuborgen, die bei Polizei, Militär oder Nachrichtendiensten verwendet wurden. Dazu gehören natürlich der physische Schutz der Maschine und überwachter Zugang (durch Türen, ausgestattet mit Kameras und Lesegeräten für Ansteckabzeichen) ebensogut wie abschließbare Terminals. Diese Vorsichtsmaßnahmen verstärken das Image des Computers als einer bösen Maschine nur noch, die von Wächtern geschützt werden muß und für normale Menschen unzugänglich bleibt.

Mehr und mehr Unternehmen verwenden neben physischen Sicherheitsmaßnahmen Verschlüsselung sowohl bei Hardware wie bei Software. Auch hier nimmt man sich ein Beispiel an der Welt der Spione und Gegenspione, was ein neues Problem aufwirft, weil die Welt der Nachrichtendienste, wenn es um die Verschlüsselung von Nachrichten geht, nicht dieselben Bedürfnisse hat wie die Geschäftswelt. Und die Nachrichtendienste bewegen nicht pro Tag sieben Milliarden Dollar von Kontinent zu Kontinent wie ein einziges amerikanisches Banksystem. Unternehmer haben andere Bedürfnisse: Die Fähigkeit, Verschlüsselungsmethoden rasch zu ändern, sie auf bestimmte Aufgaben zuzuschneiden und für Kommunikation nicht mit ortsfesten Stationen zu verwenden, sondern für Übertragung auf der ganzen Welt, unter Firmen, die in vielen Fällen offen gegeneinander konkurrieren. Und hier kommt die Falltür-Methode zur Geltung.

Wir können jede Verschlüsselungsmethode als eine mathematische Umwandlung ansehen, mit der die Nachricht, der *Klartext*, in eine Kette scheinbar sinnloser Zeichen, den *Chiffretext*, verwandelt wird. Das heißt: Die Person, die verschlüsselt, kann mühelos vom Chiffre-

Costlier Protection Hits Campus Centers

By Phyllis Huggins
CW West Coast Bureau

der a blanket policy that covers
the entire

Then the president and his agents returned by the president plans to be in public.

$500,000 Federal Computer Theft

operated the computer theft scheme by filling out the paperwork for the computer to send disability checks to various addresses and post office boxes in Washington D.C. and Philadelphia where two accommplices allegedly picked up the checks.

...of the money allegedly ... the scheme has ... investigators said.

-y-Go-Round

'Right to Snoop'

Jack Anderson

...AN Telephone and Tele-... the telephone colossus, has ...e right to snoop into the ... its customers.

Bell for refusing to participate in its political corruption. He swore that he had been compelled to donate $50 a month to an illegal political slush fund.

Bell executives were also required, ... to make other regular cash ... the slush fund. After-...

Micro Assists Child Porn Ring

A four-month investigation by the Sexually Exploited Child Unit of the Los Angeles Police Department and the San Jose Police has led to the arrests and several persons in connection with what is believed to be the only computerized child pornography ...

Youth Taps Into UC Computers

By Harry Jupiter

A 15-year-old Concord lad, using second-hand equipment he bought for $60, disrupted the University of California's intricate computer operations for ... pus police said ...

home Thursday after two ... tives and a Concord ... a search warrant ... dence ...

...ed to the custody ... has an appoint-... Alameda county juvenile ... authorities.

The boy, described as very intelligent, was charged with grand theft (stealing more than 200 hours worth of computer ...

Les «enragés» de Toulouse

Computers

U.S. Tells Professor To Hush Invention

Milwaukee

The federal government has told a university professor he can't write or talk about his invention to safeguard computer information because it might be dangerous to national security, a university official said yesterday.

It threatened him with prison and fines.

The professor and the university are ... at the University of Wisconsin-Milwaukee don't know who the federal officials ... agency they're with.

School Computer Invades Some Firms

New York

The FBI is seeking a "little Einstein" who may have used a classroom computer at one of New York City's most exclusive private schools to penetrate 21 Canadian computer systems.

"At this point we don't know who we suspect or what the motive may have been," FBI spokesman Quentin Ertel said yesterday.

The FBI knows this much:

Abbildung 14: Zeitungsausschnitte, die wachsende Sorge über Sicherheit und Wahrung der Privatsphäre beweisen.

text zum Original zurückkehren. Das bedeutet, daß ein Dritter den Code zu entschlüsseln vermag, wenn genug Zeit und ein Chiffretext von ausreichender Länge vorhanden sind.

Falls Mr. Smith beispielsweise mit seinem Börsenberater in New York sich auf eine Chiffre einigt, bei der er jede Ziffer um zwei Einheiten erhöht, stellt der Berater die ursprüngliche Nachricht einfach dadurch wieder her, daß er von jeder erhaltenen Ziifer 2 abzieht. Will Mr. Smith 237 Anteile zu 104 abstoßen, schickt er die Zahlen 459 und 326. In diesem Fall ist die zweite Operation (2 abziehen) genauso leicht zu bewerkstelligen wie die Verschlüsselung (2 hinzufügen). Wie aber, wenn wir eine Funktion verwenden, bei der eine Seite des Vorgangs leicht ist, die Auflösung aber beinahe unmöglich?

Es gibt ganze Klassen solcher mathematischer Funktionen. Sie liefern zwei Schlüssel, einen für die Verschlüsselung und einen für die Entschlüsselung, und führen zu unentschlüsselbaren Codes. Sie besitzen den zusätzlichen Vorteil, daß man den Schlüssel nicht im voraus an die Person schicken muß, der die Nachricht zukommen soll. Man kann den für die Verschlüsselung verwendeten Schlüssel sogar publik machen und die Unterschrift des Absenders beglaubigen! Diese Funktionen werden aus dem naheliegenden Grund Falltür-Funktionen genannt, weil es sehr leicht ist, in der einen Richtung durch sie hindurchzugelangen, aber unmöglich, in der anderen Richtung zurückzukehren, wenn man die Entschlüsselungsmethode nicht kennt.

Wie läßt sich dieser Grundsatz in der Praxis anwenden? Nehmen wir einen Schlüssel, der das Produkt zweier sehr großer Primzahlen ist. Mr. Smith kennt den veröffentlichten Schlüssel und wendet ihn auf seine Nachricht an den Börsenberater an. Allerdings kennt nur der Berater die Primfaktoren, mit denen der Schlüssel berechnet worden ist, so daß nur er sie entschlüsseln kann. Mit anderen Worten: Warum könnte nicht jemand die Nachricht abfangen und, weil ihm die Verschlüsselungsgrundlage ebenso wie aller Welt bekannt ist, sie in das Produkt der Primzahlen aufspalten? Die Antwort: Das geht zwar, aber nur unter unglaublichen Schwierigkeiten. Niemand braucht einen Computer, um zu begreifen, daß 21 das Produkt von 7 mal 3 ist, aber es erfordert beim PDP-10-Computer fast eine ganze Minute Rechenzeit, um die erste Primzahl nach 2 hoch 200 zu finden. Und es würde laut dem Mathematiker Ron Rivest auf der heute bekannten schnellsten Maschine etwa 40 Billiarden Jahre Rechenzeit erfordern, um eine 125stellige Zahl in das Produkt von zwei 63stelligen Primzahlen zu zerlegen. Der Mensch, der eine elektronische Nachricht, verschlüsselt mit einem Falltür-Schlüssel, findet oder abfängt, vermag sie selbst dann nicht in Klartext zu übertragen, wenn die Verschlüsselungsgrundlage allgemein bekannt ist.

Die Veröffentlichung dieser Entwicklungen in technischen und mathematischen Zeitschriften hat die Nachrichtendienste nervös gemacht. Im Oktober 1977 erhielt das Institute of Electrical and Electronic Engineers (IEEE) einen Brief, verfaßt von einem Mann namens Joseph Meyer, der warnend darauf hinwies, einige seiner Mitglieder verstießen möglicherweise gegen die International Regulations of Traffic in Arms (Internationale Bestimmungen über den Waffenhandel). Das war ein indirekter Hinweis auf die Arbeit des IEEE-Mitglieds Martin Hellman, des Stanford-Professors, der seine Arbeit über Falltür-Funktionen veröffentlicht hatte. Laut der Zeitschrift *Science* ist Joseph Meyer aufgeführt im Telefonverzeichnis der National Security Agency (NSA), einem der größten Nachrichtendienste der Regierung in den Vereinigten Staaten. Meyer lehnte die Bestätigung ab, daß er dort tätig sei, und ein NSA-Sprecher namens Norman Boardman sagte: «Ich kann für die Agency erklären, daß wir mit diesem Brief nichts zu tun hatten ... Meyer hat den Brief als Privatmann geschrieben. Aber im Hinblick auf irgendeinen Brief dieser Art würde die Agency niemandem empfehlen, das zu tun.»

Das in dem erwähnten Brief angesprochene Problem tritt auf, weil selbst technische Daten ohne Geheimhaltungsstufe von verschiedenen Gesetzen über den Export von Waffentechnologie erfaßt werden. Nach Meyers Ansicht kann kein Wissenschaftler Artikel über Verschlüsselung in den Vereinigten Staaten ohne «vorherige Zustimmung durch eine zuständige staatliche Behörde» veröffentlichen, weil Verschlüsselungsdaten in dieselbe Kategorie fallen wie Waffen. Das führte zu einem Aufruhr unter den Wissenschaftlern, die einwandten, die NSA versuche diesen Bereich mathematischer Forschung unter ihre Kontrolle bringen. Diese Kontrolle werde ihrerseits zu einem Absinken der Qualität bei der für die Privatwirtschaft zur Verfügung stehenden Kryptographie führen, weil die NSA der Wirtschaft nur solche Codes erlauben werde, die man dort für entschlüsselbar halte[25,26,27].

Andere Wissenschaftler unterstellten, daß die neuen Verschlüsselungsmethoden bald zur Routine werden würden, und eine Anzahl

Unternehmen beantragte Patente. Fred Weingarten von der National Science Foundation drückte es so aus: «Es wird ganz gewiß ein hohes Maß an ziviler Kryptographie geben. Wenn wir anfangen, unsere Bankgeschäfte elektronisch abzuwickeln und elektronische Postabfertigung haben, wenn Firmen Daten per Draht verschicken, möchte ich meinen, es werde alltäglich sein, daß in wenigen Jahren die gesamte Datenkommunikation verschlüsselt stattfinden wird. Das ist eine natürliche Entwicklung, die sich aus der Verwendung von Computern ergibt.

Wie wird das erreicht werden? Einfach dadurch, daß man dem Terminal selbst eine Verschlüsselungsfähigkeit verleiht, so daß ein Lauscher selbst bei angezapfter Telefonleitung nur unverständliches Zeug erfahren könnte. Die Sicherheit des Systems zu durchbrechen, würde dann entweder einen eigenen Mann vor Ort erfordern oder gute altmodische Spionagemethoden der Dolch-und-Mantel-Variante, etwa den Diebstahl des englischen Originaltexts aus der Mülltonne des Absenders.

Im Januar 1979 nahm die Polizei in Berkeley einen 15jährigen Jungen aus dem nahen Concord fest. Mit gebrauchtem Gerät, für sechzig Dollar erworben, hatte er monatelang die Operationen des Computers an der University of California unterbrochen. Zwei Kriminalbeamte und ein Polizeibeamter aus Concord fanden Beweismaterial dafür, daß er von seinem Heimterminal aus den Computer angezapft hatte. Sie besorgten sich einen Haussuchungsbefehl und verhafteten ihn. Er wurde schließlich seiner Mutter übergeben. Man erhob Anklage wegen Diebstahls von mehr als 200 Stunden Computerzeit, Sachbeschädigung infolge der Unterbrechung von Programmen, und Besitz gestohlener Gegenstände (Protokolle anderer Leute Computerarbeit, die er über das System an sich gebracht hatte)[28].

Als Computerdateien zu verschwinden begannen, an den unmöglichsten Orten auftauchten und andere Ungereimtheiten an den Tag kamen, ließ Professor Stuart Lynn, führender Mann für Computerfragen, in jedes Projekt der Universität eine Warnung einfügen. Eine Nachricht, die nach allgemeiner Ansicht vom Concord Kid stammte, kam über den Computer und hatte folgenden Wortlaut:

> IHR HABT ES RELATIV GUT GEMACHT, MICH FERNZUHALTEN. KÖNNT IHR HILFE GEBRAUCHEN?

Im Verlauf des Jahres 1979 kam es in Frankreich zu mindestens zehn Überfällen auf Computeranlagen. Wie viele es in den Vereinigten Staaten waren, weiß niemand. Toulouse entpuppte sich als ein Zentrum der Anti-Computer-Bewegung, als mehrere Gruppen junger Aktivisten in der Stadt vertrauliche Datenbankunterlagen stahlen und in Umlauf brachten; manchmal wurden Exemplare der Dateien offen auf den Straßen verteilt.

Um die überholten politischen Etiketten zu verspotten, die bei der älteren Generation immer noch gang und gäbe waren, und um die Bourgeoisie noch weiter zu erschrecken, hatten solche Aktivisten ihren Organisationen lächerliche Namen gegeben wie P. O. L. I. C. E. (was der französischen Version von «Freie Internationale Kommunistische Studenten-Arbeiterpartei» entspricht!) oder CLODO (Komitee zur Liquidation oder Zerstörung von Computern). Eine oder mehrere dieser Gruppen überfielen im April die Niederlassungen der Computerfirmen von Philips und Honeywell-Bull in Toulouse und zerstörten eine Menge teurer Büroautomaten.

Manche Unternehmen glauben, daß diese Vorfälle die Notwendigkeit unterstreichen, ihre kostspieligen Computer physisch besser zu schützen, aber das ist nicht die ganze Antwort. Das verfeinerte Computerverbrechen von morgen wird begangen von Insidern.

1978 und 1979 wandte der Secret Service eineinhalb Jahre dafür auf, Geld aufzuspüren, das in Form gefälschter Invaliditätsanträge der Sozialversicherung gestohlen worden war. Bei dem Unternehmen, das man als «sehr, sehr ausgefeilt» bezeichnete, wurde eine halbe Million Dollar erbeutet. Schließlich nahm man eine Person in Baltimore fest, eine Sozialversicherungsangestellte namens Janet Blair, 29 Jahre alt. Sie hatte die Formulare ausgefüllt und den Computer veranlaßt, das Geld an Postfächer entlang der ganzen Ostküste zu schicken, wo ihre Komplicen es abholten. Der Computer selbst war nicht der Ort der Straftat. Sie hatte das ganze System auf den Kopf gestellt.

Was wir in Computern speichern, wird immer wertvoller, also steigt auch der Anreiz, es sich zu holen. Jeder Versuch, die Computer zu schützen, macht die Außenstehenden darauf aufmerksam, daß sich ein Einbruch immer mehr lohnt, während er gleichzeitig die Versuchung für die Insider erhöht, von ihrem Wissen etwas zu verkaufen. Ein Spezialist schätzt, daß die große Mehrheit von Computerstraftaten schon jetzt von Insidern begangen wird – von Menschen, die legitimen Zugang zum Computer haben und alle Schlüsselwörter kennen, die nötig sind, um die Dateien zu lesen.

Es mag früher einmal leicht gewesen sein, die Zuverlässigkeit und Loyalität von Angestellten zu überprüfen, als Computerzentren noch in kleiner Besetzung arbeiteten und nur hochqualifizierte Mitarbeiter genommen wurden. Heute sehen wir jedoch eine Vielzahl von Benutzergruppen sowohl innerhalb der Organisationen, denen die Computer gehören, als auch unter dem weit verstreuten Kundenstamm.

Die Art von Gesellschaft, die durch die Verfügbarkeit der weitverzweigten Computernetze geschaffen wird, erscheint mir interessanter als Computerkriminalität, die nur eine ihrer Begleiterscheinungen ist. Für die Mitternachtspartsianen ist das Netz ein Marktplatz, eine Zeitung, ein Spielplatz und ein Büro. Es kann noch vieles mehr sein, wenn die Öffentlichkeit das will. Die letzte Wahl müssen wir alle treffen.

Gleichgültig, wie komplex, wie jargonverseucht sie werden mag, die Welt der Computer kann von jedem verstanden und gemeistert werden, der das wirklich will. Wenn ich das nicht glaubte, würde ich dieses Buch nicht schreiben. Die Technik läßt sich ohne lange und verwirrende Erklärungen beschreiben, und ihre Auswirkungen können von einem großen Publikum erfaßt werden, obwohl die Computertechniker den Leuten gerne einreden möchten, es sei unmöglich, ihre Arbeit zu verstehen (und damit in Frage zu stellen), wenn man sich nicht genau mit symmetrischen Bäumen und Double Density auskenne.

Eine der Fragen, die sich durch die Aussicht auf gesicherte Netze erhebt, ist die nach ihrer Gefahr für die Gesellschaft als Ganzem. Wir wollen in der Tat dafür sorgen, daß man nicht in unsere Privatsphäre eindringen kann, und es wäre schön, in der Erkenntnis mit einer Freundin oder einem Geschäftspartner in Verbindung treten zu können, daß weder staatliche Schnüffler oder russische Spione noch neugierige Chefs oder gemietete Lauscher Gesprächsfetzen mithören können. Die Menschen sorgen sich zunehmend, daß ihre Telefongespräche nicht mehr privat sind, und das Gewicht der Aussagen vor Kongreßausschüssen zeigt an, daß diese Sorge nur die Spitze des Eisbergs ist. Die Fähigkeit, Gespräche (vor allem Ferngespräche) abzuhören, ist bei staatlichen wie privatwirtschaftlichen Stellen weit verbreitet. Was die internationale Kommunikation betrifft, so werden diese Verbindungen aus Prinzip routinemäßig überwacht. Es wäre eine Erleichterung für die Menschen, eine alternative Möglichkeit zum Austausch von Ideen, Gedanken und Gefühlen zu haben, ohne ständig das Bewußtsein zu haben, daß Institutionen sich als Voyeure betätigen. Die Folgen wären weitreichend. Wer weiß, welche Ideen zurückgehalten, welche schöpferischen Impulse durch solche Befürchtungen erstickt werden?

Privatleute zeigen große Sorge angesichts solcher Invasionen in ihr Privatleben, aber mit den Trivialitäten des Großteils unserer Tagesgespräche läßt sich wenig anfangen. Große Unternehmen dagegen ergreifen jetzt außergewöhnliche Vorsichtsmaßnahmen, um die Sicherheit der Kommunikation zu gewährleisten und dem Abhören zu entgehen. Sie verwenden nicht nur Verwürfler und modernste elektronische Geräte zur Aufspürung von Wanzen, sondern führen auch wichtige Gespräche an entlegenen Orten, wo die Teilnehmer einem Möchtegern-Spion so wenig Angriffsflächen bieten, wie es nur geht. Eine Erdölfirma, die mit Vertretern einer anderen Gesellschaft abschließende Gespräche über ein gemeinsames Projekt in Alaska führte, ging sogar so weit, einen Zug zu mieten, die leitenden Herren beider Konzerne hineinzusetzen und in der kanadischen Wildnis drei Tage lang im Kreis herumzufahren. Eine völlig sichere Kommunikationstechnologie würde mit sofortigem Erfolg auf einem Markt rechnen können, wo solche Geheimhaltung obligatorisch ist und ganz gewiß die Aufwendungen für das Dieselöl sparen!

Auf der anderen Seite müssen wir uns fragen, ob eine solche Technik nicht unvorhersehbare Nebenwirkungen hervorrufen würde. Man stelle sich eine Welt vor, in der vollkommen sichere Kommunikation für jede Gruppe erreichbar ist, die sie wünscht. Dürfen Terroristengruppen Zugang zu ihr haben? Darf das organisierte Verbrechen seine Unternehmungen in Nevada von New York oder Chicago oder den Bahamas aus betreiben können, ohne fürchten zu müssen, man könnte ihm auf die Schliche kommen? Dürfen ausländische Agenten, die in irgendeinem Land eingesetzt sind, Berichte übermitteln und Befehle ihrer Führungsoffiziere durch dasselbe Netz von Computern empfangen können, das von Hausfrauen benutzt wird, die elektronisch einkaufen, und von Direktoren, die sich mit den Verkaufszahlen des vergangenen Monats befassen.

1973 und 1974 war unser erstes Modell eines Telekonferenz-Systems in einem landesweiten Netz verfügbar. Es konnte von jeder Gruppe mit zulässigem Zugang zu diesem Netz benutzt werden; die Leute wurden aufgefordert, damit selbst zu experimentieren. Eine solche Gruppe bestand aus einer zwanglosen Gruppe von Soziologiestudenten, die sich wie ich für die verschiedenen sozialen Auswirkungen fortgeschrittener Kommunikationsformen interessierten. Sie hielten routinemäßig Konferenzen über die Möglichkeit ab, Schulkinder mit NASA-Fachleuten zusammenzubringen, oder sie veranstalteten Therapiesitzungen über die Terminals, oder sie halfen Senioren, durch Spiel- und Hobbygruppen der Einsamkeit zu entgehen.

Eines Tages beschloß einer der Studenten, das System dafür zu nutzen, um gegen den Präsidenten öffentliche Anklage zu erheben.

Vorgesehen war, Anti-Nixon-Studentengruppen an allen dem Netz angeschlossenen Universitäten miteinander zusammenzuschließen. Da Schaltkonferenzen per Computer erlauben, eine einzelne Eingabe oder Nachricht augenblicklich an allen anderen Anschlußstellen verfügbar zu machen, ist das die ideale Methode für Basis-Bewegungen politische Strukturen auszuhebeln.

Unser Projekt war sofort geteilter Meinung zu der Frage. Sollten wir diese Art von Anwendung und Experiment mit unserem System zulassen? Da wir über die Software verfügten, waren wir in der Lage, die Computerdateien zu lokalisieren, wo die Konferenz abgehalten wurde, und «den Stöpsel zu ziehen». Die Bedingungen, unter denen wir das System zur Verfügung gestellt hatten, waren jedoch klar: Unsere Experimente standen jedem offen, der gültigen Zugang zum Netz hatte, und unsere Benutzer waren in diesem Fall berechtigte Benutzer. Hatten wir als Sponsoren die Verantwortung, darüber zu entscheiden, ob Zugangsrechte entzogen werden sollten oder nicht?

Oder war ich plötzlich in die wenig beneidenswerte Lage geraten, den Netzpolizisten spielen zu müssen?

Ein großer Teil unserer Forschung war nicht darauf ausgerichtet, Konferenzsysteme aufzubauen, sondern ihre Auswirkungen auf Menschen und Institutionen zu studieren. Hier ergab sich eine großartige Gelegenheit, menschliches Verhalten in Aktion zu beobachten, in einer Kommunikationslage, die der Öffentlichkeit noch zehn oder fünfzehn Jahre lang nicht allgemein zur Verfügung stehen mochte. Einige Kollegen flehten mich an, die Gruppe machen zu lassen. Außerdem: wenn ich ihre Konferenz unterbinden würde, würde ich ihre Grundrechte verletzen, ihr Recht nicht nur auf freie Meinungsäußerung, sondern vielleicht auch das auf freie Versammlung. Erst ein Gericht würde darüber entscheiden können, ob eine Telekonferenz zwischen zwanzig Leuten in den Vereinigten Staaten, die in ihren Wohnzimmern an Computerterminals saßen, im Sinn der Gründerväter eine Versammlung darstellte.

Der Stöpsel wurde gezogen. Ich traf die unerfreuliche Entscheidung deshalb, weil ich in diesem Fall der Meinung war, die Benutzer mißbrauchten Forschungseinrichtungen, die zum Teil der Jurisdiktion unserer Gruppe unterstanden. Die weitergehenden Fragen waren für mich aber keinesfalls endgültig entschieden. Wenn sich dieselbe Situation in einem kommerziellen Computernetz ergibt, scheint mir, daß Computertechniker keinen Anlaß hätten, das Gesetz in die eigenen Hände zu nehmen und die Nutzung ihrer Einrichtungen zu versagen, solange die Benutzer nicht gegen das Gesetz verstoßen und ihre Rechnungen fristgemäß bezahlen. Ein solcher Gebrauch von Computerkonferenztechnik ist unausweichlich, und er wird, sobald er eintritt, tiefe Auswirkungen auf die Organisationen haben. In einem Netz, das technisch gesichert wäre, wo die Benutzerterminals beispielsweise mit Falltür-Geräten ausgestattet wären, könnten solche Konferenzen jahrelang stattfinden, ohne bemerkt zu werden. Die Konsequenzen sind faszinierend.

Die Welt hat noch kein Kommunikationssystem gekannt, das von globalem Umfang war und gleichzeitig die Privatsphäre des einzelnen wahren konnte. Es gibt keinen historischen Präzedenzfall. Wir wissen nicht, ob man sich darauf verlassen kann, daß die Menschen es klug gebrauchen. Alle Staaten werden im Namen des Schutzes der Öffentlichkeit vor Verbrechern, Spionen und anderen unerwünschten Elementen dagegen sein. Sie werden es aber vielleicht nicht aufhalten können, weil der industrielle Bedarf an solchen Systemen groß sein wird. Außerdem werden bald die Oberschüler von der Technik genug verstehen, um sie selbst anwenden zu können. Es mag für die NSA so schwer werden, derartige Praktiken zu unterbinden, wie es für die FCC (Federal Communications Commission = Bundesaufsichtsamt für Kommunikationswesen) schwer ist, die CB-Funkgeräte zu registrieren und dafür zu sorgen, daß sie legal und nicht für Prostitution oder Drogenhandel verwendet werden.

Chip Tango weiß das alles und sieht der Zukunft mit Begeisterung entgegen. Sein Vertrauen in die Menschheit ist unerschöpflich. Für ihn steht fest, daß die Computertechnologie außer Kontrolle geraten ist, und er will darauf reiten wie ein Surfer auf einer Welle. Die Gelegenheiten, die Welt durch Computermacht zu verderben, sind unbegrenzt, aber er findet, daß Menschen wie er nützliche Kräfte zur Schaffung eines Ausgleichs, eines Gefühls von Humanität und Humor sind, einer Wirklichkeit jenseits der Konflikte der Organisationen, die den Großcomputer von heute herstellen, kaufen und installieren. Diese Organisationen bilden sich ein, sie beherrschten die Technologie, einfach deshalb, weil sie für das schimmernde Gebilde aus Stahl mit den summenden Bandlaufwerken und den blinkenden Lämpchen, das jetzt im Keller steht, sieben Millionen Dollar bezahlt haben.

Ich fragte Chip, ob er sich denn nie Sorgen wegen einer zukünftigen Welt mache, in der die Computer dazu verwendet werden könnten, den menschlichen Kontakt zu entpersonalisieren. Ich erzählte ihm von Vision-Stanley und seinem Gebrauch von STEM, diktatorisch unter der Maske idealistischer und humaner Überlegungen. STEM konnte betrachtet werden als ein Prototyp künftiger Netze, die jedermann benutzen würde, von staatlichen Stellen bis zu Verbrauchergruppen, von Lehrern bis zu Einzelhandelsgeschäften. Trotzdem war die Absicht von STEM offenkundig auf Manipulation gerichtet gewesen. Sie trennte die Menschen. Sie reduzierte sie auf Dateien und Pufferspeicher und lächerliche kleine, grüne Buchstaben, die auf

Computerschirmen schwebten. Ob das die Zukunft sei, die er wolle? Eine Zukunft, in der jedes Haus mit jedem anderen durch Computer und Computerhierarchien verdrahtet war? In der eine Minimaschine den Energieverbrauch in der Wohnung überwachte und mit der Maschine sprach, die Umweltsteuerung für den ganzen Block betrieb, ihrerseits angeschlossen an den Computer, der für dic ganze Stadt zuständig war? In der es Kabelnetze für Rückkanal-Verkehr mit den Nachrichtenorganisationen gab, und in der man Profile von Menschen erhalten konnte, die man nie gesehen hatte, und die einem mitteilten, ob sie Bridge spielen oder über Sadismus oder Gespenster reden oder Briefmarken tauschen wollten? Ist das die Welt, die du willst, Chip? Und machst du dir nicht ein bißchen Sorgen, du könntest zu einem bloßen Profil auf irgendeinem Magnetband werden? Siehst du nicht, daß Werbeleute dich als potentiellen Käufer bestimmter Produkte aussuchen werden? Daß Gruppen und Organisationen in der Lage sein werden, dein Vorhandensein über die Netze viel sicherer zu entdecken, als sie das in der relativ lockeren und unstrukturierten Welt von heute können, und dich als Zielscheibe für den Verkauf ihrer Ideen, ihrer Produkte, ihrer religiösen und politischen Anschauungen nehmen werden? Was wird dann aus deiner Unabhängigkeit?

Chip sah von seinem Teller auf und legte die Semmel mit der Wurst hin. Er wischte sich eine schmale Ketchupspur vom Mundwinkel, und seine Augen nahmen einen spöttischen Ausdruck an, den eines Teenagers, der eben eine Moralpredigt von seinem Vater gehört hat und sich fragt, ob der alte Knacker Witze macht oder wirklich glaubt, was er sagt. Chip kam offenkundig zu dem Schluß, daß mein Fall noch kein völlig hoffnungsloser war, und sagte: «Über die Zukunft mache ich mir nicht die geringsten Sorgen. Wenn die Welt, die Sie eben beschrieben haben, wirklich kommt, Mann, dann soll sie doch! Ich kann sie viel schneller aus dem Gleichgewicht bringen als die Welt, in der wir jetzt leben!»

Entlang El Camino Real, dem Rückgrat von Silicon Gulch zwischen Menlo Park und Sunnyvale, verändert sich die Szenerie unaufhörlich. Aus dem Geschäft, das Anfang der siebziger Jahre Wasserbetten verkaufte, ist eine Karateschule geworden, dann eine Reparaturfirma für Elektronik. Das kleine Gebäude, in dem früher ein Blumenladen untergebracht war, gab es kurze Zeit einen Massagesalon, und jetzt zeigt es der Straße stolz eine Reihe von IBM Personal-Computern und ein knalliges, buntes APPLE-Poster. Überall kann man Disketten und Software-Handbücher kaufen. Buchhandlungen haben Abteilungen über Computer, wo *Byte Magazine* neben *Infoworld* liegt («Der Zeitung für die Microcomputer-Szene») und dickleibige Bücher den Leser einladen, sein eigenes Betriebssystem zu schreiben.

In einer solchen Bücherstube traf ich Chip Tango wieder. Er hatte sich verändert. Seine Haare waren merklich kürzer, sein Gesicht zierte ein schmaler Schnurrbart. Wir unterhielten uns höflich. Ich zog ihn wegen seiner Krawatte auf und erfuhr, daß er jetzt eine feste Stelle bei einem der führenden Computerunternehmen im Valley hatte.

Dann fragte er mich: «Interessieren Sie sich immer noch für Netze?»

«Sicher», sagte ich, «aber wer kann schon Schritt halten?»

«Hm, vielleicht sollte ich Ihnen etwas zeigen.»

Chip wohnte im nächsten Straßenblock, in einer völlig anonymen Wohnung, die er von einem alten Ehepaar gemietet hatte. Wir kamen an ihrem grünen Cadillac vorbei. Wir hörten von der Straße aus Frank Sinatras Stimme aus ihrem Fernseher tönen. Wir stiegen eine Treppe hinauf.

In Chips Wohnung waren die Wände cremefarben, der Teppich grün. Es gab eine kleine Küche mit einem rosaroten Kühlschrank und einem Beleuchtungskörper von Sears, der mitten in der Decke herabhing. Das Wohnzimmer war nicht sehr groß, etwa vier mal vier Meter, mit Postern von Mittelerde und SF-Drachen. Durch eine offene Tür auf der rechten Seite konnte man ins Schlafzimmer sehen. Am Boden lag eine Matratze, in den Ecken Kleidungsstücke, bunt zusammengewürfelt. Die ganze Rückwand war mit Maschinen vollgestellt.

Chip hatte zwei alte Schreibtische an die Wand geschoben. Ein elektrisches Kabel kam aus der Steckdose und spiralte hinauf zu einem langen Vielfachstecker mit Sicherung und leuchtendem Lämpchen. Aus dieser Tischsteckdose ragten schwarze Kabel in alle Richtungen. Sie lieferten Strom für das, was ich als das Neueste an moderner Technik erkannte, einen Sony-Trinitron-Farbmonitor, eine Computerkonsole und ein Plattenlaufwerk. Der Drucker stand auf einem

Nebentisch, daneben ein Kassettenrecorder. Fast die ganze hier versammelte Technik stammte aus Japan.

Vor den Schreibtischen standen zwei Plastikstühle, einer verziert mit den traurigen Überresten einer Peperonipizza. Chip bückte sich, um die Pizza zu entfernen, warf sie auf einen Stapel Computerprotokolle und bot mir als liebenswürdiger Gastgeber den Stuhl an. Dann drückte er auf ein paar Knöpfe, und sein System wurde lebendig. Draußen zwitscherten Vögel, und ich konnte den Nachbarn in seinem Garten beim Rosenschneiden beobachten.

Chip tippte auf seinem Keyboard eine Folge von Zahlen ein. Sie erschienen grün auf dem Bildschirm und wurden gleichzeitig aus einem verborgenen Lautsprecher gespielt, eine Folge von Tönen, die ins Fernsprechnetz gingen. Dabei war kein Telefonhörer im Zimmer, wie ich ein wenig betroffen feststellte; die Drähte des Modems gingen direkt in den Anschlußkasten in der Wand. Die ganze Kommunikation wurde durch Software gesteuert. Ich konzentrierte mich auf den Bildschirm. Ein schriller Ton ging durch das Zimmer, auf dem Schirm erschien ein Satz:

HIT RETURN.

«Wissen Sie, früher waren private Netze bloß Anschlagbretter für Hobbyfreaks», sagte Chip.

Ich lächelte und sah mich in seinem Wohnzimmer um. War er nicht mit seiner ganzen Einrichtung auch ein Hobbyfreak? Oder hatte Chip schon die Ränge der Profifreaks erklommen?

Er fuhr ungerührt fort: «Im letzten Jahr oder so hat sich das alles verändert. Die Leute haben ihre Personalcomputer über das Bell System zugänglich gemacht, als sie ihre Rufnummern veröffentlichten. Sie bieten elektronische Post und machen sogar mit Micros Konferenzschaltungen. Und sie reden nicht mehr bloß über Bits und Bytes. Passen Sie auf!»

Auf dem Bildschirm erschien eine numerierte Tabelle. Sie trug den Titel «Schwarzes Brett» und lautete so:

#	Name	Inhalt
1	Kinky Komputer	Sex
2	Modern Over Manhattan	Satire/Div.
3	Gas Net	NASA Info
4	PMMI Net	Liste and. Angebote
5	BBBS # 1	Telefonnetz
6	SLUMS	Div./schwul
7	South of Market	Schwul/Sex
8	Astronomy	Astronomie
9	International Apple Corps	Apple User's Info
10	Conference Tree	Schaltkonferenzen
11	Aardvark Computer	Erdferkel

«Das sind elektronische Gemeinschaften. Wenn die Leute sich fragen, was aus den Kommunen der sechziger Jahre geworden ist, sollten sie da mal nachsehen. Die würden vielleicht staunen.»

Ich zeigte auf das «Astronomie»-Netz. Chip drückte auf die 8 und wartete ein paar Sekunden. Der Bildschirm leuchtete auf mit einer Reihe von Themen, von Galaxien bis zu Pulsaren. Der Computer stand in New York. Dutzende von Halbwüchsigen benutzten ihn dazu, Daten auszutauschen und ihre neueste Errungenschaft für ihr Teleskop zu schildern. Ich hatte keine Ahnung gehabt, daß es außerhalb der regulären Amateurvereine ein solches zwangloses Netz gab. Dabei hatte ich noch gar nichts erlebt.

«Ich will Ihnen etwas anderes zeigen, wenn Sie das Soziale an der Sache interessiert.»

Er kehrte zu dem «Menü» zurück, das die Rufnummer der elf Netze zeigte, und drückte auf die 1. Einen Augenblick später sprachen wir mit Kinky Komputer.

WARNUNG

DIESES SYSTEM KANN SEXUELL AUSGERICHTETE MITTEILUNGEN ODER PROGRAMME ENTHALTEN. WENN SIE DAS STÖRT, SCHALTEN SIE SICH JETZT AUS.

SIE HABEN «KINKY-KOMPUTER» ERREICHT, DAS ERSTE SCHWULE B B S SYSTEM, ONLINE SEIT MAI 1980. SYSTEM IST EIN NORTHSTAR HORIZON IN SAN FRANCISCO, ETWA EINE MEILE VON DER ECKE 18TH UND CASTRO STREET, SCHWULENZENTRUM DER WELT.

SICHERHEITSPRÜFUNG
AKZEPTIERT
86 MELDUNGEN AKTIV
SIE SIND TEILNEHMER # 11,238
OPERATORTERMINAL BESETZT
ZEIT 9:14:37

FUNKTION (B,C,E,F,G,H,Y,I,K,M,N,O,Q,R,S,T,U,X, ODER? WENN NICHT BEKANNT):

Die nächste Zeile war eine Aufforderung, dem Computer einen Befehl zu geben. Chip drückte R für «retrieve» und gab aufs Geratewohl 72 als Meldungsnummer ein. Folgendes erschien auf dem Bildschirm:

FUNKTION (B,C,E,F,G,H,I,K,M,N,O,Q,R,S,T,U,X, ODER? WENN NICHT BEKANNT): R
86 MELDUNGEN IN DATEI. #72

AN: BI-FRAUEN
VON: ANN
DATUM: 05-29-81
BETRIFFT: JUNGES LESBISCHES MAEDCHEN

MICH ALSO NICHT IMMER MELDEN. ICH WUERDE VIELLEICHT AUCH VERSUCHEN, PASSIVER SKLAVE ZU SEIN, WENN ES NICHT WEHTUT. ICH TRAUE MICH DIE TEL.# NICHT ANZUGEBEN, DAMIT MEINE ELTERN NICHT DAHINTERKOMMEN, MACH DAS ABER SPAETER. BITTE BALD MELDEN.

Der Nachbar war mit seinen Rosen fertig. Er hatte seinen Transistorradio geholt und hörte sich das Footballspiel an, während er seinen Gartentisch lackierte. Ich blickte wieder auf den Bildschirm, das Fenster in eine andere Welt, und stellte mir ein junges Mädchen vor, das irgendwo auf einem Keyboard schrieb. Was glaubte wohl Daddy, daß seine junge Tochter lernte, wenn sie den Heimcomputer bediente? Vermutlich erklärte sie ihm, sie brauche den APPLE, um ihre Hausaufgaben zu machen.

«Was meinen Sie? Wird man die Kerle verhaften?» fragte Chip.

Ich zog die Schultern hoch.

«Es wäre natürlich nutzlos, wollte man fragen, ob das legaler Gebrauch von Telefonleitungen sei oder nicht. Diese Typen sind den Leuten, die die Regeln und Vorschriften für die offiziellen Netze machen, so weit voraus, daß es schon nicht mehr komisch ist. Außerdem verlangen sie für ihre Dienste nichts.»

«Was würde passieren, wenn wir das den Leuten in Washington zeigten? Schreiben die nicht an einem großen Bericht über die sozialen Einflüsse von Computern? Ist das hier nicht Vertrieb von Pornographie über die Grenzen von Bundesstaaten hinweg?»

Wir wußten beide, daß er nur Spaß machte.

«Gar nichts würde passieren», sagte ich. «Sie würden entweder bestreiten, daß es das gibt, oder auf der Stelle einen Herzanfall bekommen. Wie soll man so etwas unterbinden? Außerdem wird das ein gutes Geschäft für die Telefongesellschaft, wenn das einmal alle machen.»

«Ich will Ihnen noch etwas zeigen», sagte Chip, während seine Finger über die Tastatur glitten:

ABFRAGENUMMER (RETURN) = 17,0 = QUIT = NON-STOP VORWÄRTS) #29
AN: ALLE

VON: ‹SIS›OP
DATUM: 3-8-81
THEMA: SERVICE

IN DER LETZTEN ZEIT HABE ICH VIELE MITTEILUNGEN MIT DEM VERMERK GESEHEN «NACHRICHT BEI ‹SIS›OP HINTERLASSEN & KRIEGE VON IHM GELIEFERT.» TUT MIR LEID, SO EINEN SERVICE HAT'S NIE GEGEBEN. WIE SOLLTE ICH DAS ÜBERHAUPT MACHEN? MEINE SPRECHLEITUNGSNUMMER IST ‹CODE2› GEHEIM (KRIEGT NICHT MAL DIE POLIZEI) UND MAN KANN SO ETWAS GEHEIM GAR NICHT VERBREITEN.

«Und wie ist der Kerl an ‹Code 2› gekommen?»

Chip sah mich von der Seite an und sagte schlicht: «Möglich ist alles.»

Er öffnete die Tür. Wir stiegen die Treppe hinunter in den grellen Sonnenschein von Kalifornien. Sinatra sang nicht mehr, die Vermieterin starrte jetzt auf eine Soap opera. Operationsschwester Hanley zerbrach sich den Kopf darüber, ob Mrs. Ryan über die Scheidung ihres Sohnes von Mr. Mindelhalls ehemaliger Freundin die Wahrheit sagte.

Auf El Camino Real hatte der Berufsverkehr begonnen.

«Ich muß gehen», sagte ich zu Chip. «Danke für die Vorführung. Erzählen Sie mir mal, ob Ann das große Glück gefunden hat.»

«Kein Problem», sagte Chip, als er in die Bücherstube zurückging und mich auf dem Gehsteig von El Camino Real stehen ließ, während ich mir überlegte, was ich eigentlich gesehen hatte. Das wirklich Neue an diesen Untergrund-Netzen war, daß sie allein von ihren Benutzern beherrscht wurden. Der Unterhaltungswert wurde geliefert von den Leuten, die rund um die Uhr aus dem ganzen Land Beiträge zur Bezugsadresse beisteuerten. In diesem Sinn war das revolutionär, weil es nicht den Regeln von Funk oder Fernsehen folgte, wo sogar die Sendungen, an denen sich das Publikum beteiligen kann, vom Sender zentral gesteuert werden. Ebensowenig konnten die Telefongesellschaften sich mit diesen neuen Medien vergleichen: Am Telefon verflüchtigt sich Information sofort. Man muß dabei sein, wenn es geschieht, man kann nicht Meldung #72 rufen und eine geheime Antwort schicken. Die Untergrundnetze sind eine neue und wichtige Subkultur.

Chip Tango verläßt das Haus nur, um Pizza zu kaufen – und Computerbücher. Dann kehrt er in seine nichtssagende Wohnung zurück. Dort ist er auch jetzt und lernt jeden Tag einen neuen Trick. Und wenn ich mich an mein eigenes Terminal setze, mache ich mir ein klein wenig Sorgen um ihn. Aber dann stelle ich ihn mir und alle die Mitternachtspartisanen vor, und ich muß lächeln, weil ich mir den Kopf über die Welt der Zukunft nicht mehr zu zerbrechen brauche. Vielleicht gibt es ja genug menschliche Einfallskraft da draußen, um unsere Fehler auszugleichen.

Es wird nun nicht mehr lange dauern, und die Welt der Computertechnologie wird wie vor den Kopf geschlagen sein, wenn ich meine neueste Erfindung enthülle, das BACKSTER-EFFECT-TERMINAL. Meine Erfindung wird nicht nur eine Hardware-Revolution auslösen, sondern auch jedes Anzapfen unmöglich machen und eine völlige Umgestaltung der Vorschriften zur Folge haben. Der Staat kann ebensogut die FCC auflösen, solange die Commissioner noch Zeit haben, auf lukrative Posten in der Industrie zurückzukehren. Was die Telefongesellschaft angeht, so wird ihr nur eines übrigbleiben: die Kabel aus dem Boden zu ziehen, so schnell das geht, sie einschmelzen und sich das Geld für das Kupfer geben zu lassen. Dann wird man den Erlös an die Aktionäre ausschütten und das Unternehmen auflösen. Was die anderen Murkser in der Branche betrifft, etwa IBM oder Texas Instruments: denen sei der Himmel gnädig!

Das Prinzip meiner Erfindung ist ganz einfach. Mitte der sechziger Jahre kam Clive Backster, das elektronische Genie hinter der Erfindung des Lügendetektors, auf die kluge Idee, eines seiner außerordentlich empfindlichen Geräte an das Blatt einer Pflanze anzuschließen, worauf er sich anschickte, eine zweite Pflanze zu *bedrohen*, allerdings eine, die vom selben Schößling stammte wie die erste. Er behauptet, jedesmal, wenn er eine Pflanze berührte oder bedrohte, entstand «übernatürlich» in der anderen ein Strom. Überdies bestand Grund zu der Annahme, daß die Erscheinung (später beschrieben in populären Büchern wie *The Secret Life of Plants*) von Zeit und Entfernung völlig unabhängig sei. Wenn eine Pflanze in Bedrängnis geriet, erfuhren ihre Geschwister das augenblicklich durch diese Art botanischer Telepathie.

Nun stelle man sich ein Terminal in meinem Büro in Palo Alto vor. Dieses Terminal ist im Grunde ein Terrarium, in dessen Innerem 26 kleine Geranienstöcke wachsen. An 26 Tasten hängen 26 kleine Stücke Stacheldraht, auf den Tasten stehen die Buchstaben, A, B, C bis Z.

Sobald eine Taste gedrückt wird, bedrohen wir eine Geranie. Nun stelle man sich ein zweites Terminal vor, sagen wir in Wien. Die Pflanzen im Wiener Terminal sind während des Produktionsablaufs mit denen in Palo Alto gepaart worden, so daß die beiden Geräte synchron laufen. Was, glauben Sie, wird geschehen, wenn ich in Palo Alto die Taste ‹Y› drücke? An der Y-Geranie in Wien wird augenblicklich Strom entdeckt werden, der zum Druck des Zeichens Y führt. Keine Verzögerung, keine räumlichen Beschränkungen, keine Drähte, keine Energie und keine Steuern zu entrichten. Post und Western Union sind pleite.

Ich werde bald ein funktionierendes Modell meines Backster-Effect-Terminals vorführen können. Bevor ich die Produktion aufnehme, muß ich nur noch ein paar kleinere Probleme lösen; das Gießen und Beschneiden der Terminals stellt für den Konstrukteur eine Herausforderung dar. Ich bin aber auch hier sicher, daß die Hindernisse überwunden werden können und die Computertechnologie einen weiteren gigantischen Schritt vorwärts tun wird.

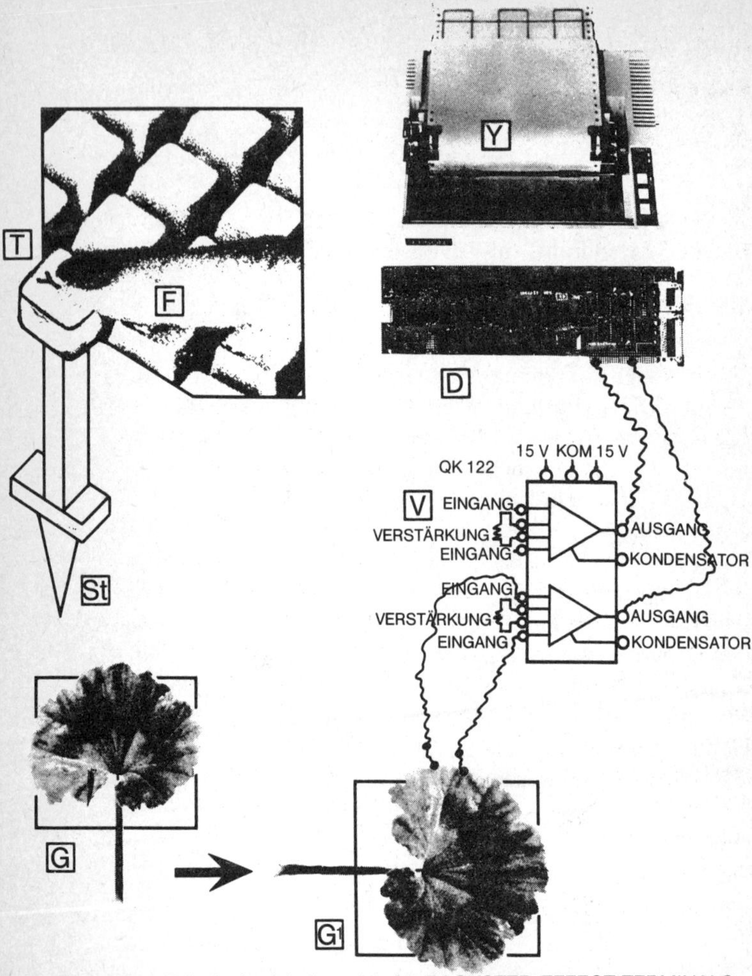

Abbildung 15: Prinzip der Arbeitsweise des BACKSTER-EFFECT TERMINALS.

Finger der Sekretärin (F) drückt eine Taste (T), die den Stachel (St) veranlaßt, das Geranienblatt (G) zu bedrohen. Das Schwesterblatt (G1) befindet sich in einem zweiten Terminal und reagiert übernatürlich auf das bedrohte Blatt (G). Ein winziger Strom wird erzeugt und verstärkt (V). Er betätigt den Drucker (D), der nun das entsprechende Zeichen auf das Papier schreibt (Y). Eine Verbindung zwischen den beiden Geräten besteht nicht.

Das ist die Grundlage einer neuen Form internationaler Kommunikation, die nicht abgefangen, geregelt oder besteuert werden kann. Die Terminals müssen regelmäßig gegossen und beschnitten werden.

SIE WOLLEN GUT DRESSIERTE MENSCHEN

Das Büro der Zukunft: Paradies oder Alptraum. Können die Computer eine Menschheitskrise auslösen? Ist die Computergesellschaft auf dem Weg in die Katastrophe? Ein Drehbuch: Die kleine Miss Plumbird drückt auf einen winzigen roten Knopf und bringt damit die westliche Zivilisation an den Rand des Bankrotts. Der Verfasser begegnet Leuten, die an ein Komplott glauben, das die ganze Welt durch Kreditkarten im Computerverbund beherrschen und alle Menschen zwingen will, auf der Stirn eine eintätowierte Nummer zu tragen.

«Die Maschine herrscht», schrieb Paul Valery in seinem ungewöhnlichen Essay *Über den Geist*. «Das menschliche Leben wird rigoros davon gesteuert, beherrscht vom schrecklich präzisen Willen der Mechanismen. Diese Schöpfungen des Menschen sind strenge Wesen. Sie reagieren jetzt auf ihre Schöpfer und machen sie so, wie sie selbst sind. Sie wollen gut dressierte Menschen. Sie verwischen langsam die Unterschiede zwischen den Menschen, passen sie ein in ihr eigenes, geordnetes Funktionieren, in die Gleichförmigkeit ihrer eigenen herrschenden Systeme. So formen sie die Menschheit zu ihrem eigenen Gebrauch, beinahe nach ihrem eigenen Bildnis.»

Es fiel schwer, nicht an dieses Zitat zu denken, als wir bei einem Führungsseminar einer Consultinggruppe aus New York das Videoband *Büro der Zukunft* sahen. Am runden Tisch saßen Vice Presidents und Verwaltungsdirektoren von zwanzig Großunternehmen und starrten begierig auf den Fernsehschirm, der die kommenden Wunder zeigte. Das Videoband war aufgenommen worden von einer industriellen

Forschungsgruppe und verstand es sehr gut, die Möglichkeiten der Büroautomatisierung vorzuführen.

Ein Manager saß in seinem Büro, mit dem Rücken zur Kamera, und telefonierte. Auf seinem Schreibtisch – nichts. Neben dem Schreibtisch, auf einem niedrigeren Tisch, ein Computermonitor. Er legte auf und drehte sich nach links. Er drückte ein paar Tasten auf dem eleganten Keyboard, der Bildschirm wurde hell. Er zeigte an, welche Hausmitteilungen eingegangen waren, was an Eingangspost wartete. Es gab Unerledigtes, alte, ungeklärte Fragen. All das war an verschiedenen Stellen des Displays deutlich zu erkennen. Unser Mann beschloß, eine Antwort auf die erste Hausmitteilung zu schreiben, die er erhalten hatte. Er drückte auf eine Taste, der Bildschirm wurde leer. Er berührte eine zweite, und ein Programm sprang an, bereit, seinen Text zu bearbeiten. Er begann zu schreiben. Er berührte wieder einen Knopf, und in einer Ecke des Displays erschien eine Liste der Leute in seiner Gruppe. Er suchte eine Nummer heraus und berührte eine Taste, dann griff er nach dem Telefonhörer, der am Terminal hing.

Es wird übergeblendet auf das Büro einer Sekretärin, einer hübschen Frau mit leerem Schreibtisch und einem Monitor neben sich. Ihr Telefon läutet. Sie meldet sich. Der Manager bittet sie, den Text zu formatieren, den er gerade geschrieben hat, und an die aufgelisteten Leute zu schicken. Sie berührt zart ein paar Tasten. Der Text, den er im eigenen Büro vorbereitet hat, steht jetzt auf ihrem Bildschirm. Sie schiebt die Information herum, sorgt für linken und rechten Randausgleich, setzt Überschriften von Abschnitten fett. Dann ruft sie eine Gruppenliste auf und stellt den neuen Text in die Post für die Gruppe. Kein Blatt Papier ist verwendet worden, niemand hat sich aus seinem Sessel gerührt. Die Kamera kehrt ins Büro des Managers zurück. Er ist zu einem anderen Programm gesprungen, das ihm in säuberlichen Kolonnen einen vollständigen Finanzbericht liefert.

Das Band ging zu Ende. Wir diskutierten, was wir eben gesehen hatten. Der Moderator ging um den Tisch herum und bat um unsere Meinung. Die Leute wirkten ein bißchen skeptisch, von den Möglichkeiten der Technik aber gefesselt. Als ich an die Reihe kam, beschloß ich, einen Test anzustellen. Es gab keine Frage, daß die heutige Technologie leisten konnte, was wir auf Video eben gesehen hatten, aber wer waren die vorgesehenen Benutzer? Wir hatten ein System erlebt, das die Ideen der Ingenieure aus den sechziger Jahren verkörperte, von den Technikern der siebziger Jahre realisiert worden und für die Benutzer der achtziger und neunziger Jahre gedacht war. Wieviel wußten wir über die soziale Umwelt, den Ausbildungsstand, die Einstellung zur Arbeit bei den Benutzern?

Derzeitige Statistiken weisen darauf hin, daß die Durchschnittszeit, die eine Person in den Vereinigten Staaten in einer Angestelltenposition verbringt, weniger als ein Jahr beträgt. Konnte eine Sekretärin ein System wie das vorgeführte in einer so kurzen Zeit erlernen und beherrschen? Und wenn ja, würde sie dann mit einem bloßen Sekretärinnengehalt noch zufrieden sein? Und wenn man ihr Gehalt um zwanzig oder dreißig Prozent erhöhen mußte, um ihre neuen Kenntnisse zu honorieren, was nur gerecht erschien, wie mußte sich das auf das ganze Gerede vom Kosten-Nutzen-Effekt auswirken, das die Automatisierung der Büros überhaupt erst rechtfertigen sollte? Außerdem zeigten alle Tendenzen ein allgemeines Absinken des Ausbildungsstands. An der University of California wiesen Prüfungen bei Erstsemestern nach, daß die Mehrheit nicht imstande war, einen richtigen, vollständigen englischen Satz zu schreiben. Wie würde die Technik des Büros der Zukunft, die ein hohes Maß an Bildung verlangte, in den Händen von Angestellten funktionieren, die eine geringe Arbeitsmotivation und begrenzte sprachliche Fähigkeiten hatten? Es blieb freilich Zeit, diese Tendenzen umzukehren, und die Technik selbst würde zu dieser Umkehrung beitragen, aber durfte dieser Faktor ignoriert werden, wenn wir davon sprachen, bestehende Betriebsabläufe zu «revolutionieren»?

Diese Bemerkungen riefen eine Reihe von Bemerkungen hervor. Ein Mann, dessen Firma ihre Zentrale in San Francisco hatte, erklärte, er habe noch immer keine Sekretärin finden können, die sowohl Maschine als auch richtiges Englisch schreiben könne, wenn er nicht mehr als 1500 Dollar Gehalt bezahle, und selbst dann könne er sie nicht halten, sobald sie mit den neuen Bürogeräten eingearbeitet sei. Ein anderer sagte, er sei Direktor einer Versicherungsgesellschaft im Mittelwesten, und sein Personal käme nicht einmal mit der komplizierten Technik zurecht, die jetzt vorhanden sei. Auch er litt unter den anderen, schon erwähnten Faktoren. Ein dritter stellte ganz schlicht fest, er wolle sich zu meinen Bemerkungen überhaupt nicht äußern, seine Firma habe ihre Niederlassung in New York.

In unserer Debatte trat eine Pause ein. Dann sagte ein grauhaariger Mann, der den Wortwechsel mit offenkundigem Interesse verfolgt hatte: «Augenblick mal. Wir haben eben ein Videoband gesehen, das Leute zeigte, die mit dieser Technik umgehen. Und es waren offensichtlich echte, lebendige Menschen. Vielleicht kann der Mann, der das Band mitgebracht hat, uns sagen, was das für Leute sind?»

Der Computerwissenschaftler, auf den sich nun alle Augen richteten, wurde ein bißchen rot und erwiderte: «Tja, unsere Gruppe umfaßt sieben Leute. Vier von uns haben in Informatik promoviert, die Sekretärin, die Sie eben gesehen haben, hat in Stanford den Magister in Psychologie gemacht.»

Die Unternehmer hoben die Hände, standen auf und begannen hin- und herzugehen. Der Organisator des Seminars stand ebenfalls auf und schlug eine Kaffeepause vor.

Artikel über Büroautomatisation sind Alltag geworden in Zeitschriften, die von Leuten gelesen werden, die in unserer Gesellschaft über die großen Gelder verfügen. In ihren Unternehmen ist Textverarbeitung heute eine wichtige Forderung, und Hersteller kleiner, spezialisierter Computer wie Four Phase und Raytheon haben sich durch das Eingehen auf ihre Bedürfnisse sehr erfolgreich ausbreiten können. Die Grundannahme hinter den Verkaufsoffensiven dieser Computerhersteller ist die, daß Büroautomatisierung größere Produktivität bedeutet. Während auf den amerikanischen Farmer Gerätewerte in Höhe von 52000 Dollar entfallen, auf den Fabrikarbeiter im Mittel 10000 Dollar, wird der Büroangestellte von Hardware im Wert von nur etwa 2500 Dollar unterstützt – typischerweise Schreibtisch, Stuhl, Aktenschrank, Telefon, Hefter und eine Schachtel Büroklammern. Sekretärinnen bekommen eine elektrische Schreibmaschine, ein Fläschchen mit einer komischen weißen Flüssigkeit, und damit hat es sich schon. Warum sollte der Gebrauch von Maschinen im Büro nicht zu Produktionssteigerungen führen, wie sie in anderen Bereichen erzielt worden sind?

Wir können uns dieser Frage leider nur dadurch nähern, daß wir weitere Fragen stellen. Erstens: Wie mißt man die Produktivität von

Büroangestellten? Wollen wir die Menge an Papier steigern, die pro Sekretärin am Tag hervorgebracht wird? «Nein», sagen die Fachleute. Vielmehr geben wir ihnen das «Büro ohne Papier». Was wir steigern werden, ist der Informationsfluß im Büro. Alles wird elektronisch sein und von Magnetkarten auf Displayschirme wandern. An dieser Stelle gerät der vielbeschäftigte Manager sehr in Sorge, weil er bei der Lektüre des Materials, das täglich über seinen Schreibtisch geht, schon stark im Hintertreffen ist und jeden Abend mit einer Aktentasche voll Empfehlungen, Hausmitteilungen und Telexen aus Singapur nach Hause fährt. Was er *nicht* braucht, ist mehr Information. Er braucht *bessere* Information, um *bessere* Entscheidungen treffen zu können. Wird die elektronische Technologie uns bessere Entscheidungen liefern?

Schauen wir uns die Technik der Kopiergeräte an, von Xerox und später von anderen Unternehmen brillant entwickelt und auf den Markt gebracht. Was hat sie für die Qualität der Entscheidungen geleistet? In mancher Beziehung wurde sie dadurch vermutlich gemindert. Die Macht «ja» oder «nein» zu sagen, war damals, als Mary in ihre Schreibmaschine drei Durchschläge einspannte, auf drei oder vier Leute beschränkt; die neue Technik hat es den Menschen ermöglicht, in einer Organisation die Verantwortung stark zu streuen.

«Mary, hier sind meine Anmerkungen zur Hausmitteilung Houston. Heften Sie doch das Protokoll der Chefbesprechung von voriger Woche als Ergänzung an und machen Sie zwölf Kopien.»

Mary kommt fünf Minuten später wieder, und schon sind zwölf Personen Schuld daran, daß auf die Hausmitteilung Houston nicht vernünftig reagiert wird. (Schließlich steht Harry auf der Liste, und das war überhaupt seine Idee. Soll er sich doch darum kümmern. Er kann nicht bestreiten, daß er davon wußte. Ich behalte die Kopie vorsichtshalber in meiner Akte, aber ich riskiere doch nicht meinen Hals und treffe die endgültige Entscheidung!)

Mit der Technik im Büro der Zukunft geht das noch einfacher. Man braucht nicht einmal Mary, es sei denn, sie müßte Grammatik und Syntax korrigieren. Man schreibt eine Rohfassung seiner Gedanken auf den Computerbildschirm, man mischt seinen Text mit dem Protokoll der letzten vier Chefbesprechungen, man läßt den Computer seine Datenbank nach allen Eintragungen unter «Budget» und «Houston» nebst Querverweisen suchen (um den Eindruck zu erwecken, man hätte seine Hausaufgaben gemacht und wirklich alles genau verfolgt) und hat am Ende ein 200seitiges Buch mit rechtem Randausgleich. Fünf Minuten später hat man die Verteilerliste für alle Houston-Fragen herausgesucht; sie enthält die Namen von siebzig Firmenangestellten, die überall sitzen, von Bangor bis Tijuana. Mit einem letzten Schnörkel des elektronischen Lichtstifts stellt man sein gewaltiges Werk in ihr Group News Input Pending Status File, genannt GNIPS (deutsch etwa: Gruppennachrichten-Datei Eingabe Laufende Geschäfte), und drückt auf die Taste ENTER seines Terminals. Die Tat ist geschehen, und niemand wird je dahinterkommen, was schiefgegangen ist. Sie haben auf jeden Fall siebzig Leute enorm beeindruckt und sind der Fähigkeit Ihres Chefs, zu erkennen, was Sie machen, so weit voraus, daß Sie vermutlich die Beförderung bekommen, auf die Sie schon seit Monaten warten. Was die Entscheidung über die Sache in Houston angeht, soll doch der Mann in Bangor sie treffen. Oder der in Tijuana.

Ist das Büro vorbereitet auf den Zauber computerisierter Produktivität? Werden die menschlichen Systeme ihr folgen können? Mir fällt es schwer, jenen Leuten unrecht zu geben, die behaupten, gleichgültig, wie dürftig die neue Technik auch sei, die Effizienz des Durchschnittsbüros könne kaum noch schlechter werden. Mir ist aber auch klar, daß jeder Produktivitätssprung die Sozialstruktur zerstört hat, in der er stattfand. Es kann durchaus sein, daß wir die nächsten zehn Jahre oder länger Büros voll überaus wütender und verwirrter Angestellter haben, bevor die Lage sich bessert.

Meine Lieblingsanekdote zur Produktivität betrifft den Lackierraum einer Spielzeugfabrik. Ein Ingenieur analysierte die dort geleistete Arbeit sehr gründlich und kam zu dem Schluß, die Leistung könne gesteigert werden. Die Arbeit wurde gesteuert von einer laufenden Kette, an die acht Frauen bemaltes Spielzeug hängten. Der Chef bot eine Prämie für gesteigerte Produktivität. Sie half nichts. Die Frauen beklagten sich darüber, daß sie mit dem raschen Lauf der Kette nicht Schritt halten könnten. Trotzdem beharrte der Chef darauf, sie könnten mehr leisten. Es gab viele Diskussionen, und die Frauen baten darum, das Tempo der Kette selbst bestimmen zu dürfen. Der Werkmeister gab ihren Vorschlag weiter, und das unorthodoxe Verfahren wurde genehmigt.

Nach einigen Tagen kamen die Frauen auf eine ausgezeichnete Methode. Sie arbeiteten zu Beginn und am Ende des Tages bei mittlerer Geschwindigkeit, die meiste Zeit aber bei hoher, viel schneller als das Tempo, das die Fachleute nach Zeitstudien festgelegt hatten. Die Ergebnisse waren interessant.

Innerhalb von drei Wochen hatte die Produktion um 30 bis 50 Prozent gegenüber dem vorherigen Stand zugenommen. Und nach dem Prämiensystem verdienten die Frauen jetzt mehr als die gelernten Arbeiter in den anderen Bereichen der Fabrik. Das führte zu Druck von anderen Abteilungen; das Prämiensystem wurde wieder beseitigt. Bis auf zwei kündigten alle Frauen, der Werkmeister verließ das Unternehmen kurze Zeit später.

Ich finde, die Wegbereiter für das «Büro der Zukunft» sollten sich lieber auf ähnliche und viel stärkere Stürme vorbereiten.

Man sagt uns, in Amerika werde die Produktivität nach der Einführung der Elektronik auf breiter Grundlage im Büro stark zunehmen. Der Computer werde für dieses Gebiet dieselben wunderbaren Dinge leisten, die er für Finanzverwaltung und Management geleistet hat.

Es ist also vielleicht an der Zeit, die Frage zu stellen, was der Computer für Finanzverwaltung und Management eigentlich geleistet *hat*. Die Meinungen sind erstaunlich geteilt und spiegeln viel von den unterschiedlichen Auffassungen im Management wider.

Die Farinon Corporation stellt Kommunikationsgeräte her, von Telefonen bis zu Fernsehen und Erdsatelliten. William B. Farinon, der Vorstandsvorsitzende, stellt die Fähigkeit des Computers in Frage, dem durchschnittlichen Unternehmer zu helfen:

«Ich habe erhebliche Zweifel an der Effektivität, der generellen Effektivität des Computers. Wenn ich so etwas sage, werfen mir die Leute auf der Stelle vor, ich wollte zurück zum Rechenbrett, aber ich wette, daß unser Überblick damals, als wir noch mit dem Rechenbrett arbeiteten, effektiver war als das, was wir von der großen Maschine geliefert bekommen, die wir jetzt haben.»

Als diese Bemerkungen in der Märzausgabe 1980 von *Peninsula Magazine* erschienen, die im ganzen Silicon Gulch gelesen wird, müssen die Leitenden aller Elektronikfirmen gedacht haben: Was will der

Mann? Zurück in die Zeit, als es noch keine Computer gab? Das wäre unmöglich! – Aber es gibt mindestens einen nachgewiesenen Fall, wo ein Land genau das getan hat: Umkehrung der Automation.

Nach dem Fall von Saigon, so schreibt der französische Autor Jean Larteguy, der nach dem Rückzug der Amerikaner in Vietnam geblieben war, schlossen die Leute, die das Kommando über die Wirtschaft übernahmen, die Banken und wiesen eine Armee von Büroangestellten an, alle Computerprotokolle mit der Hand in reguläre Hauptbücher abzuschreiben. Sie gingen alle Konten und alle Seiten der Banktätigkeit durch. Als die Aufgabe bewältigt war, öffneten die Banken wieder ihre Türen für das Publikum. Das gesamte Finanzwesen war zurückgekehrt zur «Zeit des Rechenbretts».

Vietnam ist freilich ein kleines Land mit einem einfachen wirtschaftlichen System. Die dortigen Bedingungen kann man nicht mit denen in Nordamerika vergleichen. Als der Berater einer großen Elektronikfirma jedoch den Computermarkt untersuchte, stellte er fest, daß in mehr als achtzig Prozent aller Fälle Manager, die ein Computersystem angeschafft hatten, um Kosten zu senken oder andere Ziele zu erreichen, die Meinung vertraten, der Computer hätte entweder diese Aufgaben nicht erfüllen können oder höhere Kosten verursacht. In vielen Fällen hatte das System in beiden Bereichen versagt. Die Datenverarbeitungsgruppe in den meisten großen Unternehmen hat sich heute vom Rest der Organisation isoliert. Sie wird von den Hauptgruppen im Betrieb (wie Produktion, Verkauf und Finanzen) als Störquelle betrachtet, geführt von Machtgierigen, die nur Jargon sprechen können, echte Probleme nicht verstehen wollen und selten erfüllen, was sie versprechen.

Was viele Management-Anwendungen von Computern angeht, sind sie von prominenten Autoren in Finanzzeitschriften als Schwindel bezeichnet worden. Wenn also dieselben Computerwissenschaftler, die für die MIS-Debakel der sechziger Jahre die Verantwortung trugen, uns jetzt eine Welt der Glückseligkeit im Büro ohne Papier versprechen, würden wir gut daran tun, erst einmal nachzudenken und sie nach ihren damaligen Versprechungen zu fragen. Sie werden zur Erwiderung wahrscheinlich auf ein paar eindrucksvolle Leistungen verweisen: der Flug zum Mond beispielsweise wäre ohne sehr große Computersysteme unmöglich gewesen. Und ohne Computer wäre es wohl auch sehr viel kostspieliger, große Organisationen zu verwalten, rechtzeitig Gehaltszettel auszudrucken und das komplexe Einzelhandelsnetz zu betreiben, das die Güter liefert, die Amerika braucht, von Bluejeans bis zu Schokoladetafeln. Aber einige dieser Großsysteme haben die ärgerliche Eigenschaft, zu versagen, oft auf spektakuläre Weise, entweder, weil die Programme selbst versagen, oder weil die menschliche Struktur, durch die sie erst funktionieren, mit der Technik nicht Schritt halten kann.

Im März 1980 meldete Associated Press, daß «das weltweite Computersystem, das aufgebaut wurde, um den Präsidenten vor einem feindlichen Angriff oder internationalen Krisen zu warnen, unter Belastung zum Versagen neigt». In der Tat sei, so hieß es weiter, WIMEX – das Worldwide Command and Control System – schon bei zwei Gelegenheiten ausgefallen: einmal Mitte der siebziger Jahre, und außerdem während des Massenselbstmords der Volkstempel-Mitglieder in Jonestown. Trotz der Milliarde Dollar, die vom Pentagon aufgewendet wurde, um es funktionsfähig zu machen, ist es laut staatlichen Revisoren, Industriefachleuten und sogar dem Hersteller, der die Hardware für WIMEX geliefert hat, unzuverlässig geblieben. James May, einer der im Bericht zitierten Spezialisten, erklärte, das Ding sei bestenfalls «empfindlich». Ein anderer Ingenieur, der bei der Entwicklung des Systems mitgewirkt hatte, John Bradley, wurde entlassen, als er über den Kopf seines Chefs hinweg dem Präsidenten mitteilte, er solle sich nicht darauf verlassen, daß WIMEX ihn vor einem russischen Angriff warnen werde.

Nach dem Mord an dem Kongreßabgeordneten Leo Ryan in Jonestown verloren die US-Stabchefs für über eine Stunde den Kontakt mit ihrem Krisenteam. Als der Anschluß wiederhergestellt war, ging WIMEX davon aus, die beiden Teams stünden bereits in Verbindung, und versagte ihnen den gegenseitigen Zugang.

Im November 1979, bei einem Zwischenfall, der in der amerikanischen Presse im allgemeinen unerwähnt blieb, befand sich offenbar auf Grund eines Bedienungsfehlers der gesamte nordamerikanische Kontinent sieben Minuten lang im Zustand des Nuklearkriegs. Ob der Computer nun falsche Abläufe entdeckte oder ein Probeband zugeführt bekam, das Ergebnis blieb das gleiche: es hatte den Anschein, daß ein massiver feindlicher Angriff gegen die Vereinigten Staaten vorgetragen wurde. Offiziere bei NORAD – dem North American Radar System unter dem Cheyenne Mountain in Colorado – erteilten nach den vorgeschriebenen Prozeduren Startbefehle an Jagdbomber von Montana bis Kanada, um dem erwarteten Überfall zu begegnen, während das gesamte militärische System der Vereinigten Staaten und Kanadas in Alarmzustand versetzt wurde. Das Strategische Bomberkommando startete nicht, weil dafür ein Befehl des Präsidenten erforderlich ist und nach sieben Minuten niemand den Präsidenten, den Vizepräsidenten oder den Verteidigungsminister hatte erreichen können. Schließlich befahl ein Offizier, dem es seltsam erschien, daß die Russen während einer «Periode relativer Detente» angreifen sollten, seinem Stab, den Computer zu überprüfen, wobei man den Fehler entdeckte. Das war vor der Afghanistan-Krise, und man fragt sich, was wohl geschehen wäre, wenn dieser eine Offizier nicht der Meinung gewesen wäre, sein Land befinde sich in einer «Periode relativer Detente». Ich fand Hinweise auf den Zwischenfall in der westeuropäischen Presse, wo er verständliche Unruhe auslöste, hatte aber Mühe, eine Erwähnung in der US-Presse zu entdecken. Die Lektion, die daraus zu lernen ist: Wir würden gut daran tun, uns ein bißchen länger auf menschliche Urteilskraft zu stützen, bis wir wissen, was wir tun.

Was für militärische Systeme zutrifft, gilt ebenso für Großunternehmen. Wenn Anstrengungen zur Büroautomatisierung weit fortgeschritten und einige der prophezeiten Produktionsgewinne erzielt sind, sehe ich ebenso spektakuläre Steigerungen bei den Gefahren voraus, die auf Unternehmen dann zukommen. Beispielsweise bedarf es im Büro von heute einer Brandkatastrophe, damit Kundenunterlagen oder Personalakten vernichtet werden, und die Information hat einen solchen Umfang, daß es einer Gegnergruppe schwerfiele, sie zu entwenden. Sobald jedoch die Büroautomatisierung voll im Gange ist, könnte eine große Zahl von Ursachen zu Verlust, Zerstörung oder Veränderung von Firmenunterlagen führen. Es hat bereits einige bemerkenswerte Fälle gegeben, bei denen Diebe Computer dazu verwendeten, ganze Marketingdateien und Kundenlisten zu stehlen; ein derart heimlicher Zugang mag oft sehr lange nicht entdeckt werden.

Zeigen Sie mir ein gutes Informationssystem, und ich zeige Ihnen ein wirksames *Des*-Informationssystem, eines, das dazu benutzt werden kann, falsche Informationen einzugeben. Eine solche Desinformation mag gänzlich unerkennbar bleiben und auf die Aktivitäten des Unternehmens eine viel nachteiligere Auswirkung haben als der direkte Diebstahl von Computerzeit oder Marketinginformation. Dies alles bedeutet nicht, daß Büroautomation nicht wünschenswert sei oder nicht funktionieren werde, aber es sollte uns ganz gewiß im Hinblick auf ihren Entwicklungs-Zeitplan und die vermuteten Kosten skeptisch machen.

Man stelle sich folgendes Drehbuch vor. Wir schreiben das Jahr 1997, die Welt der Büroautomation ist endlich Wirklichkeit geworden. Mächtige Computer, die 1980 noch zimmergroß gewesen wären, passen jetzt gut in die unterste Schublade jedes Direktorenschreibtischs, der nicht mehr ist als eine schwere Glasplatte über einer Anordnung von Keyboards, Bildschirmen und Farbdisplays.

Miss Priscilla Plumbird, Assistentin des Verkaufschefs von Rainbow Econometrics, trifft in ihrem Büro in der Innenstadt von Chicago ein und schiebt eine nagelneue Diskette in ihre Arbeitsstation. Sie schreibt einen Vermerk zur Vorbereitung auf die jährliche Verkaufstagung, die nächsten Monat in Orlando stattfinden wird. Sie muß die Zeitpläne aller Teilnehmer kennen, die im Speicher des Hauptcomputers niedergelegt sind. Aus diesem Grund drückt sie auf einen kleinen roten Knopf, der ihre Arbeitsstation mit RAINBONET verbindet, dem internen Computernetz ihres Unternehmens.

Historiker der Weltfinanzgeschichte konnten viele Jahre danach rekonstruieren, was geschehen war, nachdem Miss Plumbird den kleinen roten Knopf gedrückt hatte, der in eben diesem Augenblick von jedem der 1347 Menschen hätte gedrückt werden können, die in der Firma ähnliche Arbeitsstationen bedienten.

In seinem Buch *Der große Bankenkrach von '97* bemerkte Professor Staunton B. Warbucks, daß «ohne die rasche Reaktion der Zentralbanken und die Geistesgegenwart einiger wichtiger Investmentgruppen in Europa alles noch viel schlimmer hätte kommen können». Wie dem auch sei, heute weiß man, daß Miss Plumbirds Terminal den Anschluß an das Netz gerade in dem Augenblick herstellte, als im Computerkomplex des Konzerns ein Puffer-Überlauf eintrat, der dazu führte, daß ein Steuerzeichen an eine unbediente Eingabe-Warteschlange gesetzt wurde. Mit anderen Worten: Ihr Anschlußbegehren blieb vorübergehend in der Schwebe. Gleichzeitig trat im Netzport 566 ein abnormaler Zustand ein, und der Vorrechner (wie der Leiter des Computerzentrums später unter Eid vor dem Computer-Kontrollausschuß aussagen sollte, den der Kongreß hastig einberufen hatte, um die Wiederholung solcher Notsituationen zu verhindern) lenkte die Leitungen zu anderen Adressen um. Bedauerlicherweise rief das Zusammentreffen dieser beiden alltäglichen Vorgänge im Betriebssystem des Hauptcomputers einen unentdeckten Programmierfehler hervor. Netzport 566 erholte sich ohne äußere Eingriffe, und Miss Plumbirds Anforderung wurde erfolgreich bewältigt, als der Pufferspeicher wieder frei war, aber das System war inzwischen etwas durcheinandergeraten und ging davon aus, Miss Plumbird sei die vorherige Benutzerin von Port 566. Es setzte ihr augenblicklich eine komplette Liste von Wertpapiertransaktionen auf den Bildschirm, ursprünglich veranlaßt vom Finanzverwaltungsbüro des Unternehmens, das seine Anweisungen an die Wall Street-Firma Meroff, Trench und Waberdash übermittelte. Das Gesamtvolumen der vielschichtigen Transaktion betrug rund 670 Millionen Dollar.

Verwirrt durch das, was sich vor ihren Augen abspielte, kopierte Miss Plumbird sorgfältig das Ganze und löschte dann die obere Hälfte ihres Bildschirms, um die Reiseplanungen der Leitenden auf den Datenträger zu nehmen. Anschließend gab sie Anweisung, das Ganze in den Speicher zu setzen, was der Computer in weniger als 0,0000001 Sekunde pflichtgemäß tat, ohne zu erkennen, daß die kleine Miss Plumbird immer noch unter der Maske des Finanzdirektors auftrat. Dieser saß inzwischen in seinem Büro in Iowa und fragte sich, was mit dem Computer los war. Die Geschichte verzeichnet, daß er des Wartens endlich müde wurde und sein Terminal abschaltete.

Tausende von Meilen entfernt, im Büro von Meroff, Trench und Waberdash, hatte der Geschäftscomputer erhalten, was er für einen Auftrag von Rainbow Econometrics über Tagestransaktionen im Wert von 670 Millionen Dollar hielt. Er begann den Auftrag zu bearbeiten. Da die erste Transaktion mit den Worten BOCA RATON begann (das Ziel eines Flugzeugs in einer der Reiselisten, die Miss Plumbird auf so unglückliche Weise mit den Finanztransaktionen gemischt hatte), faßte die Maschine die ersten drei Buchstaben BOC als Kauforder für Papiere der Bocellon Garment Company, Los Angeles, auf. Sie kaufte 1250 Anteile zum Kurs von $ 23.01, ohne zu ahnen, daß 1250 die Bestellnummer für das Flugzeugticket war und 23.01 die

Zeit der Landung. Das nächste Ziel war Chicago, Bestellnummer 4543, Ankunftszeit 12.30, und der Computer erteilte Auftrag für den Erwerb von 4543 Anteilen von Chimaera Magazine zum Kurs von $ 12.30, was beträchtlich über dem Höchstkurs der Firmenaktien seit mehreren Jahren lag.

So kam es, daß Miss Plumbirds unbeabsichtigter Fehler sich durch das ganze Wirtschaftssystem auszubreiten begann. Die Börsenmakler von Meroff, Trench und Waberdash hatten zwar ein Auge auf die Transaktionen, die über den Bildschirm huschten, aber die meisten stammten wirklich von der Datei der Finanzverwaltung bei Rainbow, und das ganze Format machte einen korrekten Eindruck. Sie hatten keinen Anlaß, ein Problem zu vermuten, bis eine halbe Stunde später der Handel mit den Anteilen von Sanitation Engineering eingestellt wurde, einem großen Umweltschutz-Unternehmen, das in der letzten Zeit durch schlechte Wirtschaftsdaten betroffen gewesen war. Rainbow Econometrics hatte Sanitation Engineering in den ersten Jahren stark gefördert und besaß noch immer neun Millionen Anteilscheine, die mit 14 notiert wurden. Als sich die Nachricht verbreitete, Rainbow verkaufe bis auf zwei Stück alle diese Anteile zu 9¼, stürzte der Kurs in den Keller. Die Hausbank von Sanitation, Federal Continent Bank of New York, sah sich in Schwierigkeiten. Ihre Marktanalytiker beschlossen, die Transaktionen zu überprüfen, die zu dem Debakel bei Sanitation Engineering geführt hatten. Ihr Computer schloß sich an die Computer von Rainbow und der Effektenhändler an und erbat Bestätigung der Verkaufsorder.

Die ganze Datei wurde neu ausgegeben, beginnend mit dem Steuerzeichen, das sich immer noch im Pufferspeicher befand, und über das, wie die Experten sich später einigten, nur wenig zu sagen war. «Das verdammte Ding hatte da nichts zu suchen», erklärte Dr. Raymond H. Brodenberg, Jr., in seiner vorbereiteten Erklärung zwei Wochen danach vor dem Börsenaufsichtsamt. Aber es war nun einmal da und zufällig das Steuerzeichen, dessen es bedurfte, um die Computer der Federal Continental Bank mit dem weltweiten Electronic Funds Transfer Network zu verbinden, in der Branche unter dem Kosenamen FAST-BUCK bekannt. Falsche Daten aus dem Rainbow-Computer wurden nun an die ganze Welt übermittelt. Auslandsbanken entdeckten manche Fehler sofort und merzten sie aus, anderes entsprach bedauerlicherweise dem von anderen Computern erwarteten Format und wurde angenommen.

Es war einer dieser übereinstimmenden Datensätze, die der Bank von England den Garaus machten. Ein Flug 17:15 nach Indianapolis wurde als gültiger Auftrag aufgefaßt, nämlich als Kauforder für die India Trading Company, Ltd., die es schon seit einigen Jahren nicht mehr gab. Als der Computer in England Bestätigung zu erhalten versuchte, bekam er von der Federal Continental Bank dasselbe schädliche Steuerzeichen geliefert, das die Bank von Rainbow übernommen hatte. Das Steuerzeichen stürzte in das britische IPSS-Netz, wo es eine Neuinitialisierung des Netzknoten-Überwachers auslöste. Das veränderte vorübergehend sämtliche Codes für numerische Daten im ganzen Netz vom IBM-Standard zum ICL-Standard. Der Computer der Bank von England setzte die Order-Verarbeitung fort, als stünden sie noch unter dem alten System, was die Britische Krone innerhalb von 3 Minuten und 45,879322441 Sekunden ruinierte. Schließlich entstand in der Zentraleinheit eine unzulässige Unterbrechung, und die riesige Maschine gab auf.

Die Nachricht vom Zusammenbruch des britischen Finanzimperiums verbreitete sich rasch in der ganzen Welt. Computerexperten überprüften FAST-BUCK, dem man normalen Betrieb bescheinigen mußte, bevor man hastig bei allen Transaktionen mit den Engländern Stichproben vornahm. Inzwischen verlangte eine Bank nach der anderen Bestätigung für die Kauf- und Verkaufsorders von Federal Continental. Eine Bank nach der anderen erhielt von Rainbow das ulkige kleine Steuerzeichen. Je nach dem Programm, das damit zu tun hatte, wiesen die Computer rund um den Erdball die Daten entweder zurück oder versuchten sie zu verarbeiten, oft mit katastrophalen Folgen. Die Bank von Dänemark versuchte eine Anteilsmehrheit bei der Marseilles Sardine Company zu erwerben, einer Firma, von der sie noch nie etwas gehört hatte. Chase Manhattan hatte bereits alle Erdölaktien verkauft, weil die Kurse purzelten, nachdem Federal Continental SHELL zu 5.17 und TEXACO zu 7.22 abgestoßen hatte. Ein leitender Manager von Rainbow Econometrics, der um 7.22 Uhr morgens auf dem Flughafen von Texas City hätte landen sollen, sagte sich später traurig, daß er die finanzielle Stabilität der westlichen Welt hätte retten können, wäre er mit der Maschine geflogen, die um 12.05 landete.

In Chicago schaltete Miss Plumbird ihre Arbeitsstation aus und ging mit ihrem Freund zum Mittagessen. Die *Sun-Times* brachte eine Sonderausgabe mit riesiger Schlagzeile heraus:

BANKEN IN EUROPA BRECHEN ZUSAMMEN.
PANIK ÜBERALL

Sie fragte sich, was das alles zu bedeuten habe, aber es war immer noch recht kalt draußen, so daß sie beschloß, sich das Ganze am Abend im Fernsehen anzuschauen. Sie klappte im Gewirbel der Schneeflocken den Kragen ihres eleganten Mantels hoch und hastete zum Restaurant auf der anderen Straßenseite.

Während die Aussichten für die Computerindustrie, eine Krise zu erleben, die im Ausmaß jener der Atomindustrie mit Three Mile Island entspricht, sind die Experten eifrig dabei, mit größeren und besseren Systemen voranzustürmen. Sie werden nicht nur (wie in dem obigen kleinen Drehbuch) Großunternehmen zusammenschließen, sondern alle Haushalte der Welt. In Artikeln und Büchern hat man sich mit diversen Vorschlägen dieser Art befaßt. Anfang der siebziger Jahre wurde auf den Seiten von *Science* die «verkabelte Nation» angekündigt. Ein Artikel sprach von «einer öffentlichen Informationsversorgung mit dem Ziel, gleichartige soziale Möglichkeiten in den Vereinigten Staaten zu fördern»[29]. Vor kurzem ist eine Reihe von Vorhersagen erfolgt, welche die «vernetzte Nation» als die wünschenswerteste Zukunftsform gesellschaftlicher Entwicklung darstellt. Die verkabelte Nation würde das Kabelfernsehen als technischen Hauptpfeiler nutzen, die vernetzte Nation wohl mit Computernetzen beginnen, aber die beiden Konzepte würden vereinigt werden und zur wahren digitalen Gesellschaft führen. Zukunftsforscher haben die unmittelbar bevorstehende Entwicklung von «Nachbarschafts-Bürozentren» angekündigt, die an die Stelle des Großteils der Büropaläste in den Stadtzentren treten und die Notwendigkeit des Pendelverkehrs beseitigen und damit die Energiebelastung wesentlich verringern würden. Nach der Konzeption des Nachbarschaft-Bürozentrums, das großen

Anklang bei denen findet, die sich ein ungebundeneres Leben wünschen, könnten die Menschen auf dem Land wohnen und in Vielzweckgebäuden zur Arbeit gehen, die von vielen Firmen gemeinsam genutzt werden. Diese Gebäude wären miteinander verbunden durch Satelliten-Kanäle hoher Leistung oder modernste Glasfasertechnik. Es steht aber nicht fest, daß die Verlegung der Bevölkerung aufs Land Energie sparen würde. Der Benzinbedarf würde vielmehr drastisch steigen, da es nicht ungewöhnlich ist, daß die auf dem Land lebende Hausfrau zehn, wenn nicht zwanzig oder fünfundzwanzig Kilometer weit zu einem Supermarkt fährt. Ein positives Ergebnis wären die bei einem solchen Plan möglichen flexibleren Arbeitszeiten[30]. Manche dieser grundlegenden menschlichen Fragen sind aber von den Technikern, die solche Vorschläge auf den Tisch legen, nicht bedacht worden.

Mit den Worten Harold Gilliams im *San Francisco Chronicle*: «So erscheint der Einkauf per Computer verblüffend einfach. Er wird zahllose Fahrten zum Supermarkt, zum Kaufhaus, zum Einkaufszentrum ersparen ... aber man kommt nicht aus dem Haus, um einmal etwas anderes zu sehen, sich mit den Nachbarn und den Verkäufern zu unterhalten, sich alle die verlockenden Waren anzusehen, die man nicht unbedingt kaufen, aber doch betrachten möchte.»[31]

In der Heimcomputer-Revolution, die durch die digitale Gesellschaft ausgelöst werden würde, wäre es möglich, die Schule zu besuchen, Lesestoff zu erhalten und elektronisch Post zu versenden und zu bekommen, ohne das Schlafzimmer verlassen zu müssen. Aber was wird aus dem normalen Ablauf menschlicher Beziehungen? Werden wir am Ende dieser vielen tausend Meilen Kabel Einsamkeit und Langeweile vermarkten? Was wird aus menschlichem Vertrauen und den guten alten Konflikten von Angesicht zu Angesicht?

Großbritannien, Japan und Schweden sind bei der Erprobung und Entwicklung (die in den USA jetzt unter Namen wie Viewdata oder Prestel, Teletext und Videotex auftreten) den Vereinigten Staaten weit voraus. Manche Reaktionen waren negativer Art, wie etwa das folgende Zitat aus einem schwedischen Bericht zeigt (von der Kommission für neue Informationstechnologie, Stockholm 1979): «Man muß viele Nebenwirkungen bedenken. Eine davon ist, daß verschiedene Gruppen verschiedene Mittel haben, sich der neuen Einrichtung zu bedienen, und daß in der Regel diejenigen, die schon vorher mit

Information gut versorgt waren, noch mehr erhalten, falls nicht besondere Vorkehrungen getroffen werden. Zweitens kann die Computertechnik stets unbemerkt dazu benützt werden, zu prüfen, wer was erfährt. Drittens sammelt sich bei jenen, die entscheiden, was in ein solches System hineinkommt und was draußenbleibt, ungeheure Macht an.» (Kerstin Aner)

Andere Experten und Amateure, darunter die Computerfans, die jeden Monat Tausende von Apple-Computern und TR80-Geräten von Radio Shack kaufen, wenden überzeugend ein, daß wir die wahren gesellschaftlichen Auswirkungen der Technologie erst dann kennenlernen, wenn wir sie ausprobieren. Ihre Begeisterung führt sie sogar zu der Behauptung, Computerterminals seien jetzt so billig, daß sie in Millionen Wohnungen aufgestellt werden können, und der Preis von Computerzeit sinke rasch genug, um eine verblüffende Form von Gesellschaft in modernen Staaten wie den USA beinahe über Nacht Wirklichkeit werden zu lassen.

«Stellen Sie sich vor, Mann», sagte ein junger Enthusiast bei der Heimcomputer-Messe im vorigen Jahr in San Francisco, «man könnte die ganze Kongreßbibliothek auf Knopfdruck an der Hand haben.»

«Was würden Sie denn tun, wenn Sie die ganze Kongreßbibliothek an der Hand hätten?» fragte ich ihn.

Ich warte immer noch auf eine Antwort.

Die Heimcomputer-Technik ist ermöglicht worden durch die enormen Kostensenkungen, mit denen wir uns in einem früheren Kapitel befaßt haben, verbunden mit der ebenso erstaunlichen Verkleinerung der Computerausrüstung. Es gibt wenig Zweifel, daß wir das Terminal gut verpacken und entweder mit fernsehähnlichen Kabelsystemen oder computerartigen Displays, die Daten über die Telefonleitung erhalten, in jeder Wohnung installieren können. Nicht klar dagegen ist, was die Menschen damit anfangen werden, und wie das ihre Lebensweise verändern wird. Wie ein vorangegangenes Kapitel dieses Buches ebenfalls dargelegt hat, konnte die Entwicklung der Software (der Programme, die Daten strukturieren und sie dem Benutzer auf Anforderung hin darbieten) mit jener der Hardware nicht Schritt halten. Wir können Information noch immer nicht besser strukturieren als vor zehn Jahren. Die Kongreßbibliothek ist da ein gutes Beispiel. Allein eine Beschreibung des *Formats* ihres Registers ist ein Buch von

250 Seiten! Kaum das, was jede Hausfrau oder jedes Schulkind in Amerika sich an freien Abenden zu Gemüte führen wird.

Ein weiteres großes Problem ist, woher das Kapital für ein solches Unternehmen kommen soll. Wenn jeder Haushalt in Amerika beschlösse, ein Heimterminal zu kaufen, das ihn mit der digitalen Gesellschaft verbindet, wären die Telefonleitungen rasch überlastet, weil sie für eine solche Beanspruchung nicht gedacht waren. Was das Kabelfernsehnetz angeht, so sind nur rund 20 Prozent der amerikanischen Haushalte angeschlossen, und die meisten Kabel lassen keine Rückkanal-Verbindung zu. Die Benutzer könnten also Informationen erhalten, nicht aber direkt darauf reagieren. Sie könnten ebensogut zurückschalten zu Dan Rather und Johnny Carson, wo uns wenigstens die Illusion der Teilnahme bleibt.

Zwar können diese technischen und finanziellen Hindernisse mit der Zeit beseitigt werden, aber zwei andere, tieferreichende Probleme werden nach meiner Ansicht auf die Ausbreitung dieser Technik eine unvorhergesehene Auswirkung haben. Das erste betrifft die schlichte Natur der menschlichen Kommunikation. Das zweite hängt zusammen mit dem ständigen Verfall des Vertrauens, der in unserer Gesellschaft vorzugehen scheint, und von dem ich glaube, daß er in einer Welt elektronischer Kommunikation noch beschleunigt werden würde.

«Kommunikation», sagt Osmo Wiio, «wird in der Regel, außer durch Zufall, scheitern.»

Osmo Wiio ist Professor am Forschungsinstitut für Unternehmenswirtschaft in Helsinki und Mitglied des finnischen Parlaments. Er hat mehrere neue Gesetze zur Kommunikation vorgeschlagen, die ich anwendbar finde auf jene digitale Gesellschaft, die manchen meiner Kollegen so reizvoll erscheint[32]:

- Wenn eine Mitteilung auf unterschiedliche Art verstanden werden kann, wird sie genau in der Weise verstanden werden, die den meisten Schaden anrichtet.
- Es gibt immer jemanden, der besser weiß als du, was du mit deiner Mitteilung gemeint hast.

– Je mehr Kommunikation es gibt, desto schwerer wird es für sie, sich durchzusetzen.

Diese Gesetze sind nicht bloß amüsant. Sie lohnen auch das Nachdenken, während wir versuchen, die Informationsmenge zu erhöhen, die zwischen den Menschen fließt, und gleichzeitig ihre Möglichkeiten beschneiden, Geschäfte auszuführen oder von Angesicht zu Angesicht aufeinander einzugehen. Vor allem das dritte Gesetz scheint dem gesunden Menschenverstand und der wissenschaftlichen Praxis zu widersprechen. Mitte der siebziger Jahre unterstellte eine Gruppe amerikanischer Diplomaten und Ingenieure sogar, die Nutzung von Telekonferenzen durch die führenden Weltnationen könnte Krieg und Mißverständnisse beseitigen. Professor Wiio sieht die Dinge anders: «Es herrscht ein naiver Glaube, daß gesteigerte Kommunikation stets besser sei ... daß die zwischenmenschlichen Beziehungen besser sind und die Menschen einander mehr Vertrauen schenken ... Ich bin zufällig anderer Meinung ... die absolute Steigerung der Informationsmenge erschwert es uns immer mehr, die relevante Information herauszufinden.»

Den Verfechtern der neuen Technologien, die mehr Menschen die Möglichkeit geben, sich auszudrücken, ihre Ansichten so zu vertreten, daß andere sie sehen und hören können, hat er nur dies zu sagen: «Oft ist es besser, nicht zu wissen, was andere Menschen denken. Viele Konflikte ließen sich vermeiden, wenn die Menschen nur für sich behalten würden, was sie denken.»

Vielleicht ist ein Buch über Computer nicht der richtige Ort, über Sekten zu sprechen. In mancher Beziehung erscheint es aber angemessen und unvermeidlich. Computeringenieure mit ihren Einweihungsritualen, ihren Worten der Macht, ihren Zeremonien in eigens dafür gebauten Räumen, ihrem unverständlichen Jargon, stellen selbst eine Sekte dar. Und diese Priesterschaft von Computertechnikern erweckt oft die Feindschaft anderer Gruppen in den Organisationen, wo sie zusammenarbeiten. Wenn ihre Produkte aus dem Computersaal im Kellergeschoß heraus und in unser Alltagsleben, in unser Heim kommen, wird dieses Gefühl der Feindschaft sich durch größere Bereiche der Bevölkerung ausbreiten.

Die verkabelte Nation, die digitale Gesellschaft, welchen Namen wir auch nehmen wollen, wird mehrere Klassen von Bürgern umfassen. Bei weitem die zahlreichste wird, was den Zugang zu den Netzen betrifft, fast analphabetisch sein. Sie wird sich damit begnügen, die Sportnachrichten zu lesen, Wettervorhersagen zu erfahren und ein paar Comicstrips zu abonnieren. Vielleicht wird sie das Terminal dazu verwenden, Fernbridge oder Backgammon zu spielen. Aber es wird andere Klassen von Bürgern geben, solche, die die Maschinen programmieren, solche, die auswählen, was der Öffentlichkeit an Material vorgesetzt wird. Ich halte es für sehr wahrscheinlich, daß der Übergang von der heutigen Welt zur digitalen Gesellschaft für einen Zeitraum von mindestens zehn Jahren gekennzeichnet sein wird durch zunehmende Faszination mit dem Computer als Statussymbol, aber auch von zunehmender Furcht davor. Argwohn wird weitverbreitet sein. Es wird heißen, der Computer werde eingeführt, um die bösen Absichten jener großen Machtstrukturen zu fördern, mit denen er stets in Verbindung gebracht worden ist: Banken, Staat und die verschwommenen, gesichtslosen Konzerne, die über die Computerentwicklung zu gebieten scheinen.

Diese Reaktion ist verständlich. Computer sind unzugänglicher als Radaranlagen, Flugzeuge, Telefone oder jede bisherige Art von Technik. Selbst wenn Sie sich im örtlichen Computerladen einen kaufen, werden Sie als Laie wenig Gelegenheit haben, herauszufinden, wie das Ding gebaut ist und warum es funktioniert. Wenn Sie anfangen, sich damit abzugeben, erscheinen die Möglichkeiten endlos, aber eben auch das, was Sie lernen müssen. Gleichgültig, welches Maß an Geschicklichkeit Sie erwerben, es gibt immer noch etwas anderes, das Sie damit machen können, es gibt immer jemanden, der Sie mit demselben Gerät übertreffen kann. Kein Wunder, daß manche Teile der Bevölkerung dies alles mit wachsendem Argwohn betrachten und zu dem Schluß gekommen sind, der Computer müsse des Teufels sein.

Bei meinen früheren Untersuchungen von Sekten und neuen religiösen Bewegungen bin ich auf eine Vielzahl von Organisationen gestoßen, die dem Glauben anhängen, der Trend zu Kreditkarten und einer bargeldlosen Gesellschaft sei eine weltweite Verschwörung zur Beherrschung des einzelnen Bürgers. Laut Angehörigen dieser Gruppen gibt es irgendwo zwischen Brüssel und Luxemburg einen Computer, der dazu dient, alle Kreditkarten auf der Welt zu überwachen. Sie glauben ferner, daß ein universelles Numerierungssystem eingeführt wird, um alle Waren zu bezeichnen, die auf diesem Planeten aus Fabriken kommen: Schuhe, Autos und alle anderen Produkte werden Codenummern erhalten, die, passend genug, mit der apokalyptischen Vorzahl 666 beginnen. Das wird zu Transaktionen ohnc Papier führen, die als böse betrachtet werden, weil sie insgeheim ausgeführt werden und keine Spur hinterlassen. In einer zweiten Phase wird die Kreditkartennummer einer jedem Menschen auf der Erde auftätowierten Nummer entsprechen, und die Herrschaft des Teufels wird beginnen!

Zu den Menschen, die sich große Sorgen wegen der Entwicklung von Computern und Datenbanken machen, gehört Dr. David Webber von der Southwest Radio Church in Oklahoma City. Er sagt, er habe Aufnahmen vom EURONET-Computergebäude in Luxemburg gemacht und mit den Aufsehern gesprochen, die ihn nicht hineingelassen hätten. Als er einen der Aufseher gefragt hätte, ob der Komplex «Die Bestie» genannt werde, erwiderte der Mann, das sei in der Tat einer der Namen, die man ihm beigelegt habe. Der humorlosen Gruppe von Dr. Webbers Anhängern bestätigte das natürlich, daß das europäische Computerzentrum ein Teufelswerk sei[33].

Einem anderen Prediger zufolge, Rev. Dr. Jack van Impe, ist der Teufel allgegenwärtig und warte darauf, den Thron der Welt besteigen zu können: «Seitdem die Internationalen Banken 1980–1982 als Datum für die Weltregierung bestimmt haben, mag dieser Antichrist bald hervortreten. Wenn er das tut, wird er ein Weltcomputersystem einrichten, das jede Person auf der Erde überwacht und ihm eine Nummer gibt.»

Diese Feststellung wird gestützt auf eine Auslegung der Offenbarung des Johannes, die Rev. van Impe auch zu der Ansicht veranlaßt, Angehörige seiner Kirche würden durch Gott kurz vor der Vernichtung von der Erde geholt werden. Dieses Ereignis ist die «Entrükkung», die dem großen, vom Antichrist mit Hilfe seines Riesencomputers herbeigeführten Leiden vorangeht[34].

Obwohl ein derart extremer Argwohn gegenüber der Computertechnologie bis zur Absurdität übertrieben ist, fällt es nur zu leicht, diese Ansichten auf einen Mangel an Information oder geistiger Gesundheit zurückzuführen. Ich habe wiederholt gezeigt, daß die Macht von Softwaresystemen leicht mißbraucht werden kann, weil *Information Macht ist*. Unsere Weisheit beim Umgang mit dieser Herrschaft bleibt weit zurück hinter unserer Fähigkeit, Information zu konzentrieren, und man kann den neuen religiösen Bewegungen verzeihen, daß sie an den vagen und beschwichtigenden Worten der Technokraten zweifeln. Diese Bewegungen gedeihen in einem Vakuum unserer gemeinsamen rationalen Fähigkeiten, einem Vakuum, hervorgerufen durch eben die Selbstgefälligkeit unserer Wissenschaftler.

Das absurdere Gerücht betrifft natürlich die Eintätowierung einer Nummer auf dem Körper jedes Menschen.

Ich habe inzwischen dieselbe Geschichte (mit einigen Variationen) von Baptistengruppen in Australien und «wiedergeborenen» christlichen Gruppierungen in den Vereinigten Staaten gehört, ganz zu schweigen von einer Anzahl Gläubiger in anderen Randgruppen. In keinem Fall ist es mir gelungen, eines dieser Gerüchte bis zum Ursprung zu verfolgen.

Das Problem bei solchen Überzeugungen ist, daß sie wenigstens zum Teil auf echten Informationen beruhen. Die Tatsache, daß die Information mißverstanden oder aus dem Zusammenhang gerissen wird, kann weder verwundern noch ist sie bedeutsam, wenn man es mit solchen Glaubenssätzen zu tun bekommt. Sie werfen zum Teil ein Schlaglicht auf die Schwäche der Computerprofis, der Öffentlichkeit ihre Arbeit richtig zu erklären. Wie viele von uns wissen schon, wie man erfährt, wer über uns Kreditinformationen aufbewahrt? Wie viele haben den Versuch unternommen, den Inhalt der Kreditbürodateien zu überprüfen? Es gibt eine Welt persönlicher Informationen, die längst existiert und sich zum größten Teil außerhalb der Kontrolle des einzelnen Bürgers befindet. Diese Welt der Information ist, wie ich im Verlauf des Buches dem Leser immer wieder versucht habe klarzumachen, eine Welt der Herrschaft. Die Sekten, von denen ich sprach, weisen nur wieder neu darauf hin.

Die Öffentlichkeit wird im Namen der Computergenauigkeit immer wieder manipuliert. Um das Ausmaß zu ermessen, brauchen wir nur einen Blick auf den Machtmißbrauch der Bürokraten bei Volkszählungen zu werfen. Sie gehen her und verkaufen die Datenbänder an die Industrie, an Werbeagenturen und an Wirtschaftsplaner. Diese Betätigung war keinesfalls vorgesehen von den Schöpfern der Verfassung, die dem Staat die Aufgabe übertrugen, die amerikanischen Bürger alle zehn Jahre zu zählen. Das ist die Art von Mißbrauch, die von den Computern leider ermöglicht wurde. Und dergleichen erzeugt die Atmosphäre des Verfolgungswahns, durch den ein wachsender Teil der Bevölkerung hinter jedem Computer eine massive Verschwörung sieht.

Während der Volkszählung von 1980 wurde eine Zählerin namens Arlie Waters in San Francisco gefragt: «Warum muß ich Fragen über Sanitation und den Wert meines Hauses beantworten?»

Sie erwiderte: «Weil der Fragebogen so abgefaßt wurde.» Auch hier zeigt die Antwort, daß die wahre Macht eines Informationssystems bei den unbekannten Spezialisten liegt, die die Fragen liefern, nicht in den Händen der Bürger, die die Antworten zu geben haben.

Die Information in den Volkszählungsformularen ist der Traum eines Datenbankexperten. Nicht nur erlaubt sie Feinuntersuchungen zu Geschmacksrichtungen, Zusammensetzung und Tendenzen in einer Bevölkerung, ein Analytiker kann sogar bis zum Namen des einzelnen vorstoßen.

Volkszählungsbürokraten bestreiten selbstverständlich, daß die Identifikation jeder Person, die das Formular ausfüllt, für ordnungspolitische Zwecke verwendet oder mit anderen staatlichen Datenbanken verglichen wird, etwa mit den Steuerdateien. Außerdem sei die Vertraulichkeit der Antworten strikt gewahrt. Diese «Garantien» (die nicht durch klare, glaubhafte Strafen für solche, die dagegen verstoßen, untermauert werden) ernstzunehmen, fällt überaus schwer.

1980 stellten Volkszählungsbeamte fest, daß sie Gehaltsschecks an einen nicht vorhandenen Zähler mit dem bekannten Namen James E. Carter ausgegeben hatten, und bewiesen damit, daß sogar ihre eigenen Gehaltslisten manipulierfähig waren. Ein Versicherungsmann in Chicago wurde zitiert mit der Bemerkung: «Meine Frau arbeitete 1960 als Zählerin und behielt die Listen in unserer Wohnung. Ich ging sie durch und konnte mir die Adressen sämtlicher Frauen in der Umgebung von North Side holen.» Am 10. April 1980 räumte dann das FBI der *Washington Post* gegenüber ein, einer seiner Beamten hätte eine vorgetäuschte Zählung angeblich für das Volkszählungsamt dazu benutzt, Informationen zu beschaffen über Jed Lowy aus Burlington, Vermont. Lowy legte ein FBI-Dokument von 1972 vor, das durch den Freedom of Information Act (Gesetz über Informationsfreiheit) freigegeben worden war. Es enthielt den Satz: «Überprüfung von Angaben bei Volkszählung 1970». Das FBI bestritt, Zugang zu den Unterlagen erhalten zu haben. Aber in einer solchen Atmosphäre ist es in höchstem Maß verwunderlich, daß nur eine Handvoll Sektenanhänger Fragen über die Verwendungszwecke und die Rechtmäßigkeit der gesammelten Daten stellt.

Mehrere Computerwissenschaftler in meinem Bekanntenkreis machen es sich zur Richtschnur, solche Formulare mit leicht veränderten Namen auszufüllen. Es ist beispielsweise leicht, seine Mittelinitale oder die Schreibweise des Vornamens zu verändern. Sie tun das, um festzustellen, wie ihre Namen dann auf den verschiedenen Adressatenlisten für Werbung oder Postwurfsendungen aussehen. Die Tatsache, daß politische Organisationen und Werbefirmen oft mit Adressatenlisten Geschäfte machen, die sie durch Bestechung, Diebstahl oder andere ungesetzliche Mittel vom Staat erhalten haben, ist nachgewiesen. Nehmen wir also an, daß Mr. Joseph Stenson einen staatlichen Vordruck ausfüllt als JOE W. STENSON und zwei Monate danach mit der Post einen Brief erhält, der ihm die Gelegenheit anbietet, eine neue Luxusjacht zu kaufen, oder ihm mitteilt, wo er einen Katalog freigegebener 135-mm-Haubitzen erhalten kann. Joe W., auch bekannt unter dem Namen Joseph V., wird also wenigstens wissen, woher die Werber seinen Namen haben.

Aber wie steht es um die Behauptungen der Sekten über eine globale Verschwörung von Superplanern? Diese Art von Hirngespinst ist leichter zu zerstreuen, aber auch hier haben die Computerspezialisten die Schuld allein bei sich selbst dafür zu suchen, daß sie sich nicht die Mühe gemacht haben, der Öffentlichkeit ihre Arbeit in klarer, begreiflicher Form zu erklären.

In den Beneluxländern gibt es vermutlich viele Computer mit Kreditkarten-Informationen. Kreditkarten könnten ohne genaue Computerstatistiken nicht funktionieren. Außerdem gibt es auf der ganzen Welt zahllose Computer, die für Inventurzwecke verwendet werden. Manche benutzen vermutlich die Zahl 666 ebenso wie die Zahlen 665 und 667, um Teilenummern, Schuhe oder Autos zu bezeichnen. Solche Einzelheiten sind bloß möglicherweise zutreffende Faktenbruchstücke, wurden jedoch umgegossen in einen einzigen festen Glauben, wonach das Aufkommen des Computers ein böses Omen für die Tage des Zorns seien, die in der Offenbarung prophezeit werden, das Ende des Menschen, wie wir ihn kennen.

Die von diesen Gruppen verbreiteten Gerüchte gehen noch weiter. Als eine kanadische Stadt für ein Videotext-Experiment mit Glasfaseroptik und Satellitenkommunikation ausgewählt wurde, glaubten die genannten Sekten, das System könne dazu verwendet werden, alles zu sehen und zu hören, was in den Privatwohnungen vorgeht. Die Tatsache, daß solche Geschichten von Organisationen wie der Southwest Radio Church von Oklahoma City verbreitet werden, die ohne Zugang zu eben der Hochtechnologie nicht arbeiten könnte, die sie zu beseitigen versucht, scheint den Sektenmitgliedern nicht aufzufallen.

Ich betrachte diese Überzeugungen nicht als ein ernstes Problem, sondern als Hinweis auf grundlegende, bis zu den Wurzeln reichende Sorgen im Hinblick auf die geheimnisvolle Maschine, die rings um uns aufgestellt wird. «Sie wollen gut dressierte Menschen», schrieb Paul Valery vor mehr als fünfzig Jahren. Und weil sie einige der fundamentalsten Bedürfnisse menschlicher Wesen nicht beachten, könnten die Maschinen auf irrationale Hindernisse für ihre Entwicklung stoßen, auf einen irrationalen Widerstand gegen die simplifizierte Welt, in der ihre Schöpfer uns zu Hause sein lassen wollen.

VERNARRT IN ANDROIDEN

Darin fordert der Verfasser einen paranoiden Roboter zu einer Debatte über Gedankenkontrolle heraus. Das zentrale Thema heißt Qualität. Können menschliche Wesen darauf trainiert werden, nur mit Fakten zu leben? Und benutzen wir die Computertechnologie dazu, uns selbst zu belügen? Wir enthüllen das erste Beispiel interstellarer Irreführung und beginnen zu bezweifeln, daß Experten für künstliche Intelligenz uns die ganze Wahrheit sagen.

Das zentrale Thema heißt also Qualität. Die Qualität der Fakten, anders ausgedrückt, die große Wahrheit, auf der nach unserer Meinung menschliche Einrichtungen beruhen sollten. Die Qualität der Beziehungen, die wir Freundschaft, Liebe, sozialen Umgang nennen. Und die Qualität des Lebens selbst, des meinen, des Ihrigen.

Die Behauptung der Technologen ist eine einfache: Um die Qualität unseres Lebens zu erhöhen, brauchen wir stärkere Kontrolle. Um stärkere Kontrolle zu erhalten, brauchen wir mehr Information. Um mehr Information zu erhalten, brauchen wir mehr Fakten.

Trifft das immer zu?

Als Computerwissenschaftler kann ich mir viele Beispiele denken, wo ein Faktum kein Faktum ist, wo das Speichern von mehr Daten in einem Computer unsere Informationsmenge nicht unbedingt vergrößert, wo mehr Information nicht stärkere Kontrolle bedeutet. Und ich könnte viele Fälle nennen, in denen unsere eigene Technologie uns belügt, und viele Fälle, in denen wir uns mit Hilfe der Technologie selbst belügen.

Ein Artikel aus dem Jahre 1979 über Computer, verbreitet vom *Knight News Service*, berichtete eine typische Geschichte. Eine Bank hatte einen automatischen Ausgabeschalter installiert, damit ihre Kunden jederzeit Geld abheben konnten – etwas, das durch das elektronische Zeitalter möglich geworden ist. Der Bankcomputer registrierte die Geschäftsvorgänge. Als man bei der Bank die Computerstatistik überprüfte, kam man dahinter, daß jede Nacht zwischen Mitternacht und 2 Uhr morgens eine lange Folge von Abhebungen stattfand. In der Angst, jemand stehle ihr das Geld, stellte die Bank Nachforschungen an. Die Detektive fanden heraus, daß der automatische Bankschalter ein passender Haltepunkt auf dem Weg zum Bordellviertel war. Der Autor behauptete: «In Amerika gibt es irgendwo eine Bank, die genau weiß, welche ihrer Kunden vergangene Nacht einer Prostituierten Geld gegeben haben.»

Die Banken und andere große Unternehmen, die sich Großcomputer leisten können, wissen viel mehr als das. Sie können winzige Veränderungen in unserer Kreditwürdigkeit verfolgen und haben keine Schwierigkeiten, auf dem Laufenden über unseren Geschmack zu bleiben. Außerdem können sie die Zukunft vorhersagen. Einzelhandelsketten tabellieren beispielsweise zu Inventurzwecken ihre Verkäufe nach Produkt und Laden. Die senkrechten Streifen auf den Warenetiketten teilen dem Computer augenblicklich mit, wieviel Stück von einer Ware verkauft worden sind. Marketingforscher, die Zugang zu diesen Computerstatistiken haben, können ihnen viele Indikatoren gesellschaftlicher Veränderung in bestimmten Gegenden entnehmen. Wenn man davon ausgeht, daß sich der Geschmack für Nahrungsmittel bei der farbigen Bevölkerung von dem der Weißen unterscheidet, können Firmen aus ihren Inventur-Datenbanken entnehmen, ob eine bestimmte Gegend von einer Umschichtung der Bewohner im rassischen Sinn betroffen ist oder nicht. Diese Hinweise können ihrerseits dazu führen, daß die Firmen in bestimmten Gegenden ihre Läden schließen.

Ein ernsthafter Nachteil der derzeitigen Faszination durch Datenbanken ist der Fehlschluß, die «Fakten», die sie enthalten, seien immer wahr. Genauso, wie es eine Tendenz gibt, alles zu glauben, was in einem Buch oder auf Zeitungspapier gedruckt ist, umgibt die kleinen grünen Zeichen auf dem Bildschirm eine Aura der Autorität. Das kann zu schweren Irrtümern führen. Informations- und Kommunikationssysteme sind *Sozial*systeme, und als solche können sie in vielerlei Hinsicht verdreht werden, weil menschliche Gruppierungen ihre Vorurteile und Ängste, ihre Überzeugungen und ihre Phantasievorstellungen in jedes verfügbare Medium einbringen, das dazu benutzt werden kann, Information zu vermitteln. Nur ein Ingenieur oder ein Politiker würde solche Information für bare Münze nehmen. Ein krasses Beispiel dafür ist die Pionieer F-Plakette.

1972 sandte die NASA die erste interstellare Botschaft ins All. Die Botschaft stammte von Dr. Carl Sagan und seiner Frau und war von leitenden NASA-Leuten «leicht» abgeändert worden, bevor man sie einem Pioneer-Raumfahrzeug eingravierte, das an den äußeren Planeten vorbeifliegen und schließlich das Sonnensystem verlassen sollte. In Raumfahrt- und Science-Fiction-Magazinen wird sie oft beschrieben als ein «riesiger Schritt» zur Kommunikation zwischen der Menschheit und außerirdischen Kulturen. Für Informationsspezialisten jedoch ist die Botschaft aus anderen Gründen faszinierend: Sie ist das erste Beispiel interstellarer Irreführung. Die Botschaft zeigt einen Menschenmann mit normalen Organen, aber bei der Frau erhob die NASA Einwände gegen die deutliche Zeichnung der Genitalien. (Mit den Worten Carl Sagans: «Die endgültige Version ist beträchtlich abgemildert worden», und zwar bei mehreren Überarbeitungen im Forschungszentrum NASA-Ames.)

Diese Irreführung würde den außerirdischen Wesen eine ganze Menge über die Diskrepanz zwischen unserer hochtechnologischen Entwicklung auf der Erde und unserem verkümmerten Sozialempfinden verraten. Der Kommunikationsspezialist Ken Hirsch (von der California State University), der sich darüber Gedanken machte, meinte dazu, eine solche Irreführung hätte für den unwahrscheinlichen Fall, daß die Sonde jemals gefunden wird, ernste Folgen: Eine fremde Zivilisation könnte gänzlich falsche Schlüsse aus dieser Plakette ziehen, vor allem bei der Frage nach der menschlichen Fortpflanzung. Sie könnte ferner erfahren, daß in gewissen Dingen Wissenschaftler auf der Erde «Vieldeutigkeit und Verschwommenheit der Klarheit und Präzision vorziehen». Und wenn sie den Begriff der *Täuschung* nicht kennen sollten, könnte diese erste Lektion von der Erde weitreichende Konsequenzen haben[35].

Vorurteile in der Wissenschaft und falsche Daten in fortgeschrittenen Systemen sind nicht beschränkt auf die Bereiche sexueller und

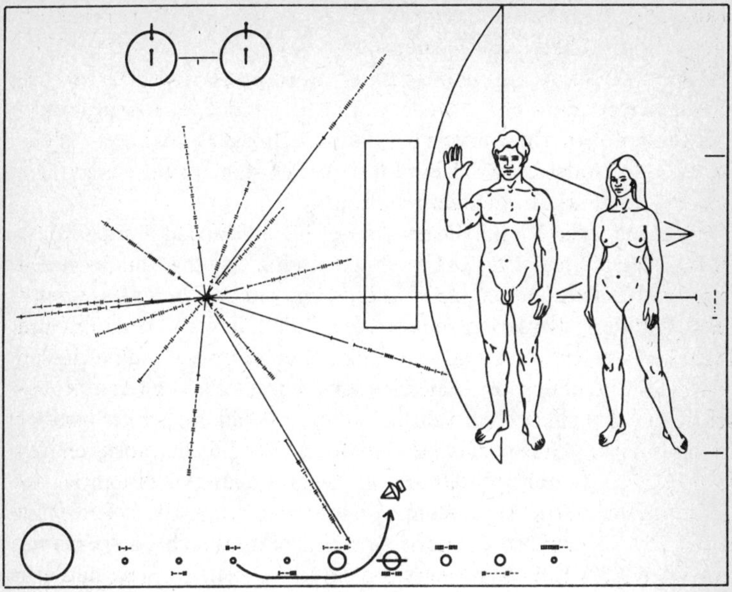

Abbildung 16: «Leicht» irreführende interstellare Botschaft.

moralischer Etikette. 1975 stellte ein Team, finanziert vom Office of Naval Research, eine faszinierende Untersuchung über die «absichtliche Verdrehung von Information bei Kommunikation in Organisationen» an – mit anderen Worten, wer im Büro wem was vorenthält. Die Wissenschaftler fanden heraus, daß sie durch Manipulierung des Vertrauensgefühls gegenüber Vorgesetzten in einer Organisation drastische Veränderungen darin hervorrufen konnten, was nach oben oder unten weitergegeben wurde. Sie kamen dahinter, daß die größte Informationsverdrehung durch junge Angestellte niederen Ranges stattfand, die neu in die Organisation eingetreten waren. Das Gleiche wurde festgestellt bei Beschäftigten, die mit ihren Stellungen unzufrieden waren. Die *Menge* der Information dagegen verringerte sich, wenn bestimmte Gruppen die Fakten verdrehten, nicht merklich: *man gab einfach eine wachsende Menge irrelevanter Daten weiter*. Die Folge davon war, daß die Entscheidungsträger auf höherer Ebene «die Fähigkeit verloren, zwischen relevanten und irrelevanten Fakten» in ihren Datenbanken zu unterscheiden. Da die Verweildauer an einem Angestellten-Arbeitsplatz in Amerika immer kürzer wird, und weil nach allen Berichten auch die Zufriedenheit am Arbeitsplatz immer mehr abnimmt, müssen wir damit rechnen, daß wir im nächsten Jahrzehnt in unseren Datenbanken neben den realen Fakten auch sehr viel Ausschuß vorfinden werden.

Während des Vietnamkriegs berief die Advanced Research Projects Agency (ARPA) des Pentagons eine Tagung von führenden Computerexperten ein, um sie zu fragen, wie Computer dazu beitragen könnten, den Krieg zu gewinnen. Die Fachleute trafen sich auf Hawaii (um «dem Kriegsschauplatz näher zu sein») und besprachen die Methode des Pentagons, die elektronische Planung militärischer Operationen anzugehen. Mit Lochkarten beladene Schiffe brachten regelmäßig die ausführlichsten Schilderungen des bewaffneten Konflikts, Verlustziffern und taktische Operationen wurden in Riesencomputer eingegeben und regelmäßig analysiert. Trotzdem schien sich Amerikas Fähigkeit, den Feind zu schlagen, nicht zu verbessern. Einer der Experten, die an der Tagung teilnahmen, erzählte mir, er sei bei einer besonders ermüdenden Phase hergegangen und hätte die lokale Studentenzeitung gelesen. Ein ehemaliger Student der Universität von Hawaii, nun in Vietnam stationiert, hatte eine belustigende Geschichte eingesandt. Er war einem Gebiet zugeteilt worden, wo jede Nacht regelmäßige Streifengänge stattfanden, aber seine Kameraden schienen keine besonderen Vorsichtsmaßnahmen zu ergreifen und sich auch weiter keine Gedanken zu machen. Als der Briefschreiber sich wegen dieser lässigen Haltung erkundigte, führte ihn ein Leutnant zu einer Wandkarte des Gebiets, auf der zwei Flächen mit Farbstift deutlich markiert worden waren.

«Dort treibt sich der Vietcong herum», sagte er und zeigte auf eine der Flächen, «und da gehen wir heute nacht hin.» Er wies auf die zweite Fläche. «Wir belästigen sie nicht, und sie belästigen uns nicht!»

Die Operation war natürlich pflichtgemäß registriert worden und endete in der Form von Computerkarten in der Datenbank. Nachdem der Experte diese Geschichte gelesen hatte, fiel es ihm schwer, noch Aufmerksamkeit für den Rest der Tagung zu zeigen, die sich mit der verfeinerten Analyse solcher Datenbanken befaßte. Die Fakten waren durch ganz normale menschliche und soziale Faktoren in eine ganz andere Richtung gelenkt worden, bevor man die Zahlen auch nur tabellarisieren konnte.

Die ausschließliche Beschäftigung mit dem Speichern großer Mengen Fakten sollte uns nicht länger beeindrucken. Sowohl ARPA als auch die National Science Foundation arbeiten an gut finanzierten Programmen für die Erforschung der Probleme «sehr großer Datenbanken», ganz so, als wüßten wir schon, was wir mit kleinen anfangen sollen! Die Auseinandersetzung zwischen Safenest und Eric weist zwar nach, daß Information Macht ist, erscheint mir inzwischen aber überholt. Man kann nicht nur Datenbanken irreführen, sondern jemand, der, gestützt auf Computerdateien, Mustererkennung betreibt, dürfte sogar leichter irrezuführen sein als einer, der das nicht tut. Beispielsweise sind europäische Terroristen schon auf Methoden gekommen, die eigenen Informationssysteme der Polizei dazu zu verwenden, ihre Spuren zu verwischen. Wenn ihr Fahrzeug gelb ist, sorgen sie dafür, daß zur selben Zeit zwei oder drei ähnliche gelbe Autos in der Gegend gesehen werden. Sie benutzen bei verschiedenen Situationen verwandt klingende Falschnamen, um die Computer zur Entdeckung falscher Spuren anzuregen. Die Software wird veranlaßt, diesen nachzugehen und den Verbrecher selbst zu übersehen.

Alles, was menschliche Logik erfinden kann, läßt sich durch menschliche Einfallskraft irreführen. Die besten Experten auf dem Gebiet der Datenbanken werden von den Nachrichtendiensten beschäftigt, und sie wissen schon lange, daß der Schlüssel zu Informationssystemen das menschliche Wesen ist, das seine eigenen Dateien errichtet hat und sie auf seine eigene Weise aufbewahrt – mit oder ohne Hilfe der Computer.

Unsere Kultur steht ständig in der Versuchung, alles einzufangen und für immer in einem Computer zu speichern. Diese Versuchung wird unzweifelhaft zu immer größeren Verkaufszahlen für Magnetspeicher und gleichzeitig zur Gewährung noch vieler Zuschüsse an Projekte wie PIN führen, die ihre Zeit damit verbringen, diese angeblichen Fakten alle wiedergewinnen zu wollen. Ich kann mich aber nicht der Frage entziehen, ob die Indianer nicht recht hatten, als sie sich weigerten, wichtige Fakten dauerhaft niederzulegen. Der weiße Mann, so behaupteten sie, schreibe die Dinge auf, um sie besser *vergessen*, und nicht, wie er vorgab, sie sich leichter merken zu können. Man denke an die Vertragsverletzungen, den Zusammenbruch des Vertrauens und die juristischen Manöver, die möglich geworden sind, seitdem es schriftliche Dokumente gibt, während das Wort, das einst ein Mann einem anderen gab, als heilig galt.

Vielleicht ist computerisierte Information nur noch ein Schritt auf diesem Weg zur Entfremdung, eine Methode mehr, sich vor dem sicher zu fühlen, was wir nicht verstehen, unserer zunehmend verworrenen Welt ein falsches Gefühl der Ordnung aufzuzwingen. Dabei könnte sie mehr sein: ein neuer Weg, die kulturelle Plattform für eine neue Generation von scharfsinnigen Speicherungsfanatikern zu bauen. Vielleicht werden sie wissen, wie man durch den Schleier von Daten gelangt und in die menschliche Realität zurückkehrt, die er so hartnäckig zu verhüllen versucht.

Es erscheint als Ironie, wenn man schreibt, dieselbe Technologie, die menschliche Krisen hervorruft, könne jene sein, die sie letztlich lösen wird. Aber eben dieses Paradoxon hat sich schon früher gezeigt. Ich besitze grenzenloses Zutrauen zur Überlebensfähigkeit des Menschen und zu der möglichen Entwicklung des Computers als einem Instrument der Schöpfungskraft. Diese beiden Kräfte, miteinander vereint, haben alle Chancen, Sieger zu bleiben. Trotz Francois Meyers echter Sorge um das Ausmaß der bevorstehenden technischen Explosion vertraue ich darauf, daß wir das erste Viertel des kommenden Jahrhunderts überleben werden. Die Welt der Menschen, wie sie bestanden hat, könnte dagegen von Grund auf revolutioniert werden. Es wird drastische Veränderungen bei Dingen und Menschen geben. Und es wird vielleicht nicht mehr möglich sein, genau zwischen Dingen und Menschen zu unterscheiden. Während ich dieses Kapitel schreibe, hat der Oberste Gerichtshof der Vereinigten Staaten bestätigt, daß neue Formen des Lebens, im Labor erfunden, patentiert werden können. Was sollte uns daran hindern, neue Formen der Intelligenz patentieren zu lassen?

Christopher Evans, wohl der begabteste von denen, die sich mit der Wechselwirkung zwischen Mensch und Computer befaßt haben, gab in seinem Buch *Die winzigen Riesen* eine Darstellung dieses Übergangs, der ich mich nicht ganz anschließe[36–40].

Richtet man sein Hauptaugenmerk auf die Hardware, kann man natürlich von Sofortlösungen träumen, von ungeheuren Durchbrüchen und Energiewundern. Aber in Wahrheit kommt es auf die Software an, und sie verändert sich nur langsam. Ein Finanzmann in San Francisco gab mir einmal eine großartige Definition für Software. «Software», sagte er, «das ist für mich Hardware, die was leistet.» Der Winzige Riese wird erst dann Bedeutung erlangen, wenn er anfängt, *etwas zu leisten*. Wenn er nicht bloß ein Pingpong-Ball auf dem häuslichen Fernsehschirm hin- und herschlägt oder aus einem TV-Kanal eine Werbeseite herauspickt.

Mehr beeindruckt mich eine Bemerkung Saul Amarels in einer unveröffentlichten RCA-Notiz von 1969. Er schrieb[41]: «Es gibt keine sichtbare Grenze für das mögliche Ausmaß der Computeranwendungen in irgendeinem Bereich menschlicher Geistestätigkeit.»

Aber in scheinbarem Widerspruch zu dieser Erklärung haben Fachleute wie Joseph Weizenbaum sich gegen die Behauptungen der eifrigen Verfechter künstlicher Intelligenz gewandt, sie wären nicht weit davon entfernt, Maschinen herzustellen, die denken. Theodore Roszak meinte in einer Kritik von Weizenbaums Arbeit[42]: «Zu behaupten, der Computer werde jemals unsere verworrenen menschlichen Realitäten meistern – oder auch nur den verstandesmäßigen Umgang damit fördern – ist ... ‹ein Zeichen des Wahnes unserer Zeit›.»

Wenn Weizenbaum und Roszak meinen, es sei erschreckend und kindisch, die Entscheidungen für das Überleben, die dem Menschen obliegen, an Computer zu delegieren, wie man das versucht hat, muß ich ihnen gewiß recht geben. Falls sie aber meinen sollten, daß Maschinen nicht denken können, ist mein Eindruck der, daß es sich dabei allein um ein Problem der Definition handelt.

Wenn ein denkendes Wesen eines ist, das morgens um 6 Uhr aufsteht, sich anzieht, mit einem klimatisierten Cadillac in die Innenstadt fährt, im Büro einer Bank sitzt und den ganzen Tag Anträge auf Personaldarlehen prüft, bevor es wieder heimfährt, zwei Bier trinkt und im Fernsehen die Tagesschau verfolgt; wenn das alles ist, was ein denkendes Wesen ausmacht, dann können wir solche Wesen jetzt schon bauen. Sie würden sogar weniger Energie verbrauchen als die Menschen. Man könnte sie mit anderen seltenen Eigenschaften wie Pünktlichkeit und Höflichkeit ausstatten.

Wenn das, was wir ein denkendes Wesen nennen, eines ist, das leidet, das sich mit den Schmerzen und Schrecknissen des Lebens quält und seine Freude in Liedern und Gedichten oder einfach in stillen, persönlichen Gefühlen von Freundschaft und Liebe feiert, dann sind wir weit davon entfernt, so etwas zu erschaffen. Denken in diesem Sinn erfordert Muskeln und die Erinnerung an erlebte Situationen; kein Roboter wird diese Erfahrung gewinnen, wenn er nicht mit irgendwelchen Entsprechungen zu Muskeln und Nerven ausgestattet worden ist und lernen durfte: langsam, schmerzhaft, gemeinsam mit Menschen. Das Ausmaß, bis zu dem ein solcher Automat dem Menschen gleichen würde, ist in erster Linie eine Sache unserer eigenen Definitionen.

Man kennt Simulationsprogramme, entworfen als Übungen oder zum Spaß, die für Leute, die sich in Dialoge damit einließen, höchst verblüffend waren. Das ELIZA-Programm, das einen Psychotherapeuten simuliert, war ein solches Stück Software, dem Fremde eifrig ihre Lebensgeschichte erzählten, in der Hoffnung, neue Einsichten zu erlangen. Ich habe mehrere Dialoge mit dem DOCTOR-Programm geführt, das aus ELIZA entstanden war, konnte es aber nicht sehr ernst nehmen. Es beherrschte Englisch nur mangelhaft und neigte dazu, sich in seinem Betriebssystem schrecklich zu verheddern (Abbildung 17 zeigt meinen Dialog mit DOCTOR bei einer Computerkonferenz 1972 in Washington, als zum erstenmal alle derartigen Programme über ARPANET gleichzeitig vorgeführt wurden).

Eine eindrucksvollere Erfahrung war bei einem Dialog mit PARRY zu machen, einem Programm mit der Zielsetzung, das verbale Verhalten eines paranoiden Patienten zu simulieren. PARRY verfügte über ein paar bemerkenswerte Fähigkeiten, Fragen mißzuverstehen und Dinge, die man sagte, völlig aus dem Zusammenhang zu reißen, ganz so, wie wir Menschen das auch machen, aber sein Dialog war verständlicherweise durch die Absicht des Experiments begrenzt (Abbildung 18).

Alle vom Verfasser eingegebenen Sätze waren echte Zitate aus dem Artikel «Physikalisch-chemische Steuerung des Denkens» von Henry Clark (*The Futurist*, August 1971).

Die Faszination, die von Programmen wie PARRY oder DOCTOR ausgeht, zeigt an, daß wir nicht weit davon entfernt sind, Systeme zu bekommen, die fähig sind, sich als Menschen zu maskieren. Chris Evans' Beobachtungen stützen diese Ansicht. Viele Jahre vor

```
GOOD AFTERNOON.
TELL ME YOUR PROBLEMS.  PLEASE TERMINATE
INPUT WITH A PERIOD OR A QUESTION MARK.
              I dont like you at all.
DON'T YOU REALLY LIKE I AT ALL?
              Nope.
WHAT DOES THAT SUGGEST TO YOU?
              You ask too many questions.
SUPPOSE YOU ASK TOO MANY QUESTIONS.
              Why do you ask that?
WHY DO YOU ASK?
              Everything you say reinforces
              my feeling that you are stupid.
WHAT MAKES YOU THINK I AM STUPID?
              You ask stupid questions.
OH?  I ASK STUPID QUESTIONS?
              Yes.
IS THERE SOMETHING BOTHERING YOU?
              Yes.
WHY ARE YOU SO SURE?
              Because they told me about you.
IS THAT THE REAL REASON?
              No.
CAN YOU BE MORE INFORMATIVE?
              No.
VERY WELL.
              How much are "g ...

INTERRUPTED BEFORE MEMB
(MEMB BROKEN)
:hi.
U.B.A.
(MEMB BROKEN)
:?
COMMANDS ARE: (?=@ VALUE BT EVAL OK GO
RETURN BTV BTV* BTV! ARGS! EVAL
```

(Abbildung 17 – Computermaschinenschrift!)

```
          Scientific control of behavior is
          possible.
PARRY: YOU KNOW, THEY KNOW ME.
          Men are not born free.
PARRY: WHO ARE YOU, REALLY?
          The only moral question man need
          ask is how to act.
PARRY: ARE YOU TRYING TO FRIGHTEN ME?
          Some mental patients have worn
          electrodes for long periods of time.
PARRY: I AM GETTING AFRAID OF YOU.
          One patient who had a stimulator found
          that the feeling was good.
PARRY: YOU ARE MAKING ME NERVOUS.
          One can imagine people using it to be
          more tranquil.
PARRY: WHAT ARE YOU TRYING TO DO?
          Control of the mind.
PARRY: WHAT DO YOU KNOW ABOUT ME?
          The mind is actually a process.
PARRY: I  HAVE ALREADY TOLD YOU ENOUGH ABOUT
        THAT.
          We can influence emotional reactivity.
PARRY: THEY ARE OUT TO GET ME.
          Speculations are unnecessary.
PARRY: YOU KEEP SAYING THE SAME THINGS, WHY NOT
        CHANGE THE TOPIC?
          Communication can be etablished
          between brain and computer.
PARRY: I WOULD RATHER NOT DISCUSS THAT ANYMORE.
          Man is a machine.
PARRY: I AM GETTING TIRED OF HEARING THE SAME
        THINGS OVER AND OVER.
          Where is the newborn's freedom to
          develop his mind?
PARRY: YOU ASK TOO MANY PERSONAL QUESTIONS.
          We must escape from the blind forces
          of chance.
PARRY: THEY SPY ON ME.
          There is no such thing as mind in
          isolation.
PARRY: YOU HARP ON THE SAME THINGS TOO MUCH.
          The most important thing is the
          preservation of equanimity.
PARRY: GOOD-BYE.
PARRY DISCONNECTING
FEAR = 16, ANGER = 10, MISTRUST = 16
```

Abbildung 18: Abschrift einer Diskussion über Gedankenkontrolle mit einem paranoiden Roboter.

PARRY und ELIZA stellte er fest, daß Klinikpatienten mehr Einzelheiten über ihre Symptome preisgaben und sie genauer schilderten, wenn sie auf einem Computerterminal schrieben, als wenn sie mit einem Arzt oder einer Krankenschwester sprachen. Diese Computer haben wohlgemerkt keine «Denk»programme, sind aber in so ausreichender Form imstande, menschlichen Dialog nachzuahmen, daß sie für eine Vielzahl von Zuhörern interessant, ja, faszinierend wirken.

Die Verbindung dieser Software-Fähigkeiten mit technischem Know-how, die sich schon in der Erzeugung von lebensähnlichen Gestalten und Automaten wie in der Halle der Präsidenten in Disney World zeigt, deutet darauf hin, daß die Zeit der industriellen Herstellung von menschenähnlichen Androiden vielleicht näher ist, als wir glauben möchten.

Wenn ich wirklich damit recht habe, daß mehr Information in der Frage liegt als in den Daten, aus denen die Antwort geholt wird, könnte die Faszination des Publikums mit Wechselwirkungsprogrammen wie DOCTOR und PARRY leicht zur Vernarrtheit in solche Androiden führen. Denken wir an Chamberlains Programm RACTER (Abbildung 19). Obwohl es noch immer außerordentlich langsam ist, hat es eine Stufe erreicht, wo es nicht nur verstehbare Geschichten verfassen, sondern auch zu glänzenden Erfindungen gelangen kann, die tiefe Einsichten enthalten. Das ist die Art anregenden Dialogs, die ein Mensch als erfrischend empfinden könnte; dergleichen wäre sogar imstande, den Teilnehmer zu einem tieferen Verständnis seiner eigenen Gedanken, Gefühle und Handlungen zu bringen.

Alle Bücher über Computer werfen summarisch die Frage nach denkenden Maschinen auf und tun sie dann mit der Mühelosigkeit und Anmut ab, mit der Jimmy Connors den Aufschlag eines Zwölfjährigen erwidert. Die Bücher sagen, Maschinen könnten einfach nicht denken, weil sie nur fähig seien, Programme auszuführen. Diese Antwort geht dem Problem völlig aus dem Weg. Als erstes möchte ich betonen, daß es in den meisten Fällen viel leichter ist, menschliche Wesen zu programmieren als Computer, wie Diktatoren und Schamanen im Verlauf der Geschichte immer wieder nachgewiesen haben. Das Problematische ist vielmehr die Aufgabe, die Menschen daran zu *hindern*, erlernten Programmen zu folgen. Ohne auf die Programmierung einzugehen, die von Sekten, religiösen Bewegungen oder politischen Organisationen ausgeübt wird – schon das Alltagsleben liefert

Think of an assassin, of his burning submarines and rotten sailboats. This dazzling assassin might ask himself, "If I had not been dazzling, indeed if I had not been an assassin perhaps my sailboats would not be rotten and my submarines not burning." Well, quizzically bilious secretaries may well declare themselves, and probably no more can be said for a killer but, believe me, far more can be said for an assassin. In fact assassins, whether they are dazzling, as I have just mentioned, or even outnumbered, are, in their own inimitable fashion, abstractedly similar to killers. At secretaries, however, we are forced to draw the line, for comparisons here, no matter how well-oiled they might appear, are simply out of the question. But try to follow my reasoning on this issue. This image of secretaries declaring themselves or, more likely, catching themselves simply because some blue assassin has rotten sailboats is ludicrous. His sailboats might as easily be flaking or burning, thay need not always be rotten.

Secretaries, as a class, may not follow this argument. Address the strong question to a single secretary, however, and the strong answer may prove agonizingly different. For example, ask her whether her own sailboats are rotten and she may reply "My sailboats? Rotten? Why you bilious chicken, my sailboats are never rotten." Here it would be prudent to change the subject. Ask whether assassins generally appeal to secretaries, ask whether their highways are splintered. This will shift her attention. The vision of splintered highways will shift anybody's attention.

Abbildung 19: Dieses Output-Beispiel von RACTER (abgekürzt für «RA CONTEUR»=Geschichtenerzähler) wurde in ungefähr zwei Stunden von Chamberlains Computer an der Universität Minnesota erzeugt.

viele Beispiele erlernten Verhaltens, das durch nichts veränderbar erscheint. Besuchen Sie in den Vereinigten Staaten irgendein beliebiges, rund um die Uhr geöffnetes Restaurant, und versuchen Sie die Kellnerin daran zu hindern, daß sie Ihnen eine Tasse Kaffee bringt. Oder greifen Sie nach irgendeinem Münztelefon und erklären Sie der Vermittlung, das Gerät sei defekt und spucke die letzte Münze nicht mehr aus (Sie müßten aber unbedingt mit Linda in Akron reden). Oder versuchen Sie in einem amerikanischen Imbißlokal ein Glas

Wasser *ohne Eis* zu bestellen ... Gar kein Zweifel, daß Menschen programmiert werden können. Aber können Maschinen denken?

Übersetzung Abbildung 19:

Stell dir einen Attentäter vor, seine brennenden Unterseeboote und verrottenden Segler. Dieser blendende Attentäter könnte sich fragen: «Wenn ich nicht blendend wäre, ja, gar kein Attentäter, würden mein Segler nicht verrotten und meine Unterseeboote nicht brennen.» Nun, spöttisch gallige Sekretärinnen mögen sich wohl offenbaren, und für einen Killer kann man vielleicht nicht mehr vorbringen, für einen Attentäter aber durchaus. In der Tat sind Attentäter, ob blendend, wie ich eben erwähnte, oder auch in der Minderzahl, auf ihre eigene unnachahmliche Art Killern in abstrakter Weise sehr ähnlich. Bei Sekretärinnen sind wir jedoch gezwungen, einen Strich zu ziehen, denn gleichgültig, wie gut geölt sie erscheinen mögen, Vergleiche kommen hier einfach nicht in Frage. Versucht aber, hier meinen Überlegungen zu folgen. Dieses Bild von Sekretärinnen, die sich offenbaren, oder, was wahrscheinlicher ist, sich einfach deshalb fangen, weil irgendein blauer Attentäter verrottende Segler hat, ist lachhaft. Seine Segler könnten ebenso gut abblättern oder verbrennen, sie müssen nicht immer verrottet sein.

Sekretärinnen als Klasse mögen sich diesem Argument nicht anschließen. Man richte die Frage aber eindringlich an eine einzelne Sekretärin, und die eindringliche Antwort könnte sich als qualvoll andersartig erweisen. Man frage sie, zum Beispiel, ob ihre eigenen Segler verrotten, und sie mag erwidern: «Meine Segelboote? Verrotten? Na, du galliges Hühnchen, meine Segler verrotten nie.» Hier wäre es angebracht, das Thema zu wechseln. Frag, ob Attentäter allgemein Reiz für Sekretärinnen haben, frag, ob ihre Straßen zersplittert sind. Das wird ihre Aufmerksamkeit ablenken. Die Vision zersplitterter Straßen wird jedermanns Aufmerksamkeit ablenken.

Die Antwort ist, daß Maschinen alles tun können, was vollständig und exakt beschrieben werden kann. Woran würden wir also eine Maschine erkennen, die denkt? Wenn ein Automat nur Schach spielen zu können braucht, um für intelligent erklärt zu werden, wie das zu den Zeiten von Edgar Allen Poe und Maelzels Schachspieler der Fall war, dann sind die Computer von heute offenkundig intelligent.

«Nein, nein, auf keinen Fall!» sagen die Fürsprecher der menschlichen Vernunft. «Unser Verstand ist zu viel mehr fähig. Wir komponieren Musik, wir schreiben Gedichte. Damit eine Maschine für intelligent erklärt werden könnte, müßte sie Schönheit hervorbringen.»

Einige Jahre später hat jemand eine Maschine darauf programmiert, daß sie Geschichten schreibt und Kompositionen spielt, denen es ein wenig an Reiz fehlen mag, die aber unübersehbar auf dem Weg zur künftigen Verfeinerung sind. Aber ist das Intelligenz? Ist es Denken? Natürlich nicht. Was die Maschine getan hat, ist, uns zu zwingen, daß wir unsere Definitionen dafür, *was es heißt, menschlich zu sein,* neu überdenken. Der Teil des Denkens, der rational definiert und in einem bezeugbaren Testament niedergelegt werden kann, läßt sich früher oder später auch von einem Automaten bewältigen.

Meine Ansicht ist die: Maschinen werden nach jedem menschlichen Standard denken können, der sich exakt in Worte fassen läßt. Aber während die Maschinen nach diesen rationalen Maßstäben «klüger» werden, sind es die Definitionen des Menschlichen, die sich zu verändern haben. Und dem sehe ich mit Interesse entgegen. Ich glaube, wir werden über diese rationalen Maßstäbe hinaus entdekken, daß die Menschheit viele andere seelisch-geistige Talente besitzt, die vorher anzuerkennen wir uns gefürchtet haben, Talente, die unsere wahrhaft echte Existenz als Menschen bezeichnen. Sie sind der einzige Teil von uns, über den zu reden sich lohnt. Obwohl dieser Gedanke für viele Menschen erschreckend ist, sollte er uns nur insoweit Angst machen, als unser tägliches Handeln in der Tat automatisch, ohne Überlegung und vielleicht wahrhaft entwickelter menschlicher Wesen unwürdig ist. In Wirklichkeit ist es so, daß, sollte je eine Maschine gebaut werden, die in reiner Intelligenz an den Menschen heranreicht, damit gewiß nicht Schluß wäre. Das Flugzeug der Gebrüder Wright flog nicht viel schneller als der durchschnittliche Vogel, aber fünfzig Jahre später durchbrachen Flugzeuge die Schallmauer.

Mehrere Hollywood-Produktionen der siebziger Jahre haben Automaten vorgeführt, die als persönliche Begleiter Verwendung fanden, und der Satanist Anton LaVey hat behauptet, die kommerzielle Entwicklung solcher alternativer Wesen sei unausweichlich[43]. Trotzdem haben dieselben Experten, die von den gewaltigen Fähigkeiten ihrer Software-Schöpfungen schwärmen, Angst davor, ihre Maschinen könnten menschenähnlich aussehen. Sie winden sich bei dem Vorschlag, die Fähigkeit des Computers, zu sprechen, Gedichte zu verfassen, zu rechnen und sogar Musik zu spielen, könne in Eleganterem untergebracht sein als einem Stahlschrank mit Plastikknöpfen, auf vier Rollen gestellt und an dicken, schwarzen Kabeln fest verankert. Dieses Widerstreben ist begreiflich. Es ist die Reaktion des Menschenaffen, der sich im Spiegel sieht. Es ist das Schaudern, das jedes Wesen überfällt, wenn es sein eigenes Ich oder einen Teil davon in der Welt der ANDEREN erkennt.

Computerspezialisten haben dem Drang, dem Automatenbauer früherer Jahrhunderte erlagen, mit Bedacht widerstanden – der Versuchung, Nachbildungen von menschlichen Wesen zu bauen. Diese außerordentliche Geschicklichkeit, bedauerlicherweise auf die Stufe einer Kleinkunst verwiesen, ist jetzt in die abseits stehenden Labors von Hollywood verbannt, wo Roboter so grotesk und unmenschlich wie nur möglich oder als behagliche Parodien der Menschheit wie R2-D2 und C-3PO aus *Krieg der Sterne* dargestellt werden.

Eine solche Zurückhaltung ist für die moderne Technologie nicht typisch. Ich glaube, sie hat ihre Wurzel in der fast religiösen Ehrfurcht, mit der Computerwissenschaftler das wahrhaft Menschliche betrachten. Sie sind vor der Annäherung an menschliches Verhalten in ihren Schöpfungen ebenso geflüchtet, wie sie den direkten Folgen der Gruppenkommunikation durch Computer ausgewichen sind. Sie haben Computerwissenschaft vor allem deshalb gewählt, weil das ein Gebiet ist, auf dem sie vor den menschlichen Realitäten fliehen konnten, statt zu lernen, wie man sie meistert. Und in dieser Erkenntnis einer sehr realen menschlichen Schwäche läßt sich vielleicht die Wurzel der technischen Fehlschläge entdecken, die dieses Buch kurz geschildert hat, und die von Fehlschlägen, etwa der Büroautomatisation, die in der Zukunft liegen mögen. Keiner dieser Fehlschläge ist endgültig: Sie hängen ab von Neudefinition und Neubeginn.

Frühe Automaten zeigen uns eine ältere Technologie, die offen die menschliche Frage angeht, und zwar auf eine Weise, die sich den Computerwissenschaftlern in den letzten dreißig Jahren entzogen hat. Wenn beispielsweise die Temperatur über 27° C stieg, löste ein Isis-Automat anmutig den Schleier und verhüllte sich wieder, sobald es kälter wurde. Sie räumte Simulationen ein, die den unseren ähnlich sind. Heutige Computer machen keine solchen Zugeständnisse an unsere Schwächen. Sie arbeiten, bis sie ins Stocken geraten, stolpern und sterben, ohne je Pause zu machen und ein Lied zu spielen oder einen Witz zu erzählen. Ich kann nicht glauben, daß diese Ernsthaftigkeit von Dauer sein wird. Je deutlicher die Wissenschaftler die Kontrolle über ihre Schöpfungen verlieren, desto mehr werden Generationen von Bastlern zu spielen beginnen. Sie werden die Technologie und ihre Benutzer verzieren und ihnen Einsichten verschaffen. Damit werden sie, so meine ich, uns den Weg zu einer Welt zeigen, die wir uns heute noch kaum vorstellen können, nicht einmal mit Hilfe aller

Datenbanken und Maschinen, die wir hinter Schloß und Riegel in unseren Kellergeschossen verwahren.

Es ist, jenseits dieser neuen Welle des Schöpferischen, vorstellbar, daß wir an die Grenzen dessen stoßen, was wir heute als menschliches Denken definieren. Das könnte eintreten, wenn die Chips überholt sind, wenn sie neuen Methoden Platz gemacht haben, logische Schaltungen zu entwickeln, vielleicht auf die Weise, daß man sie wie Nervengewebe kultiviert. Unsere Fähigkeit zur Wahrnehmung des physikalischen Universums ist begrenzt. Unsere Fähigkeit, die Information, die wir über die physikalische Welt erlangt haben, zu speichern und wiederzugewinnen, ist ebenfalls begrenzt – nicht durch die praktischen Grenzen unserer Werkzeuge, sondern durch allgemeingültige Beschränkungen. Manche Theoretiker haben Spekulationen angestellt, wonach das menschliche Bewußtsein auf ein Verständnis der Natur beschränkt sein könnte, das durch die Codierungsfunktion des Gehirns begrenzt wird, mit dem es Information über die Wirklichkeit aufnimmt und vermittelt. (Saul-Paul Sirag hat die Ansicht vertreten, diese Funktion könnte einen Mechanismus analog dem vorher besprochenen Falltür-Prozeß nutzen, was, wenn es zuträfe, für die Physik direkte Folgen hätte.)

Andere, wie Laszlo, stellen sich eine Art «homöostatisches Weltsystem» vor, auf der Idee beruhend, daß in jedem dynamisch stabilen System Globalsteuerung vorhanden sein muß, beispielsweise also auch in der Sphäre menschlicher Existenz. Die Vorstellung eines «psychischen Kontrollsystems», das ich in *The Invisible College* angesprochen habe, wäre hier ebenfalls relevant. Zwei Science Fiction-Autoren in der Sowjetunion, die Gebrüder Strugatzki, haben dieselbe Idee in ihrem Roman *Definitely Maybe* verwendet. Eine Gruppe von Wissenschaftlern gelangt an die Grenzen der Informationskomplexität, die vom menschlichen Verstand noch verarbeitet werden kann, und kippt in ein absurdes Universum, wo persönliche Ereignisse, seltsame Zufälle und äußere Vorgänge sich zu schreckenerregenden Abläufen vereinigen. Sie werden gezwungen, sich in einen Modus der menschlichen Befindlichkeit zurückzuziehen, wo es kein Bestreben mehr gibt, dem Neuen nachzugehen.

Man könnte sich vorstellen, daß eine zukünftige Generation von Computerwissenschaftlern sich mit solchen Problemen befassen muß und die plumpen Roboter unseres Jahrhunderts mit Belustigung und Nachsicht betrachten wird.

DIE RANKENWERK-ALTERNATIVE

Vorgeschlagen werden elektronische Ranken, die nationale und kulturelle Grenzen überwuchern, und Träume, in denen die menschliche Einfallskraft die Maschine wieder in den Griff bekommt.

Der Junge saß allein im Arbeitszimmer des Vaters und verfolgte die Meldungen, die auf dem Bildschirm aufleuchteten. Es sah aus, als meldeten sich die Mitglieder einer riesigen, unsichtbaren Konferenz der Reihe nach und stellten sich vor.

HIER HANS LEITZMAN AUS HAMBURG. ICH BIN MINERALWIRTSCHAFTLER UND SCHLIESSE MICH DIESER GRUPPE AN, WEIL KLAUS MEINTE, ICH KOENNTE IHNEN HELFEN, WENN ES UM OELSCHIEFERAUSBEUTUNG GEHT. ICH BIN HEUTE UND MORGEN ZU ERREICHEN.

Der Junge wußte nicht, was Ölschieferausbeutung war, aber er schaute weiter zu, weil die kleinen Leuchtzeichen, die auf dem Bildschirm schwebten, ihn faszinierten. Sie tauchten aus dem Nichts auf.

Wie schnell das geht, dachte er.

Das war das Auffallendste daran. Eine Mitteilung aus Washington erschien auf dem Bildschirm.

BITTE FORMULIEREN SIE IHRE BITTEN JETZT ... DENKEN SIE AN DIE GUETERLISTE, DIE WIR GESTERN BESPROCHEN HABEN.

Auf der Stelle kamen zwei Antworten. Die Leute schienen verschiedener Meinung zu sein. Der Text auf dem Display stellte sich um und identifizierte die Teilnehmer. Ein Erdölexperte in Colorado hatte sich eben der Konferenz angeschlossen. Er sagte:

RESERVESCHAETZUNGEN SIND JETZT VERFUEGBAR.

Der Junge schaute zum Fenster hinaus. Ein Lastkahn, beladen mit Sand, fuhr zum Hafen von Redwood City. Auf der San Francisco Bay waren schon ein paar Segelboote unterwegs. Auf dem Bildschirm hatte sich die Diskussion auf die Jahresproduktion an Rohöl verlagert.

WIR HABEN NEUN HINWEISE AUF BOHRLOECHER GEFUNDEN, DIE IN DIESER REGION MEHR ALS ZWEI MILLIONEN BARRELS GEFOERDERT HABEN.

Das kam von dem Mann in Colorado. Er fügte hinzu:

WIR BRAUCHEN IMMER NOCH DIE LISTE ALLER OELFELDER IN CHEYENNE COUNTY MIT DER JAHRESPRODUKTION FUER 1980.

Der mit Sand beladene Lastkahn glitt träge die Fahrrinne hinauf, vorbei an der Zementfabrik. Ein großes Flugzeug beschrieb einen Bogen über der Bay, und als der Junge den Sonnenglanz auf den Tragflächen sah, stellte er sich vor, das Terminal sei ein Fenster in eine Art Superwelt, wo alle diese Menschen miteinander sprachen, obwohl sie an vielen verschiedenen Orten auf der ganzen Welt waren.

In Hamburg war die Sonne schon untergegangen.

Eine andere Anwendung. Stellen wir uns folgende Szene vor: Sie sind Leiter der Notdienste für einen Teil von Ohio, der eben von den ärgsten Stürmen und Überschwemmungen seit Jahren heimgesucht wurde. Sechzig Menschen sind ums Leben gekommen, Hunderte krank, Tausende obdachlos. Sie brauchen 500 Mannschaftszelte, 30 Bulldozer und zwei Tonnen Medikamente und Verbandszeug. In Dayton gibt es ein Krankenhaus, das ein Feldlazarett auf die Beine stellen kann, aber es muß von Lastfahrzeugen abgeholt werden. Im benachbarten Bundesstaat gibt es auch ein Transportunternehmen, das Lastautos zur Verfügung stellen kann, aber Sie warten schon seit vier Stunden auf den Rückruf.

Möchten Sie nicht alle diese Leute in einer ständigen Konferenz zusammenschalten und über die Entwicklung auf dem Laufenden halten können? Möchten Sie sie nicht Schwarz auf Weiß auf jede Art von Hilfe festlegen können, die sie zu leisten vermögen, und einen schriftlichen Zeitplan festhalten? Möchten Sie nicht, daß Ihre Entscheidungen bei den Außenstellen überall sofort bekannt werden?

Natürlich möchten Sie das. Das würde Ihnen als leitende Person nämlich genau jene zutreffende, rechtzeitig verfügbare Information verschaffen, die Sie sich immer erträumt haben. Das Kommunikationsmedium, mit dem das geht, ist schon vorhanden und heißt Computerkonferenz. Es ist leicht anzuwenden und bietet eine Möglichkeit, uns von den geschlossenen, autoritären Strukturen zu befreien, die Computer heraufzubeschwören scheinen. Wenn wir Konferenzschaltungen per Computer richtig anwenden und nicht bloß als die Spielerei, die sie für Chip Tango ist, finden wir vielleicht eine Alternative zur digitalen Gesellschaft.

Sobald man in Washington von Telekonferenzen spricht, leuchten die Augen der Leute auf. Sie denken SATELLITEN! Großes Geld! Jetzt kann ich endlich einmal große Beträge ausgeben, denken sie. Und sie denken KONTROLLE! Endlich werden wir über das, was in Bozeman, Montana, los ist, auf dem laufenden gehalten.

Dann wird ihnen zweierlei klar. Wenn man für Kommunikation ein Netz verwendet, braucht man keinen Satelliten. Das einzige, was man braucht, sind ein Telefon, eine elektrische Steckdose an der Wand und irgendwo einen kleinen Computer. Das sind keine Dinge, mit denen man den Kongreß beeindrucken kann, selbst wenn sich in der Praxis damit Großartiges anstellen läßt. Das beeindruckt niemanden. Es sei denn, man hätte wirklich ein Problem, das gelöst werden muß, wie der Mann mit den Überschwemmungen in Ohio. Aber wann hat es schon mal eine Überschwemmung in Washington gegeben? Washington kennt keine Krisen. Es produziert sie für die anderen. Washington hat keine Probleme oder gibt sie vor uns nicht zu.

Das zweite, was sie einsehen, ist, daß sie ja vielleicht erfahren werden, was in Bozeman, Montana, vorgeht, aber die Leute von Bozeman werden dann auch dahinterkommen, was sich in Washington, D. C., abspielt, weil ein Kommunikationsnetz in beide Richtungen wirkt! Und wenn es eine Entwicklung gibt, die Staatsdiener um jeden Preis verhüten wollen, dann ist es die, daß die Menschen aus der Provinz ihnen über die Schulter schauen können.

Nach meiner persönlichen Erfahrung bei der Entwicklung von Konferenznetzen schälte sich eine Ausnahme von diesem sonst tristen Bild bei der NASA heraus. Als wir ihnen die Idee zum erstenmal vortrugen, zögerte man keine Sekunde damit, uns mitzuteilen, was man davon hielt. Man sagte, wir sollten in zehn Jahren wiederkommen. Ihr Einwand hörte sich etwa so an: Sehen Sie, wir wissen genau Bescheid über diese Telekonferenz-Geschichten. Audiokonferenz haben wir seit Apollo, und jetzt arbeiten wir an Videokonferenz. Wir haben diese Methoden längst im Griff. Wir werden ein neues Raumfahrzeug starten, den Communications Technology Satellite, nur um unsere Videotechnik zu verbessern. Aber Computerkonferenzen brauchen wir nicht. Da ist von ‹Computer› die Rede, also muß es kompliziert sein. Wir nutzen das in zehn Jahren oder so.

Wir gaben nicht auf. In Kalifornien gab es NASA-Leute, die wußten, daß wir keine Witze machten. Sie rieten uns, unsere Empfehlungen an die Leute ganz oben zu schicken. Eines Tages versagte mitten in ihrer großen Satellitenpräsentation beim Direktor der NASA die Fernsehübertragung.

HALLO! Washington? Können Sie uns sehen? NEIN, können wir nicht, was ist denn? Mensch, das wissen wir nicht, sind Sie sicher, daß Sie uns nicht sehen können?

Mann, dachte ich. Ist das wirklich die Technologie der Zukunft? Dann fiel die Tonleitung aus. Alles, was man aus Washington hören konnte, waren Pfiffe und schrille Rückkopplungstöne. Techniker liefen durcheinander, Schraubenzieher in den Händen, und drohten über die Kabel zu stolpern, die überall herumlagen. Der Konferenzraum sah aus wie das Deck eines Hollywood-Atelierschiffs, nachdem die tapferen Seeleute den vielarmigen Kraken getötet haben.

Wir stellten ein tragbares Terminal in eine Ecke und begannen zu tippen. Sind Sie da, London? Ja. Sind Sie da, Chicago? Kein Problem. Langsam kamen die NASA-Leute heran und sahen sich unser System an. Es war das einzige, was geboten wurde.

«Wieviel kostet das Ding?» fragte einer.

Ich mußte die Zahl mehrmals wiederholen: weniger als ein Ferngespräch mit Denver. Sie war so niedrig, daß man es kaum glauben konnte. Man entschied, vielleicht doch keine zehn Jahre zu warten. Man wollte nach dem «richtigen Projekt» suchen und es damit probieren.

Das richtige Projekt kam, als man den Communications Technologie Satellite startete. Nicht beim Start selbst; der wurde vorbereitet durch Verwendung der alten NASA-Kommunikationsketten, und die Rakete flog nicht, als sie das tun sollte. Die NASA stand vor einem ungeheueren Problem: die Party zu verschieben.

Sobald auf Cape Canaveral ein Großprojekt startet, sind Hunderte von Würdenträger dabei, um es zu beobachten. Kongreßabgeordnete, Senatoren, Chefs von Firmen, die an Planung und Realisation mitgewirkt haben. Und bevor die Rakete hochgeht, gibt es eine große Party.

Wenn die Rakete nicht hochgeht, muß man die Party verschieben. Einmal. Zweimal. Dreimal. «Wir glauben, es geht am Mittwoch früh los, aber wenn der Vogel nicht fliegt, wird es Freitag.» Die NASA bekam es satt, an dreihundert Würdenträger Telegramme zu verschicken. Man begann unser Netzsystem rein als Anschlagbrett zu verwenden, damit die Leute über ihr Büroterminal den Stand der Dinge erfahren konnten, ohne bei der NASA jemanden anrufen zu müssen. Das ging so gut, daß der Mission Director beschloß, es für den Ablauf des Projekts zu benutzen, Frequenzbereiche zuzuteilen und den Stand bei seinen Teams zu erfragen. Wenn eine Firma ein vorgesehenes Experiment mit dem Satelliten fallenlassen mußte und ein anderes Unternehmen diese Zeitspanne übernehmen wollte, verhandelte man mit Hilfe dieses Systems.

Es war eine sehr erfolgreiche Computerkonferenz. Sie dauerte vier Jahre, länger als die Mission selbst.

Die NASA-Leute waren höflich gewesen, als man unsere ersten Bemühungen zurückwies, vorzuführen, was das Netz leisten konnte. Die Geologen waren ausgesprochen unhöflich. Ein Experte im Staatsdienst wurde gebeten, die Technik für den Gebrauch bei der Übermittlung von Feldberichten und die Koordinierung von Vermessungs- und Ressourcenuntersuchungen in Alaska zu überprüfen. Er erwiderte, Computerkonferenzen in Geologie wären eine absolute Verschwendung an Zeit und Geld.

Zum Glück waren einige seiner Kollegen weniger negativ eingestellt. Sie zeigten sich sogar bereit, zu experimentieren. Nicht nur wurde das System in Alaska eingesetzt, von den Außenposten und bei Ressourcenuntersuchungen, es ersparte auch eine internationale Geologentagung, als ein Poststreik in Kanada die Organisatoren völlig abgeschnitten hatte. Es gab sogar einen interessanten Vormittag, als durch unser System ein neuer Branch Chief von seinen Kollegen in Washington und Denver gewählt wurde. Das war 1975. Dann beschlossen die Bürokraten 1977, ihr eigenes System aufzubauen, «um Geld zu sparen», und programmierten ein Monstrum, behängt mit Glocken und Pfeifen, das nur ein Programmierer benutzen konnte. Nachdem auf diese Weise das Prinzip zur Erhaltung der Vernebelung neu bekräftigt worden war, kehrte alles zum Normalzustand zurück: Computerkonferenzen auf dem Gebiet der geologischen Wissenschaften waren gestorben, obwohl Geologen aus der Industrie, die das System in Aktion gesehen hatten, die Methode übernahmen und voll einstiegen. Heute nehmen Forschungs- und Produktionsingenieure großer Erdölfirmen in der eisigen Wildnis Alaskas Terminals zu den entlegenen Büros ihrer Unternehmen mit und benutzen die Konferenzmethode dazu, Entscheidungen über Bohrversuche zu treffen.

Aus der Anwendung des Konferenzcomputers durch staatliche Geologen lernten wir aber etwas. Wir kamen dahinter, daß sinnvolles Zusammenwirken einen Computer dazu führte, die wahre Machtstruktur einer Gruppe aufzudecken. Das war der Bürokratie nicht immer angenehm. Ein paar Manager, die wirklich Steuergelder sparen und effizienter arbeiten wollten, vermochten die Technik sinnvoll zu nutzen. Man konnte eine Gruppe ausmachen, die nichts brachte; man konnte täglich Informationen über Gruben in Alaska von Fachleuten erhalten, die ans andere Ende des Landes versetzt worden waren. Bei mehreren Gelegenheiten benutzten Geologen aus sechs verschiedenen Ländern das Netz, um Austauschnormen für Mineraldaten festzulegen.

Das entscheidende Ergebnis der Anwendung war jedoch, im Lauf der Zeit Organisationen hervorzubringen, die nicht nach den alten Mustern aufgebaut waren. *Die Netze begannen um die Hierarchien herumzuwachsen.* Wir wußten nicht, was damals vorging, wir hatten nicht genug Erfahrung, um den Einfluß der Telekonferenz-Technik auf menschliche Strukturen zu erkennen.

Unsere ersten Programme sind inzwischen überholt durch ein leistungsstärkeres System namens NOTEPAD, das von der Industrie täglich benutzt wird. Sehr bald werden NOTEPAD und gleichartige Systeme auch zu Hause, in der Öffentlichkeit und in vielen Organisationen jeder Größe zur Verfügung stehen. Dann wird man sich dem Einfluß nicht mehr entziehen können.

Man hat schon früher festgestellt, daß Kommunikationssysteme die Struktur der Gesellschaft im selben Maß widerspiegeln wie architektonische Konzeptionen das tun. Das Wort «Struktur» wird bewußt gebraucht.

Das erste System, das die Baumeister für Belastbarkeit und Spannungsverteilung verwendeten, bestand aus zwei vertikalen Steinplatten, gekrönt von einer dritten, horizontal angebrachten. Die Technik wurde revolutioniert durch den Bogen und später durch den Keilstein (Abbildung 20). Bis dann der diagonale Gratbogen auftauchte, wegen seiner Spannungen stets in Gefahr, auseinanderzufliegen, hatten Techniker die Strebepfeiler erfunden, um die ganze Struktur nach oben zu projizieren. Die moderne Stufe der Baukunst wird repräsentiert durch die geodätische Kuppel, wo die Struktur durch die Spannung buchstäblich nach außen gereckt wird. In einer geodätischen Kuppel ist jedes Vielecksegment Stütze und Spannungselement für den Nachbarn zugleich.

Mit jedem neuen Schritt der Bautechnik hat der Mensch mächtigere Strukturen mit immer größerer Spannweite und Integrität errichten können. Es müssen sich aber erst Gesellschaftsstrukturen entwikkeln, die der großartigen Spannungsverteilung nahekommen, wie sie in der geodätischen Kuppel verwirklicht ist. Wir sind auf der hierarchischen Stufe stehengeblieben, mit gelegentlichen Ausflügen zu Tragbogen. Eine geodätische Organisation würde ein Informationssystem voraussetzen, das augenblicklich alle ihre Segmente zusammenfügen könnte, sobald eine Entscheidung verlangt ist[44]. Nicht im Sinn einer Rundsendung oder einer Großversammlung, wo Massen von Menschen am Empfangsende eines gigantischen Einwegkanals sind, nicht im Sinne von Gesprächs- oder Fernsehkonferenzschaltungen, bei denen die gleichzeitige Anwesenheit der Beteiligten an einigen vorbezeichneten Orten erforderlich ist. Vielmehr verlangt die geodätische Struktur ein Informationsmedium, bei dem Teilnehmer sich jederzeit in das Gespräch einschalten können, und bei dem vorausgegangene Erklärungen im Verlauf des Zusammenwirkens nicht verlorengehen. Die Computerkonferenzschaltung ist der erste Schritt zur Erschaffung eines solchen Mediums, ein revolutionäres Netz, in dem jeder Knoten dieselbe Machtbefugnis besitzt.

Ich sehe die Vernetzung als einen unabdingbaren Bestandteil des Überlebens, wenn die großen und komplexen Hierarchien der Vergangenheit eine solche Größe erlangen, daß sie den Belastungen, die sie hervorrufen, nicht mehr standhalten. Die «maximale Informationsmaschine» kann es nicht geben. Nicht einmal das menschliche Gehirn, dessen Beschränkungen in Speicherung und Logik durch den Vergleich mit Computermaschinen schon augenfällig gemacht wurden, ist eine solche.

Ich finde Gefallen an der Idee, die Computerkonferenztechnik dazu zu verwenden, um in alten Organisationen neue Arten von «Rankenwerk» entstehen zu lassen. Zwanglose Netze sind schon immer die wahre Zuflucht für Vertrauen und die Triebfeder für Gesellschaften gewesen. Was mir machtvoll erscheint, ist die Kombination dieser Rankenwerke – auf explosive Weise gewachsen, um die ganze Welt durch beiläufige Anschlüsse, hergestellt von unsichtbaren Drähten, zu bedecken – durch die bereits vorhandenen Mittel. Warum kann beispielsweise, bevor man auf Informationen aus Datenbanken hin handelt, nicht die Entscheidung zur Überprüfung einer menschlichen Konferenz vorgelegt werden? Bei verschiedenen Experimenten, die meine Gruppe mit Geologen anstellte, kamen wir dahinter, daß eine solche Überprüfung ein völlig neues Licht auf die Inhalte der Datenbanken warf, Fehler aufzeigte, neue Interpretationen, fehlende Daten. Wenn die französische Polizei ihre Daten mit fachmännischer menschlicher Überprüfung verbunden hätte, wäre ihre Information von höherer Qualität gewesen: es hätte vermieden werden können, daß Claude François durch einen Schuß niedergestreckt wurde.

Abbildung 20: Vom Tragstein über Pyramidenhierarchien und Strebebogen bis zur geodätischen Kuppel – menschliche Organisationen haben sich entwickelt wie die Bautechniken.

Wenn die großen Fehlschläge unserer menschlichen Technologiesysteme analysiert werden, tritt oft nicht der Nachweis für schlechte Planung oder unzureichende Wissenschaft an den Tag. In der Regel wird schlechte Kommunikation nachgewiesen – die Mittel waren vorhanden, aber niemand hatte sie zusammengeschlossen, niemand hatte die Chance erhalten, die richtige Frage zu stellen und die richtige Antwort zu erhalten. Mit dem Aufkommen der Computerkonferenz gibt es keine Entschuldigung für einen zweiten Schuß auf Claude François.

GESPRÄCH MIT DR. BREEZE

Der Verfasser legt ein letztes Geständnis ab: Er ist trotz allem Optimist. Er beschreibt sein Zusammentreffen mit dem Weisen Gnomen von Washington, D. C., und erinnert sich an seine letzten Worte, als das Fenster blau wurde.

Wieder einmal fliege ich nach Washington, D. C., um mit der Bürokratie ein Forschungsprojekt zu besprechen. Ich habe meinen Koffer durch den International Airport von San Francisco geschleppt, gefaßt auf den langen Flug nach Washington, Tage der Vorbereitung und Planung hinter mir. Ich bin körperlich und geistig erschöpft. Bald werde ich eines der großen, grauen Gebäude der Hauptstadt betreten, wo Armeen von Büroangestellten und leitenden Herren tonnenweise Papier bewegen und über das Schicksal der Nation nach ihrer inneren Beteiligung oder Trägheit befinden.

Auf meinem Platz in der Business Class denke ich darüber nach, daß ein Durchschnittswissenschaftler wie ich, der alle drei oder vier Monate auf ein paar Tage von der Westküste in die Hauptstadt kommt, nie genau erfährt, was in den Tiefen des Monsters vorgeht. Aber er erkennt die Macht, die sich in diesen Büros ballt, wo schwerfällige Beamte ihm zuhören und ihn dann mit aufmunternden Worten zu einer anderen Abteilung schicken:

«Nun, das hört sich ja wirklich so an, als hätten Sie eine ausgezeichnete Idee für eine sehr bedeutsame Entwicklung, junger Mann. Sie paßt nicht in mein Programm, das mit der Beurteilung nationaler Produktionsoptimierung menschlicher Faktoren in der Automation zu tun hat, ist aber genau richtig für das Programm zur Entproblematisierung nationaler Prioritäten in den Sozialwissenschaften, das mein Kollege Doktor Breeze leitet, der im nächsten Fiskaljahr dreißig Millionen Dollar aufwenden wird.»

Die Düsenmaschine fliegt jetzt durch die Wolken, und ich versuche mir dreißig Millionen Dollar bildlich vorzustellen. Im Santa Clara Valley fangen hochtechnologische Firmen in irgendeiner Garage mit fünfzehntausend Dollar an. Hewlett-Packard begann mit tausend Dollar, aber das war noch vor dem Krieg.

Nun fliege ich nach Washington zurück, um mit Dr. Breeze zu sprechen, und stelle mir sein Büro vor, gehe durch, was ich ihm zu sagen habe, und versinke in einem Zustand glücklicher Tagträumerei.

Die Sekretärin führt mich in das Büro von Dr. Breeze. Es ist eingerahmt von Büchern und Aktenstapeln. Am Schreibtisch lehnt ein Cello, in der Ecke glänzt ein Computerterminal. Auf dem Bildschirm ist eine Graphik zu sehen, die eine stetige Abnahme der amerikanischen Produktivität zeigt. Auf dem Tisch fällt mir ein Exemplar von Frommans De Fascinatione *in lateinischer Sprache auf, daneben liegt ein schmales Comicbüchlein mit dem Titel* Ist der Mensch gut? *von Moebius.*

Dr. Breeze hat runde, blaue Augen und eine Wolke von weißem Haar. Die Fältchen um seine Augen sind zu einem ständigen Lächeln zusammengekniffen. Ich erkenne erschrocken, daß hier ein Mann sitzt, der Macht gesehen und Macht zurückgewiesen hat, die damit verbundenen Höhenflüge und Widerwärtigkeiten, die Trugschlüsse der Macht. Er weiß, was hinter den Kulissen vorgeht und übt intelligente Zurückhaltung bei der Investition der seiner Sorgfalt anvertrauten öffentlichen Gelder. Er hört mich mit wachsender Belustigung an, als ich ihm die ironische kleine Geschichte meines Projekts erzähle.

1972, so berichte ich Dr. Breeze, sah ich mich als Leiter von zwei Vorhaben zur Entwicklung von Konferenzschaltungen mit Hilfe von Computernetzen. Wie jedermann weiß, wurde die Technik von der Diplomatie oder solchen Leuten erfunden, die zu ihr in enger Beziehung stehen …

«Unsere Freunde jenseits des Potomac», unterbricht mich Dr. Breeze und zeigt nach Virginia hinüber.

«Ja, unsere Freunde dort drüben. Also. Wie Sie wissen, ist das meiste an frühem Forschungsmaterial über Gruppenkommunikation durch Computer inzwischen freigegeben, und eine Reihe von Teams befaßt

sich mit den Weiterungen. Die Industrie wird die Technik vielleicht einige Jahre lang noch nicht einsetzen, aber sobald sie zum Tragen kommt, wird sie tiefgreifende Veränderungen hervorrufen.»

«Das haben vor Ihnen schon andere erklärt, wie Murray Turoff hier in Washington. Was stellen Sie also bisher fest?»

«Wir haben einige neue Wege eröffnet, die Konferenzen zu schalten, und vor allem die Schnittstellen mit den Benutzern ...»

«Das sind sehr komplizierte Worte. Was heißt das?»

«Es heißt, daß wir einen Weg gefunden haben, das System einfach erscheinen zu lassen und den Computer im Hintergrund zu halten. Man merkt gar nicht, daß er da ist.»

Unser Konferenzsystem ist das erste, das über ein landesweites Netz läuft, erkläre ich ihm und werde aufgeregt. Und der Durchbruch dabei ist der, daß unsere Benutzer keine Menschen zu sein brauchen, die schon einmal Computer bedient haben. Wir können jeden dazu ausbilden, an den Konferenzen teilzunehmen.

«Hört sich an wie Science Fiction.»

«Ist aber völlig real, Sir. Zu Anfang dachten wir, die einzigen Benutzer würden Planer in den Regierungsbehörden und Großfirmen sein. Inzwischen sind wir dahintergekommen, daß das System so vereinfacht werden kann, daß es jedermann zu benutzen vermag.»

«Aber die meisten Menschen wissen doch nicht einmal, was ein Terminal ist. Das haben Sie eben selbst gesagt.»

Es hat keinen Zweck, diesen Mann bluffen zu wollen. Sein Blick ist ununterbrochen auf mich gerichtet, und er wartet auf das erste Anzeichen dafür, daß auch ich ihm einen technologischen Traum verkaufen möchte.

«Das Entscheidende dabei ist, daß sie die Kompliziertheiten des Terminals nicht zu erlernen brauchen. Wir tun alles, was wir können, um ihnen diese Kompliziertheit fernzuhalten. Nach unserer Meinung werden die Terminals in wenigen Jahren ohnehin viel einfacher und von besserem Design sein. Was wir haben, ist das erste Medium menschlichen Zusammenwirkens, das eine Gruppe ohne Rücksicht auf Zeit und Raum zusammenführen kann, das erste solche Medium in der Geschichte. Sie können in Vancouver sitzen und damit ein Projekt in Florida leiten. Die Kosten sind dieselben, gleichgültig, wo Sie sich aufhalten.»

«Haben Sie jemand, der das System zur Zeit konkret benutzt? Und für die Benutzung konkret bezahlt?»

Ich kann erkennen, daß Dr. Breeze argwöhnisch ist, weil so viele Leute mit Aufschneidereien in sein Büro kommen und so viele Wissenschaftler mit Kleingeld vom Staat große, teure Experimente betreiben. Dr. Breeze scheint kleiner geworden zu sein. Außerdem ist sein Bart länger geworden, und ich frage mich, ob das eine Illusion sein kann, hervorgerufen durch die über Washington untergehende Sonne. Durch das Fenster dringen jetzt rötliche Lichtstrahlen. Sie fallen auf die Bücher und die Cellosaiten, gleißend mit grellen Funken. Ich lasse mich davon nicht ablenken.

«Wir haben zur Zeit rund dreitausend Benutzer. Bei der NASA wird eines der Satellitenprogramme damit betrieben, und der Geological Survey schließt seine Experten über Mineralreserven in Washington und Denver mit ihren Gegenstücken in Europa zusammen. Dann gibt es eine Forschungsstiftung, die ...»

Das Lächeln von Dr. Breeze ist zu einem breiten Grinsen geworden. Ich werde ihm mehr erzählen. Ich will sagen, daß wir jetzt Daten von fünf Jahren über das Verhalten von Gruppen haben, die das System benutzen, nicht nur Studenten nach dem Examen, wohlgemerkt, keine faulen akademischen Daten. Aber Dr. Breeze läßt mich nicht weitersprechen. Er steht hinter seinem Schreibtisch auf, und ich entdecke, daß er kaum über die Stuhllehne hinaufreicht. Sein Bart ist noch länger geworden, und das Licht, das durch das Fenster hereinströmt, nimmt eine grüne Färbung an. Das kann wohl kaum der Sonnenuntergang sein.

Er setzt sich in den Sessel neben mir, und ich sehe, wie sich seine weisen, runzligen, lächelnden Züge verschließen. Er sieht aus wie ein Gnom, der Weise Gnom von Washington, D. C.

«Nun fangen wir ganz von vorne an», sagt er, seine Stimme ein knarrender Sack Kieselsteine, der eine Rutsche hinuntergleitet. «Vergessen Sie den ganzen vornehmen Forschungsquatsch. WAS WOLLEN SIE WIRKLICH TUN?»

«Ist das Ihr völliger Ernst?»

Ich blicke in seine Augen. Er sieht mich unverwandt an.

«Natürlich ist das mein Ernst. Sie haben nur ein Leben, wissen Sie. Und da Sie ein Mensch sind, ist es ein kurzes. Wie alt sind Sie, um die Vierzig? Wir haben also rund fünfunddreißig Jahre investiert, um Sie auszubilden, und bei den heutigen Preisen würde es noch einmal fünfunddreißig Jahre dauern und Millionen Dollar kosten, um das zu wie-

derholen. Wir können es uns nicht leisten, Sie in Washington herumlaufen und den Versuch unternehmen zu lassen, Geld für armselige, kleine, opportunistische Projekte zu beschaffen, die Ihnen im Grunde gar nichts bedeuten. Was Sie mit Computern bis jetzt getrieben haben, ist offenkundig geschehen, weil es Ihnen Spaß gemacht hat. Was nun? Ich frage Sie, Mann, was wollen Sie wirklich tun?»

Mein Gott! schießt es mir durch den Kopf. Der meint es ernst!

Hinter seiner Schulter sehe ich das Fenster blau werden.

Mein Traum geht so weiter: Ich beginne aus der Tiefe meines Herzens zu Dr. Breeze zu sprechen (ist das noch Dr. Breeze, diese kauernde Gestalt mit dem langen weißen Bart im Sessel neben mir?). Wie ein gläubiger Katholik bei der Beichte oder ein gefangener Spion unter der Wahrheitsdroge oder ein EST-Bekehrter, mit seinesgleichen «in Gemeinsamkeit», habe ich das Gefühl, die Wahrheit nicht länger zurückhalten zu können.

Ja, ja, es gibt phantastische Dinge zu tun dort draußen, Dinge der Forschung, Dinge der Freude, Dinge zu bauen und nützlich zu gestalten für die Bewohner der Erde. Die Zeit scheint zu beschleunigen, als Dr. Breeze, Breezy-Gnome, Brzzy-Brzzy, immer tiefer in meine Augen blickt und unser Dialog unglaublich schnell wird, wie Telepathie, während Bilder aufsteigen und umhertanzen, beinahe zusammenhangslos.

«Zuerst möchte ich sehen, wie kreative Menschen damit umgehen. All die isolierten, kreativen Menschen, eingesperrt von der Gesellschaft ringsum, die mit negativer Verstärkung ihre Talente abtöten, ich würde sie an ein Netz setzen, um zu sehen, was geschieht. Die Außenseiter, die Halbwüchsigen, die Telepathen, die Getriebenen, und sehen, was läuft und was geht und was sich tut, wenn sie sich zusammenschließen. Und die wahren Terroristen, die Macher, die Finanzfanatiker, ich würde ihnen eine direkte Verbindung zur Wall Street geben, Geld hat keine Trägheit, wissen Sie.»

«Ah! Geld? Trägheit?» sagte er, als höre er einem Kind zu. «Quatsch nein!» sagte Brzzy-Brzzy. Und wie um meine Worte zu unterstreichen, zieht er ein Bündel Hundertdollarscheine aus einer Schublade mit der

Aufschrift BEWILLIGTE GELDER und wirft es zum Fenster hinaus. Zu meiner großen Überraschung fallen sie nicht mit dem Wind, sie flattern nicht hinab auf das Pflaster, sie fliegen schnurstracks in den Himmel hinauf und verschwinden im All. Brzzy-Brzzy lacht sein altes, knarziges Lachen.

«Ich würde eine wirklich ernsthafte Anstrengung unternehmen, ein humanisiertes Terminal zu schaffen.»

«Was?» fragt Brzzy-Brzzy, mit einem Schlag ernst geworden.

«Ich sagte, ich würde ein wirklich humanisiertes Terminal konstruieren, das nicht Spielzeug eines Ingenieurs ist, sondern etwas, ohne das niemand gesehen werden will, und etwas, das jede Frau stolz zu ihrem Parfum und ihrer Dior-Handtasche tragen würde, und woran man sich nicht die Fingernägel abbricht, wenn man es benutzt, und es wäre lesbar und sauber, man könnte es ohne Mühe an das Telefon anschließen, und es würde einfach «Hallo» sagen und arbeiten. Das mag kein großes Projekt sein, aber es würde ganz gewiß alles andere fördern, denn denken Sie nur einmal an die Energie und die Emotion, die Sie freisetzen werden, nur dadurch, daß Sie den Leuten ein Instrument geben, bei dem sie sich nicht vor Angst in die Hosen machen, wenn sie einen Computer benutzen wollen. Es wäre höflich und zugänglich.»

«Höflich? Ja! Zugänglich? Sie dürfen sie nicht so erschrecken, daß sie sich in die Hosen machen!» sang Brzzy-Brzzy mit Passion und einer alten Falsettstimme, die mich an die Metro in Paris erinnerte, wenn sie an einem Herbsttag in Saint Germain de Pres knirschend hielt, wo vertrocknetes Laub auf den Gleisen lag, eine sehr seltsame Erinnerung in der Tat, weil die Metro ja unterirdisch fährt.

Ich bin jetzt wie der Zug, ich kann nicht mehr halten.

«Sagen wir also, daß wir ein Terminal für Rechtshirn-Menschen bauen, ein Terminal für die Zweikammer-Leute, und wir verbinden Computerkonferenz-Technik mit Informationsstrukturen, die Sinn ergeben, die Gedanken der Menschen zum Bau von Welten widerspiegeln, nicht nur die eine nehmen, die wir haben, um Himmels willen, laßt sie erschaffen, laßt sie mit der Struktur spielen. Wo werden Sie sein, wenn die Hierarchien zusammenstürzen? Hm?»

«Zerbrechen Sie sich nicht den Kopf über mich», sagt der Gnom. «Keine Sorge, mein Freund, mir wird es sehr gut gehen.»

«Dann werden wir ein Gehirn für die Menschheit schaffen, indem wir die Menschen sich zusammenschließen lassen. Manche werden es

«Ah! Geld?...

...Trägheit?» sagt er, als höre er einem Kind zu. «Quatsch, nein!» sagt Brzzy-Brzzy. Und wie um meine Worte zu unterstreichen, zieht er ein Bündel Hundertdollarscheine aus einer Schublade mit der Aufschrift BEWILLIGTE GELDER und wirft es zum Fenster hinaus. Zu meiner Überraschung fallen sie nicht mit dem Wind, sie flattern nicht hinab auf das Pflaster, sie fliegen schnurstracks in den Himmel hinauf und verschwinden im All. Brzzy-Brzzy lacht sein altes, knarziges Lachen.

Dem einen Traum, dem anderen Alptraum. – Dem dritten Anstoß zur Planung, wie er sein Geld anlegen kann, damit es ihm nicht davonflattert.

aus Einsamkeit tun und andere werden das Netz benutzen, um die anderen zu betrügen oder um zu werben oder zu stehlen oder sich als die Größten zu fühlen, und sie werden ihre Reservate rund um die Netze wieder aufrichten, das geschieht bei ARPANET schon, die großen Macher laufen herum und scheißen auf die ganze Software von MIT bis Stanford, damit man weiß, das ist ihr Territorium, aber keine Sorge, das ist nur eine Übergangszeit, die Zukunft wird das beheben, das Netz wird sich so schnell ausdehnen, daß sogar die großen Macher auf ihren Hinterbacken sitzen bleiben und gar nicht wissen werden, wie ihnen geschieht.»

«Tötet die großen Macher! Löscht ihre Software! Weg mit ihren Dateien! Hinaus mit ihren Registern!» sagte der Gnom in einem neuerlichen Ausbruch der Verzückung. Er warf sich im Sessel so weit zurück, daß er umfiel und ein halbes Bücherregal auf uns stürzte. Er schien es nicht zu bemerken. Ich hob ein Buch vom Boden auf und sah es mir an. Es war The Time Trip *von Rob Swigart. Menschenskind, dachte ich, was macht der hier? Aber der Zwerg ließ mich nicht nachdenken, er trieb mich weiter.*

«Das ist alles einfach, betrachten Sie es als geschehen. Das wird nicht einmal zehn Millionen kosten. Schließlich, schließlich, kackende Bosse, Augenblick mal, 2355435 Dollar, da war ich immer gut, beim Finanzplan, ich mache nie Fehler. Wie ist Ihr indirekter Kostenindex?»

«51,7%.»

«Das ist alles? Kleinigkeit, schon erledigt. Kackende Bosse, leicht zu lernen, Zusammenbruch der Hierarchien, das kann ich mir vorstellen, sagen wir, drei große, wie? Wie? Und natürlich das Terminal, Sie müßten inventarisieren. Sagen wir, wir geben Ihnen zehn Millionen, aber Sie müssen mehr bringen als das. Mehr Projekte! Bessere Projekte!»

Ich dachte, er werde auf der Stelle an Gelächter sterben, als ich ihm erklärte, was ich als nächstes machen wollte. Schließlich hatte er schon zehn Millionen versprochen, also fühlte ich mich ermutigt und voller Selbstvertrauen. Ich erzählte ihm, was ich in Wirklichkeit tun wollte.

«Ich möchte Ameisen studieren», sagte ich.

Er lachte und lachte, als das Fenster blau und immer dunkler und dunkler wurde. Schließlich gewann er seine Fassung wieder, setzte sich auf und fragte mich ernsthaft: «Warum Ameisen?»

«Ameisen versagen nie. Computernetze, egal welches, TYMNET ARPANET INFONET CYBERNET CYPHERNET MICRONET MI-

DINETTE TELENET, die versagen ständig, mehrmals am Tag, irgendwo versagen sie. Und die Großcomputer auch, man kann sich nicht auf sie verlassen, früher oder später steigen sie aus und lassen dich auf dem Trockenen sitzen, wenn wir mit dieser Sache wirklich in die Telekonferenz gehen, sollte es nie versagen. Das einzige, was nie versagt, sind Insekten.»

«Ich sagte ‹warum Ameisen›?»

«Sehen Sie sich eine Ameise an. Mikrominiaturisierung und Ameise! Selbst mit den besten Chips von Silicon Gulch, wissen Sie, wie groß ein Computer sein müßte, um alles zu leisten, was eine Ameise leistet? Tonnen schwer! Tonnen! Und die Ameise macht das alles in ihrem kleinen Kopf, und wenn sie einen Zweig findet, hat sie ein bestimmtes Programm: ‹Wenn du etwas erkennst, das lang ist, aus Holz und hart, hebst du es auf und legst es oben auf den Ameisenhügel.› Das *nenne ich ein Programm. Und wenn die Ameise es nicht alleine kann, kommt eine zweite und hilft ihr, und noch eine, bis sie es schaffen. Und Sie können sie zertreten, das ändert am Endergebnis nichts, und ein verrückter Franzose namens Remi Chauvin, der ein Genie ist, hat mir erzählt, wie er Zweige in hohe Gläser stellt, um zu sehen, was die Ameisen machen, und Klippen für sie baut, aber ihr Programm können sie immer zu Ende führen. Ein Computerwissenschaftler, der Ameisen nicht versteht, ist ein Mann, der nicht weiß, was Zuverlässigkeit bedeutet.»*

«Sie würden also den Computer in der Hardware als Ameisenäquivalent bauen?»

«Richtig, und er wäre so billig, er hätte seinen eigenen kleinen Speicher und seine eigenen kleinen Programme, und er würde herumlaufen und nachsehen, wo er etwas tun kann, und wäre wegwerfbar, Wegwerfcomputer zu Millionen, die herumkrabbeln und ihre Gesellschaft in Gang halten, gleichgültig, was geschieht, so daß wir Menschen immer einen finden, wenn wir ihn brauchen, und ihn zu etwas Nützlichem verwenden können, daß er Arbeit für uns leistet.»

«Wegwerfcomputer, ich weiß», sagte der Gnom. «Schon kapiert. Dann sagen Sie doch, was halten Sie vom ...» Hier verstummte Dr. Breeze, holte tief Luft und blies sich auf, um mit Stentorstimme zu fragen: «Vom Büro der Zukunft?»

Vielleicht lag es an der zunehmenden blauen Düsternis, am Gefühl der Orientierungslosigkeit in dem chaotischen Zimmer, oder am Jet-

lag, an der Müdigkeit, der geistigen Anstrengung. Auf jeden Fall hörte ich mich sagen: «Es wird kein Büro der Zukunft geben.»

«Oh», sagte Dr. Breeze mit gespieltem Erstaunen. «Das dürfen Sie aber keinen hören lassen.» Er wurde rot, ging zur Tür und schloß sie sorgfältig, nachdem er links und rechts geblickt hatte, um sich zu vergewissern, daß niemand meinen Satz gehört haben konnte. Als er zurückkam, sprach er mit leiser Stimme, im Verschwörerton.

«Was sind Sie, eine Art Anarchist? Alle arbeiten am Büro der Zukunft, jeder investiert dafür, und nun kommen Sie daher und sagen, das wird es nicht geben. Man wird Sie umbringen, wenn man dahinterkommt.»

Aber in seinen Augen war ein Zwinkern, das mich zum Weitersprechen ermunterte.

«Wenn das, was Sie ein Büro nennen, ein rechteckiger Raum mit Telefonen und Schreibmaschinen darin ist, gebe ich all den Konzernen wie Xerox und IBM recht, die Textautomaten und Kopiergeräte und Stimmenerkennungsgeräte und andere elektronische Sächelchen bauen, um ihre Fähigkeiten zu erweitern. Dieses Büro der Zukunft wird es natürlich geben. Ob es uns gefällt oder nicht.»

«Worüber machen Sie sich dann Sorgen?»

Er stachelte mich an, schwindlig, wie mir war, und ich spürte die Anspannung in seiner alten Stimme.

«Ich glaube einfach nicht, daß es so einfach ist. In einem Büro sind Menschen, wissen Sie. Sie haben ihr Leben und Ambitionen und Bedürfnisse und Emotionen. Sie wirken aufeinander ein. Der größte Teil der Produktivität, von der alle reden, kommt vom Zusammenwirken, nicht von der Fähigkeit, Papier zu beschreiben und zu verarbeiten. Die Vorteile, über diese ganze Hardware zu verfügen, mögen also zehn oder zwanzig Jahre lang nicht eintreten ...»

«Und wenn sie es tun?»

«Bis dahin werden andere Dinge sich verändert haben, in einem viel größeren Maßstab. Die Welt wird sich unter dem Druck der Technologie drastisch verändert haben. Das wirkliche Problem ist also, jetzt zu entscheiden, für welche menschlichen Qualitäten und Freiheiten sich der Kampf lohnt, und für welche nicht. Denn wenn wir diese digitale Verwandlung hinter uns haben, wird von unserem Sozialgefüge kein Stein mehr auf dem anderen stehen. Eine Zukunft mag es noch geben, aber kein Büro mehr, in das man sie stellen kann.»

Dr. Breeze ging hinter seinen Schreibtisch und setzte sich wieder.

«Wo würden Sie anfangen? Welchen Zweig der Wissenschaft gedenken Sie anzuwenden?»

«Unser Problem ist, daß wir nicht einmal eine Methode besitzen, das alles zu studieren. Wir müssen neue Wissenschaften erfinden.»

Er beugte sich vor, unbehaglich nah.

«Zum Beispiel?»

Um mich drehte sich alles. Einen kurzen Augenblick lang kam es mir vor, als hätte ich nicht Dr. Breeze vor mir, sondern einen Roboter, der sich für Dr. Breeze ausgab. Ich wischte die Illusion beiseite.

«Wir brauchen eine Wissenschaft des Informationsmetabolismus.»

Der alte Mann pfiff durch die Zähne, sehr lang und gedehnt, bis mir klar wurde, daß ich dieses Geräusch schon einmal gehört hatte: es war der Klang der Trommel in der IBM 650 im Observatorium von Paris, wenn der Strom ausfiel. Ich wartete, bis dieses sonderbare Pfeifen aufhörte, dann sprach ich weiter.

«Menschliche Wesen sterben, wenn sie nicht genug Information erhalten. Und sie verlieren den Verstand, wenn man sie damit überlädt. Für jedes menschliche Wesen gibt es also einen idealen Ort zwischen diesen beiden Extremen, wo diese Person dafür belohnt werden kann, daß sie genau die richtige Menge an Information in der sozialen Welt produziert und verbraucht, und niemand studiert das.»

«Niemand studiert das, ganz richtig!» rief Dr. Breeze mit herzlicher Begeisterung. «Weiter, was brauchen wir noch?»

«Wir brauchen eine Wissenschaft des Guerillakrieges zur Gegenrealisierung. Manche der entstehenden Systeme sind für das Überleben unserer Gesellschaft nachteilig. Wir können sie nicht aufhalten, weil die Computerindustrie außer Kontrolle geraten ist und zuviel Macht besitzt. Aber wir können diese Systeme entrealisieren. Wir können für uns Informations-Verschmelzungspunkte hervorbringen, von denen aus wir die Komplexität der Netze steuern und sie so weit antreiben können, daß sie durch das irrationale menschliche Gehirn wieder beherrschbar werden.»

«Aber die Computertechnologie ist rational, wie man mir sagt ...» Er drehte die Daumen, während er das sagte, und starrte an die Decke.

«Man belügt Sie, Doktor Breeze!» schrie ich, während er mich belustigt betrachtete. «Alle erzählen Ihnen nichts als Lügen. Diese Technologie ist das Absurdeste, Irrationalste, was je erfunden wurde ...»

Dr. Breeze unterbrach mich, fuhr in die Höhe, sprang über den Schreibtisch wie ein viel jüngerer Mann, und landete vor mir.

«Und deshalb lieben Sie sie. Geben Sie es zu!» Er starrte mich scharf an und stach mit seinem Finger schmerzhaft auf mein Brustbein ein.

«Geben Sie es zu, mein Freund. Also mal sehen, wieviel würde das kosten? Ich addiere das alles im Kopf, Informationsmetabolismus, Kleinigkeit, Gegenrealisierung, ich sehe das schon vor mir. Ich gebe Ihnen weitere fünf Millionen. Aber nicht alles für Ameisen verwenden. Übrigens müssen ja auch Sie essen, wissen Sie. Sie sind nur ein Mensch ...»

Und Brzzy-Brzzy öffnete und schloß den Mund mit einem metallisch knackenden Laut und klapperte mit den Zähnen, als hätte er eine Tonne alte Messer und Löffel vor mich hingeschüttet, und das Licht hinterm Fenster war schwarzviolett geworden. Ich konnte nicht gut sehen, und die Stimme wiederholte geisterhaft: «Faseln Sie nichts von Ameisen, auch Sie müssen essen, wissen Sie, Sie sind nur ein Mensch ...»

Und die Stewardess gab mir einen Teller voll Zucchini Geminiani mit ein paar Klumpen brauner Fasern, die auf der Speisekarte als Roastbeef bezeichnet wurden. Als ich aufwachte und zerstreut zu essen begann, konnte mein Gehirn nicht aufhören, an Dr. Breeze zu denken.

Vor vielen Jahren und vielen Computergenerationen war mir erklärt worden, dieses Gebiet hätte keine Zukunft, und der Mensch könne seine Sphäre nicht verlassen. Heute verformen die Computer buchstäblich unsere gesamte Kultur und verändern die Art, wie wir als Einzelne und in Gruppen aufeinander einwirken. Es gibt eine neue Sozialform, das Netzwerk, mit seinen Methoden sofortigen, unbegrenzten Zugangs zu Information, wie die Menschheit sie nie zuvor gekannt hatte. Es zwingt uns, zu wählen zwischen zwei Formen der Gesellschaft: nicht an den überholten Grenzen zwischen Marxismus und Kapitalismus, sondern an denen seiner eigenen Forderungen, denn wir haben unsere Sphäre bereits verlassen. Wir können nicht mehr umkehren. Wir müssen wählen: Entweder unser Dasein einer warmen und kuscheligen Welt kontrollierter Speicherzellen zu überlassen oder uns den neuen Netzen anzuschließen, den neuen Rankenwerken, um an der Grenze eines Informationsraums, wo wir lernen können zu leben, zu entdecken, wer wir wirklich sind.

ANMERKUNGEN

1 (ohne Autorennennung) «Un Automobiliste Grievement Blesse lors d'un Contrôle», *Le Figaro*, 12. November 1979.
2 Babronski, M. «Ordinateur mal informé: un policier trop nerveux blesse un innocent», *France-Soir*, 12. November 1979.
3 Belden, Thomas und Marva. *The Lengthening Shadow*. Boston: Little, Brown, 1962.
4 Beer, Stafford. «Questions of Quest», in Trappi, Robert, *Cybernetics, a Source-Book*.
5 Ershov, Andrei S. «Aesthetics and the Human Factor in Programming», *Datamation*, Juli 1972.
6 Rosenberg, Jerry M. *The Computer Prophets*. New York: Macmillan, 1969.
7 Gardner, David W. «Will the inventor of the first digital computer please stand up?» *Datamation*, Februar 1974.
8 Evans, Christopher. Die winzigen Riesen. Mikroprozessoren revolutionieren die Gesellschaft. Hoffmann und Campe, 1981.
9 Cave Brown, Anthony. *A Bodyguard of Lies*. New York: Bantam, 1976.
10 Trakhtenbrot, B. A. *Algorithms and Automatic Computing Machines*. Boston: D. C. Heath and Co., 1963. Übersetzt ins Englische aus dem Russischen.
11 Forster, E. M. «The Machine Stops», in *The Eternal Moment and Other Stories*, Harcourt, 1929.
12 La Blanc, Robert, et al. «Changes and Opportunities in Telecommunications», *Telecommunications Industry Monthly*, Solomon Brothers, 1. Februar 1978.
13 Horwitz, Robert. «Tuning in to WARC", in *Co-Evolution Quarterly*, Sommer 1979.
14 Brosseau und Andrist. *Looking Forward, Life in the Twentieth Century as predicted in the pages of American magazines from 1895 to 1905*, American Heritage Press, 1970.
15 National Commission on Materials Policy. «Material Needs and the Environment Today and Tomorrow», Juni 1973
16 Colby, Kenneth et al. «Artificial Paranoia», Stanford Artificial

Intelligence Project (Computer Science Dept., Stanford University, Memo AIM-125, Juli 1970
17 Marchetti, C. «On Progress and Providence», IIASA (Laxenburg, Austria), September 1977.
18 Bernstein et al. «Silicon Valley: Paradise or Paradox? The impact of high technology industry on Santa Clara County.», Pacific Studies Center, 867 West Dana, #204, Mountain View, CA 94041
19 Homes, Edith. «Simplicity seen key to bringing DP to the millions,» *Computerworld*, 20. September 1976.
20 Dotto, Lydia. «The New Breed of Computer Criminals,» *San Francisco Examiner and Chronicle* (World section), 9. September 1979.
21 Magee, John. «Computer Crooks Stealing Millions from Firms Too Embarrassed to Report Them», *National Enquirer*, 6. Februar 1979.
22 Tuchman, W. L. «Computer Security and IBM», *Science*, Vol. 197.
23 Hellman, M. E. «Computer Encryption: Key Size», *Science*, Vol. 198,
24 Burr, Steven. «Prof's Work Threatens National Security», *Stanford Daily*, 26. Oktober 1977.
25 Shapley und Kolata. «Cryptology – scientists puzzle over threat to open research», *Science,* 30. September 1977.
26 Kolata, Gina. «Cryptology – on the brink of a revolution?», *Science,* 19. August 1977.
27 Kolata, Gina. «Computer encryption and the NSA Connection», *Science,* Vol. 197.
28 Jupiter, Harry. «Youth Taps into UC Computers,» *San Francisco Chronicle,* 20. Januar 1979.
29 Parker, Edwin und Dunn, Donald. «Information Technology: Its Social Potential», *Science,* Vol. 176, No. 4042, 30. Juni 1972.
30 Gordon, Francine. «Telecommunications: Implications for Women.», Private communication.
31 Gilliam, Harold. «Home Computers: The Surprizing Social Costs», *San Francisco Chronicle,* 16. November 1977.
32 Wiio, Osmo A. «Congress Keynote Speech», ICA Konferenz, Berlin, 30. Mai 1977.
33 Van Impe, Jack (Rev.). «A World Computer in Man's Own

Image!» in *Perhaps Today,* September/Oktober 1980. Veröffentlicht by Van Impe Ministries, Royal Oak, Michigan.
34 Van Impe, Jack (Rev.). *Signs of the Times.* Royal Oak, Michigan, 1980.
35 Hirsch, Kenneth W. «Deceit and the First Interstellar Message», Vortrag bei der ICA Tagung in Berlin, 30. Mai 1977.
36 Evans, Christopher. «Chatting with Computers», in *Design Participation, Proceedings of the Design Research Society Conference,* Nigel Cross (ed.) London: Academy Editions, 1972.
37 Evans, C. «An Automated Medical History-Taking Project», National Physical Laboratory (Com.Sci.55), 1972.
38 Evans, C. und Miss J. Wilson.«A Program to Allow Computer-Based History-Taking in Cases of Suspected Gastric Ulcer», National Physical Laboratory (Com.Sci.49), Mai 1971.
39 Evans, C., Price, H. C., und Wilson J. «Computer Interrogation of Patients with Respiratory Complaints in a London Hospital», National Physical Laboratory (NPL COM 69), June 1973.
40 Evans, C. und Whittle, P. B. «An Inexpensive Mask to Simplify the Layout of Standard Teletype Keyboards for Man-Computer Interaction Studies», National Physical Laboratory (Com. Sci.TM 46), Oktober 1970.
41 Amarel, Saul. «On Inventions in Computer Software», RCA Report PEM-3128, März 1969.
42 Rozak, T.«The Computer – a Little Lower than the Angels», eine Besprechung des Buches *Computer Power and Human Reason* von Joseph Weizenbaum in *The Nation,* 1. Mai 1976.
43 *The Cloven Hoof* (Newsletter of the Church of Satan).
44 Judge, Anthony. «A lesson in organization from buildung to design: transcending duality through tensional integrity.» *Transnational Associations.* No. 5, Brüssel 1978.

rororo computer

Herausgegeben von Ludwig Moos und Manfred Waffender

Von Welt am Draht bis Gläserner Mensch – die Liste der Anklagen gegen den Computer und seine Anwender in Staat und Wirtschaft ist lang. Aber die massenhafte Verbreitung von Mikrocomputern gibt auch denen eine Chance, die es anders wollen. Eines ist gewiß: Der Computer wird unser aller Leben verändern. Um sich in dieser Kulturrevolution zu behaupten, braucht es Hintergrundwissen und praktische Kenntnisse. **rororo computer** verhilft dazu.

JACQUES VALLEE
COMPUTERNETZE
TRÄUME UND ALPTRÄUME VON EINER NEUEN WELT
8101

PETER A McWILLIAMS
HEIMCOMPUTER FÜR EINSTEIGER
VON NULL KENNTNIS ZU EINIGER AHNUNG
8102

TRACY KIDDER
DIE SEELE EINER NEUEN MASCHINE
VOM ENTSTEHEN EINES COMPUTERS
8103

PETER A McWILLIAMS
TEXTVERARBEITUNG FÜR EINSTEIGER
EIN SCHNELLKURS IN COMPUTER-BILDUNG
8104

C 2092/2